國威 著

人天寶鑒校注

巴蜀書社

圖書在版編目（CIP）數據

人天寶鑒校注/國威著.—成都：巴蜀書社，2023.11
ISBN 978-7-5531-1235-0

Ⅰ.①人… Ⅱ.①國… Ⅲ.①道德修養－語録－中國－古代 ②《人天寶鑒》－注釋 Ⅳ.①B825

中國版本圖書館 CIP 數據核字（2019）第 253324 號

人天寶鑒校注

國威　著

責任編輯　童際鵬
出版發行　巴蜀書社
地址：成都市錦江區三色路 238 號新華之星 A 座 36 層
郵編：610023
總編室電話：（028）86361843
發行部電話：（028）86361847
網址：www.bsbook.com
經　　銷　新華書店
印　　刷　成都蜀通印務有限責任公司　電話：（028）64715762
照　　排　成都完美科技有限責任公司
版　　次　二〇二三年十一月第一版
印　　次　二〇二三年十一月第一次印刷
成品尺寸　170mm×240mm
印　　張　20.5
字　　數　300 千
書　　號　ISBN 978-7-5531-1235-0
定　　價　捌拾圓

目録

目録

目録

前言

《人天寶鑑》是南宋僧人曇秀編撰的一部筆記體著作，此書打破儒、釋、道三教和禪、教、律三宗的藩籬，廣徵博引，從前代書籍、碑刻等材料中采擇了一百多條先德尊宿之善言嘉行，以激勵後學志氣、指示修學路徑，是一部着眼於宗教修行及道德養成的撰述。該著作成書之後，在佛教界産生了一定影響，《釋氏稽古略》《敕修百丈清規》等重要文獻皆有徵引，但元明之際的戰亂使此書流傳漸稀，遂至於無聞。然而，此書在宋元時期傳入高麗、日本後，其『激發志氣、垂鑒於世』的特點與作用却引起强烈反響，不但多次鏤板刊刻，在日本甚至被公認爲『禪宗七書』之一，成爲禪僧修行入門的必讀典籍，地位十分尊崇。

正是由於《人天寶鑒》在日本佛教中的重要地位，教、學兩界對此書展開了全面整理與研究。早在永正年間（一五〇四—一五二一），僧人守仙便將此書加上『和訓』（即在漢字旁用假名注釋日語讀音），并對若干字句進行校勘。江户時期（一六〇三—一八六七）又有《人天寶鑒略疏》及《人天寶鑒考》對此書進行注釋和考證。至近代，宫下軍平等人在編纂《国訳禅宗叢書》時收録此書，不但完整地將其譯爲日文，還對書中的部分人物、疑難字句及禪宗用語等做了注釋，這是首次對《人天寶鑒》進行現代形式的文獻整理。不過，從注釋的深度及準確性來看，其目的似乎僅是爲了便於普及閱讀，而不是學術意義上的研究。例如，第一一九『舒王問佛慧』條，王安石問佛慧法泉『世尊拈花』出自何典，注者僅對『典』字進行了注釋：『典即典據』。很明顯，這是爲了使日本讀者更好地理解文意，屬於普及性質的工作，而不是學術研究。稍晚的《国訳禅学大成》亦收入此書，并且全盤承襲了《国訳禅宗叢書》的底本、譯文及注釋，雖無新創，但傳播之功不可掩滅。學者篠原壽雄則對作者曇秀的法系、性格及禪風進行了初步探討，并認爲宋代三教融合是此書重要的編纂背景[一]。另外，他還將此書譯爲現代日語，并做了簡要注釋①，但在學術發明上較之《国訳禅宗叢書》似無太多推進。《佛書解説大辭典》收録了本書，并做了簡要解題，除了介紹日本各地所藏版本外，還對作者、主要内容等信息進行了説明[二]。部分目録學作品及叢書也對此書給予了一定關注，如《国立国会図書館所蔵貴重書解題》（第1卷）《古典籍善本展示即売会目録》和椎名宏雄所編《五山版中国禅籍叢刊》（第5卷）等②。與日本對《人天寶鑒》的重視相比，中國學者對此書關注不多，且工作方式較爲單一，主要集中於三方面：一是收録，如《禪宗全書》《禪宗寶典續編》等；二是解題，如陳士强《佛典精解》等；三是簡單點校，如《全宋筆記》所收録的版本。其中，陳氏對此書的性質、内容和特點做了簡明扼要的介紹，具有一定的學術價值。

【注釋】

[一][日]篠原壽雄：《〈人天寶鑒〉の編纂をめぐって——三教交渉による宋代宗教史の一面》，《宗教學論集》第七號，一九七四年一二月，第一七五—二〇一頁。

[二][日]小野玄妙主編：《佛書解説大辭典》卷八，東京：大東出版社，昭和八年（一九三三）至昭和五十六年（一九八一），第三八三頁。

---

① [日]篠原壽雄：《人天寶鑒》，東京：明德出版社，1977。

② [日]国立国会図書館参考書誌部編：《国立国会図書館所蔵貴重書解題》第1卷（室町時代以前刊本の部），東京：国立国会図書館，1969；[日]一誠堂編：《古典籍善本展示即売会目録》，東京：一誠堂書店，2013；[日]椎名宏雄編：《五山版中国禅籍叢刊》第5卷（綱要・清規），京都：臨川書店，2016。

一、《人天寶鑒》作者考辨

《人天寶鑒》卷首有作者曇秀的自序，文末題識爲『紹定三年結制日，四明沙門曇秀序』[一]。對於曇秀，《国訳禅宗叢書》認爲他在法系上是大慧宗杲（一〇八九—一一六三）的曾孫，但未提供文獻依據。另外，此書還引《五燈會元》卷一七、《續傳燈録》卷一六等記載，將曇秀歸爲黃龍惠（慧）南（一〇〇二—一〇六九）的法嗣，其人『操履高潔』，并曾駐錫於虔州（今江西贛州）的廉泉院，實際上是將其認定爲廉泉曇秀[二]。《国訳禅学大成》因襲此説，并進一步考察了曇秀的禪風，認爲『圓融無礙』是其主要特點[三]。篠原壽雄贊同《人天寶鑒》的作者爲廉泉曇秀，并通過探討其師慧南的思想和禪風，對其本身思想的大致輪廓做了簡單勾勒。中國學者對此則持保留態度，如《佛典精解》在介紹此書作者時僅照録『四明沙門曇秀撰』[四]，雖然回避了曇秀的具體身份，但明顯是持一種『存而不論』的謹慎態度。筆者在前人研究的基礎上，首先補充關於廉泉曇秀的若干資料，其次考察《人天寶鑒》作者的真實身份，并探討其師承、活動區域等相關問題。

廉泉曇秀，《建中靖國續燈録》卷一三、《五燈會元》卷一七、《續傳燈録》卷一六等文獻皆載其爲南岳下第十三世，并收録了部分機鋒話語，但没有關於生平事迹的介紹，只知他曾經駐錫於虔州廉泉禪院。日本學者雖然提到了廉泉院，但没有注意到以下材料：《蘇詩補注》卷四五《乞數珠贈南禪湜老》詩下：『南禪，按本集有《虔州崇慶院藏經記序》，湜長老剏建寺，南禪即崇慶也。考《志》，亦名廉泉院。』[五]《虔州崇慶院藏經記序》收於《東坡全集》卷三七：

始吾南遷，過虔州，與通守奉議郎俞君括游。一日訪廉泉，入崇慶院，觀寶輪藏。君曰：『是於江

南壯麗爲第一，其費二千餘萬，前長老曇秀始作之，幾於成而寂，今長老惟湜嗣成之。』[六]

可知廉泉院即崇慶院。此寺明末尚存，唯改額爲光孝寺，《朝宗禪師語録》卷二：『光孝寺，又名出水寺，又名廉泉寺。』[七]但這些材料并不指向廉泉曇秀爲《人天寶鑑》的作者，相反，如果我們仔細考察上述記載，會發現日本學者的觀點根本不能成立：首先，蘇軾（一〇三六—一一〇一）被貶惠州，於紹聖元年（一〇九四）八月途經虔州并停留月餘，參訪崇慶院即在這一期間内，但從『前長老曇秀始作之，幾於成而寂』的記載來看，此時曇秀早已去世，又怎麽可能於紹定三年（一二三〇）刊行《人天寶鑑》呢？其次，史載廉泉曇秀爲黄龍慧南的弟子，慧南爲南岳下十二世，曇秀爲南岳下十三世，故二人在法系上不是再傳或法裔的關係，而是直接相承。但慧南活動於北宋中期，曇秀即使壽長百歲，最多也只能活到南宋前期，不可能於南宋後期的紹定年間著書刊行。所以，《人天寶鑑》的作者曇秀與廉泉曇秀處於不同的時代，二者絶非同一人。

另外，明代僧人南石文琇在《增集續傳燈録序》中亦提及此書：『余於少壯時，嘗閱秀紫芝《人天寶鑒》，其序有云：先德有善不能昭昭於世者，後學之過也。』[八]則文琇認爲《人天寶鑒》的作者爲『秀紫芝』。關於此人，《釋氏稽古略》卷四載：『蜀郡漢州雒縣僧祖秀，字紫芝。欽宗靖康初親游其間，作《華陽宮記》，載之《東都事略》。秀嘗集文忠公修、江州圓通訥禪師論議佛法大旨，作《歐陽外傳》，後湖居士蘇庠序之。』[九]可知其生活年代與《人天寶鑒》刊刻的時間相去甚遠，不可能是此書的作者，文琇所記顯誤。

那麽，《人天寶鑑》的作者曇秀到底是何許人也？文獻中没有明確記載，此書序跋提供的信息也非常有限，如曇秀當活動於四明地區（今浙江寧波附近），再如妙堪稱其爲『秀書記』[一〇]，可知他在寺院中掌管文疏翰墨之類的工作。不過，與其相關的師承、交游等問題却難以詳考。雖然缺乏直接的證據，但有兩則資料可以爲上述問題的解決提供若干參考，一是崇禎《吴縣志》卷二六所載《僧淮海上方寺置田疇記》：

乾、淳間有無證修善，師出自閩，遍參訪方，遷基考室，矻矻垂三十年，所當有者畢具。嘉泰、開禧，無證再主萬壽，衲子歸心，信風傾向，曇秀上人復佩師道力，於彈指間聳大樓閣，於門庋奉血書《華嚴經》，乃師舊所業也。『上方』之名始著。[一一]

曇秀於宋寧宗嘉泰（一二〇一—一二〇四）、開禧（一二〇五—一二〇八）年間接替無證修善主持蘇州上方寺的重建，其活動時期正在南宋中後期，與《人天寶鑒》的出版時間相符。二是《律苑僧寶傳》卷一一《京兆泉涌寺開山大興正法國師傳》：『如崇福志隱、開元道源、景福道常、會稽曇秀、石鼓法久等皆慕師。』[一二]大興正法國師即日本僧人俊芿（一一六六—一二二七），自號不可棄，於慶元五年（一一九九）入宋求法，嘉定四年（一二一一）回國。文中『會稽曇秀』既與俊芿往來，則亦應活動於南宋中後期。另外，三處文獻對曇秀活動區域的記載分別爲四明、蘇州和會稽，雖然各不相同，但并没有根本性的區別，因爲三者皆在兩浙路的範圍內。宋代對僧道的行游管理較爲嚴格，不但需要主首做保、給付公憑，而且還要在限期內抵達，否則就會受到相應的責罰[一三]。但四明、蘇州、會稽其時皆屬於兩浙路，在地緣上相鄰或相近，來往較爲方便，故僧人在各州之間的遷移非常頻繁。如北宋律僧元照雖然主要活動於杭州一帶，但經常往來於秀州、越州、明州、台州等地授戒築壇，不過，他却很少踏出兩浙路的範圍，這似乎説明當時對僧人在同一路內行游的限制并不嚴格。因此，對曇秀活動區域的三處記載雖然有差异，但皆未超出兩浙路的範圍。如果僅從現象來看，以上記載表明南宋中後期應該有三位曇秀活動於江浙一帶。但考慮到『曇秀』作爲法名來講并不算普遍，如果在相同的時期、相同的區域內有三位曇秀同時存在，實在太過巧合，令人難以置信。故最大的可能是三者實爲同一人，也就是説，《人天寶鑒》的作者就是這位重建上方寺并與俊芿往來的曇秀。

囿於文獻資料，筆者不能斷言上述結論爲唯一準確的答案，但這畢竟是現有條件下最接近真相的可能，姑存之以待博學。如果三位曇秀確實是同一人，那麼其師承情況也就浮出水面了，從前引《僧淮海上方寺置田疇記》來看，曇秀接替無證修善主持上方寺并供養其血書《華嚴經》，表明二人很可能是師徒關係。惜無證修善亦於史無徵，故曇秀的法系難以查考，只能付之闕如。

【注釋】

［一］（宋）曇秀：《人天寶鑒》，［日］河村孝照等編：《卍新纂大日本續藏經》（卍新纂續藏經），東京：國書刊行會，昭和五十年（一九七五）至平成元年（一九八九），第八七册，第一頁b。

［二］［日］宫下軍平等編：《国訳禅宗叢書》，東京：《国訳禅宗叢書》刊行會，大正八年（一九一九），第一卷，《國譯人天寶鑒·解題》，第一頁。

［三］［日］宫下軍平等編：《国訳禅学大成》，東京：《国訳禅学大成》編輯所，昭和四年（一九二九），第十一卷，《國譯人天寶鑒·解題》，第一頁。

［四］陳士强：《佛典精解》，上海：上海古籍出版社，一九九二，第一三九八頁。

［五］（宋）蘇軾撰，查慎行補注：《蘇詩補注》，《景印文淵閣四庫全書》，第一一一一册，第八七〇頁下。

［六］（宋）蘇軾撰：《東坡全集》，《景印文淵閣四庫全書》，第一一〇七册，第五一七頁上。

［七］（明）通忍说，行導編：《朝宋禪師語録》卷二，《明版嘉興大藏經》，臺北：新文豐出版公司，一九八七，第三四册，第二三六頁c。

［八］（明）文琇：《增集續傳燈録》卷一，《卍新纂續藏經》，第八三册，第二五七頁a。

［九］（明）覺岸：《釋氏稽古略》卷四，［日］高楠順次郎、渡邊海旭等編：《大正新修大藏經》（大正藏），東京：大正一切經刊行會，大正十三年（一九二四）至昭和九年（一九三四），第四九册，第八八四頁a。

［一〇］（宋）曇秀：《人天寶鑒》，《卍新纂續藏經》，第八七册，第二三頁c。

［一一］（明）牛若麟：崇禎《吴縣志》，卷二六，第二葉右。

［一二］［日］慧堅：《律苑僧寶傳》卷一一，《大日本佛教全書》，第一〇五册，第二五〇頁上。

〔一三〕戴建國點校：《慶元條法事類》，《中國珍稀法律典籍續編》，第一册，哈爾濱：黑龍江人民出版社，二〇〇二，第七一一頁。

二、成書及體例

曇秀在序中透露其創作動機：

> 竊聞先德有善，不能昭昭於世者，後學之過也……凡可以激發志氣、垂鑒於世者，輒隨而録之……今刊其書、廣其説，欲示後世學者知有前輩典刑，咸至於道而已。』〔一〕

可見，曇秀撰此書目的有二：一是樹前輩典刑，二是激勵後學志氣。師贊的跋文亦印證了此點：『非獨發明先輩幽德潛光，將與同志力追此道。』〔二〕祁偉考察惠洪《林間録》、曉瑩《羅湖野録》及《人天寶鑒》等宋代禪林筆記，得出深刻結論：這些作品中充滿了贊頌過去、批判當下的『憶古情結』，這種情結來源於禪宗末世的焦慮，外化爲撰述中的書寫策略，則是『憶老成人以存典刑』，而其終極目的，則是擔負禪林責任，延續禪門將要中斷的優良傳統〔三〕。這也正是曇秀編撰《人天寶鑒》的最終歸趣。

關於此書的體例，曇秀在序文中談道：『不復銓柬人品、條次先後，擬大慧《正法眼藏》之類。』〔四〕周裕鍇先生認爲此説不確，因爲《人天寶鑒》的文本形式更接近惠洪《林間録》〔五〕。實際上，周先生誤解了作者的意思，曇秀所説《人天寶鑒》所擬《正法眼藏》之處，乃『不復銓柬人品、條次先後』的編纂方式，而不是形諸文字的文本形式。當然，《人天寶鑒》與《林間録》在文本上相似這一觀點是十分精闢的，因爲後者不但也采取了『每得一事，隨即録之』『不以古今爲詮次』的編纂方式〔六〕，而且在内容與旨趣上亦聲氣相求。不過，二書在體例上的區别同樣值得重視：首先，《人天寶鑒》多注明資料出處〔七〕，而《林間録》則大部分没有注明。這與二者的資料來源密切相關：《人天寶鑑》基本上采自前代文獻，而《林間録》則有很多是作者的眼見耳聞及親身經歷，并無典籍可徵；其次，曇秀的眼界更加開闊，儒釋道三教和禪教律三宗的人物、事迹皆在采摭之列，而惠洪的選擇範圍則僅限於禪僧或與禪宗關係密切的士人，格局相對較小。

《人天寶鑑》没有以事迹的類别或人物的時間順序編次，如果從『隨而録之』的編纂方式來看，應當是根據作者閱讀文獻的順序來編排内容，但書中并没有體現出這一點，如『王日休居士』條、『石窗恭禪師』條、『雪堂行和尚』條等，雖同出於《怡雲録》，却散在全書各處，并不集中。更加明顯的例子是第二條與第二十四條，二者皆出自《國清百録》卷一『訓知事人第七』，旨趣也都爲勸誡知事人勿侵奪常住財物，但却析爲不連續的二則。之所以出現此種情況，很可能是因爲曇秀凡有所得輒隨手抄録，但抄録的紙張并没有按時間順序保存，最後編纂時又没有進行組織與裁剪，導致各資料間的排列具有很强的隨機性，於是便形成了我們現在所見之面貌。此類書籍的編纂大多都遵循這一程序，如宋僧智昭創作的《人天眼目》便謂：

> 於是有意於綱要，幾二十年矣。或見於遺編，或得於斷碣，或聞尊宿稱提，或獲老衲垂頌，凡是五宗綱要者，即筆而藏諸，雖成巨軸，第未暇詳定。晚抵天台萬年山寺，始償其志，編次類列，分爲五宗，名之曰《人天眼目》。[八]

可見其收集材料的方式亦爲隨得隨録，只不過最後經過了統一編次，故體例更加整飭。《人天寶鑑》成書之後，在修行實踐的指導上似乎并未産生太大影響，但却意外地引發了各種以『寶鑑』爲名的著作泉涌而出，如《廬山蓮宗寶鑑》《衛生寶鑑》《圖繪寶鑑》《明心寶鑑》《慈心寶鑑》等。這些作品雖然在内容上與《人天寶鑑》天差地别，而且體例也更加整飭、合理，但雜抄衆書的編纂方式是一脉相承的。此種體例雖然不是由曇秀開創，但以『寶鑑』爲名却自此而始，後世相關著作無疑都受到了一定啓發。

《人天寶鑑》的資料來源，作者自謂『或得之尊宿提倡，或訪求采摭』[九]，但基本上都是來自於前代典籍，種類包括碑傳實録、佛教史傳、禪林筆記、僧人别集等。曇秀對材料的處理方式也比較靈活，主要有以下三種情況：一、直引。如『真宗廢寺』條，直接引自《石門文字禪》卷二四《記徐韓語》，基本上未做改動。二、删削。如『證悟智法師』條取自曹勛《松隱集》卷三五之《天竺證悟智公塔銘》，雖然行文結構上并無大的改變，但原《塔銘》近兩千字，經過曇秀的删削和改寫，僅餘四分之一左右的篇幅[一〇]。另外，将此書所載『黄龍心禪師』事與黄庭堅《山谷集》卷二四《黄龍心禪師塔銘》對照，知前者亦在塔銘的基礎上作了大幅删削[一一]。三、綜合。如『佛燈珣禪師』條，即是綜合《舟峰録》與《語録》而成，『王日休居士』條、『靈源清禪師』條等都是此種處理方式。

《人天寶鑒》現存一百二十二條，然曇秀序文中自稱共數百段，二者差距較大，高麗本則作『百段』，與正文大體相當，應從。然考《敕修百丈清規》卷二載湖南雲蓋山智禪師之事，謂出自《人天寶鑒》[一二]，而今本并無此條，故疑傳抄流布過程中仍有脱佚。

【注釋】

[一]（宋）曇秀：《人天寶鑒》，《卍新纂續藏經》，第八七册，第一頁a。「典刑」同「典型」。

[二]（宋）曇秀：《人天寶鑒》，《卍新纂續藏經》，第八七册，第二三頁c。

[三]祁偉：《宋代禪林筆記的憶古情結與書寫策略》，《文學遺産》，二〇一一年第六期，第四一—五二頁。

[四]（宋）曇秀：《人天寶鑒》，《卍新纂續藏經》，第八七册，第一頁a。

[五]周裕鍇：《惠洪文字禪的理論與實踐及其對後世的影響》，《北京大學學報》（哲學社會科學版），二〇〇八年七月，第九三頁。

[六]（宋）惠洪：《林間録》，《卍新纂續藏經》，第八七册，第二四五頁a。

[七]《人天寶鑑》亦有不注出處者，如「圓通訥禪師」條、「張文定公」條、「希顏首坐」條、「慈雲式法師」條等，但所占比重較小。
[八]（宋）智昭：《人天眼目》，《大正藏》，第四八册，第三〇〇頁a。
[九]（宋）曇秀：《人天寶鑑》，《卍新纂續藏經》，第八七册，第一頁a。
[一〇]《景印文淵閣四庫全書》，第一一二九册，第五四〇頁下；《卍新纂續藏經》，第八七册，第一一頁b。
[一一]前者見《卍新纂續藏經》，第八七册，第二〇頁b，後者見《景印文淵閣四庫全書》，第一一一三册，第二四九頁上。
[一二]（元）德煇：《敕修百丈清規》卷二，《大正藏》，第四八册，第一一二三頁a。

三、著録及徵引

《人天寶鑑》成書之後，雖然影響與知名度無法與《林間録》《羅湖野録》等同類作品比肩，但亦非湮墜無聞，累代皆有著録與徵引，如元代覺岸所編《釋氏稽古略》卷二便曾引用此書：

汴京有曦法師者，定中游净土，見大蓮華光明黄色，題名其上曰：宋比丘宗本之座。既而定起，往述其事。是時圓照請老，歸蘇州靈岩，曦問曰：「禪師何故位歸净土？」圓照曰：「宗本修禪時，心在極樂世界，無二相也。」《人天寶鑑》[一]

此則記載應出自「圓照本禪師」條，但字句與原文出入較大，當經過了提煉和改寫。同時代的《廬山蓮宗寶鑒》《敕修百丈清規》都曾引用此書内容，説明《人天寶鑑》在元代流傳較廣。但元明之際的戰亂幾使本書失傳，幸賴天台沙門道昇等人刊刻流布，來復《人天寶鑑序》：

今觀《人天寶鑒》一書，其采録精詳，真俗廣備，三學之宗，互有取焉。傳之既久，天下蒙法喜之利者不加少矣。然自元季兵變以來，教黌禪苑，多爲焦土，慨此書之存，百無一二。天台沙門道昇，懼其歲遠湮没，乃施己資謄寫善本，鋟梓以廣其傳。[二]

故明代仍有著録和徵引，除了前文提到的《增集續傳燈録》，尚有成書於洪武年間的《佛法金湯編》，是書卷一二『文彦博』條即録自《寶鑒》[三]，又如《文淵閣書目》卷四：『《人天寶鑒》，一部一册。』[四]晁瑮《晁氏寶文堂書目》亦著録《人天寶鑒》，但未記載撰者及卷數[五]。再如顧清所撰正德《松江府志》卷三一引『海月辯都師』條，袾宏《沙彌律儀要略增注》卷下所引『梵法主』條，錢謙益《楞嚴經疏解蒙鈔》卷一〇引『真人張平叔』條等[六]。大概成於清初的《禪苑蒙求拾遺》引用《人天寶鑒》達九處之多，説明是時此書仍有流傳。然而，《御定佩文韻府》卷四三在引用『圓照本禪師』條時，不是直接引自《人天寶鑒》，而是轉引自《釋氏稽古略》[七]。官方編纂的書籍尚且如此，表明《人天寶鑒》其時很可能已成爲稀見佛典。不過，清代私人藏書家尚存此書之古版，如汪士鐘《藝芸書舍宋元本書目》著録宋版《人天寶鑒》二卷[八]，惜其後不知所蹤。清代僧人默庵（一八三九—一九〇二）曾撰《續人天寶鑒》十卷，其序曰：『《人天寶鑒》一書，森然天上，寂莫人間，《貍首》篇亡，代傳佚句，瑯環地祕，笈乏全編，明蓮池大師《沙彌律儀》所引，殆存什一於千百云。』[九]可知彼時默庵已見不到完整的《人天寶鑒》，故其書雖名《續人天寶鑒》，體例却大不相同。

【注釋】

[一]（元）覺岸：《釋氏稽古略》卷二，《大正藏》，第四九册，第八七六頁c。

[二]（明）來復：《蒲庵集》卷四，《禪門逸書初編》，第七册，第六五頁上。

［三］（明）心泰：《佛法金湯編》卷一二，《卍新纂續藏經》，第八七册，第四二三頁b。
［四］（明）楊士奇：《文淵閣書目》卷四，《景印文淵閣四庫全書》，第六七五册，第二〇七頁下。
［五］（明）晁瑮：《晁氏寶文堂書目》，上海：古典文學出版社，一九五七，第二二〇頁。
［六］（明）顧清：正德《松江府志》卷三一，第三十二葉右；《卍新纂續藏經》，第六〇册，第二五九頁b；《卍新纂續藏經》，第一三册，第八五六頁c。
［七］（清）張玉書、陳廷敬：《御定佩文韻府》卷四三，《景印文淵閣四庫全書》，第一〇一九册，第二一五頁上。
［八］（清）汪士鐘：《藝芸書舍宋元本書目》，北京：中華書局，一九八五，第一六頁。
［九］（清）默庵：《續人天寶鑒》卷一，光緒二十四年（一八九八）刻本，第一葉右，現藏湖南圖書館。

四、版本及流傳

以上梳理了《人天寶鑒》在中國的流傳情況，可知此書從宋代至晚清一直迤邐不絶，但從清代中期開始已成爲稀見典籍，且流播區域集中在南方的浙江、江蘇一帶，北方僅官方書目或著名藏書家間有提及。至清代末年，此書即使仍有古版存於某個角落，但早已斷絶流傳，乃至不爲人所知，成爲事實上的佚書。我們今日能見到此書，皆賴高麗和日本的刊刻與整理。

海東半島及日本很早以前便與中國在經濟、文化等方面建立了緊密的聯繫，至唐代則達到了一個高潮，新羅、日本等地的使節、僧侶、商人等紛至沓來，除了從事外交、朝聖、貿易等活動，還大量搜購文籍歸國，從而開闢了延續千年之久的『書籍之路』［一］，絶大多數漢文典籍都是由此東傳。《人天寶鑒》亦不例外，此書現存最古老的版本爲至元二十七年（一二九〇）於高麗所刊，卷尾有名僧一然（一二〇六—一二八九）

所作題跋：『至元十六年己卯（一二七九），宋商馬都綱賫此《人天寶鑒集》一部，來請天台講元禪師自因。齋訖，用此録爲䞋施。觀識長老理淵取來傳布，行於海東。麟角退老一然書。』則此書於宋元之交時便已由宋商馬都綱傳入高麗。關於馬都綱，據高麗史書所載，忠烈王四年（公元一二七八年，當宋衛王祥興元年、元世祖至元十五年），『宋商人馬曄獻方物，賜宴内庭』[二]，馬都綱與馬曄在活動時代及身份上皆十分吻合，故當爲同一人。馬曄能得到高麗國王的召見，可見其在海東具備一定的影響力，而《人天寶鑒》作爲他在齋會後贈與高麗僧人的財物，必定吸引了衆多關注，這爲其傳布營造了良好的環境。但當時應該并未雕板，而是由觀識長老理淵傳抄流行，直到十多年以後，方由包山禪㕍等人刊刻印刷，這在禪㕍所作的題跋中有扼要介紹：

予前年春省國師，詣麟角，國師語我曰：『《人天寶鑒録》，實學者之所寶也。我欲雕板流行，汝能寫之乎？』予時眼昏，辭以不能。至秋，國師示寂。予追念曰：『國師欲鏤板，我不書之，此録之不行，我之罪也。眼雖昏黑，宜强書之。』於是筆之。至元二十七年庚寅（一二九〇）七月八日，包山禪㕍題。

一然擬刊印《人天寶鑒》，未果而終，後由禪㕍摹寫雕板，此書方有刻本傳於海東。禪㕍的生平不詳，但一然曾駐錫於包山寶幢庵，後又於包山東麓重葺涌泉寺[三]，疑禪㕍或爲此二寺之僧人。

關於高麗版的版式，共一册，分上、下兩卷，上白魚尾，每半葉十行，行十九字，無界行（見圖一）。下卷卷末有刊記：『比丘曇秀，舍錢刊此，普勸受持，同到佛地。臨安府上圓覺印行。』此記爲高麗版所獨有，透露了《人天寶鑒》的刊印信息。上圓覺，即萬壽圓覺寺也，《佛祖統紀》卷四七：『（紹興十三年）敕西湖北山建天申萬壽圓覺寺。』[四]《釋氏稽古略》卷四：『（紹興十三年）宋敕於臨安府西山建天申萬壽圓覺寺成。四月十九日，令藩邸看經僧德信奉香火。至理宗寶慶二年五月十三日，始詔師贇住持，傳十方天台教觀。圓覺碑刻。』[五]這條刊記與師贊爲《人天寶鑒》所作跋文相發明：『四明禪者秀公，篤志於此，履歷叢林，玄機綜覽，隨所聞見，集成此書，闢人天眼目，因以『寶鑒』名焉。走大圓覺，求之刊行，非獨發明先輩幽德潛光，將與同志力追此道。』[六]可知是書乃曇秀於臨安圓覺寺施己資所刻。另外，高麗版的扉頁及末頁分別有兩句題簽『但看棚頭弄傀儡，抽牽元是裏頭人』及『三要印開朱點紅，未容擬議主賓分』，可能爲禪从刊板時所加，雖然文字稍有不同，但很明顯是唐代禪僧臨濟義玄『三玄三要』的部分内容，《鎮州臨濟慧照禪師語録》：

上堂，僧問：『如何是第一句？』師云：『三要印開朱點側，未容擬議主賓分。』問：『如何是第二句？』師云：『妙解豈容無著問，漚和争負截流機。』問：『如何是第三句？』師云：『看取棚頭弄傀儡，抽牽都來裏有人。』師又云：『一句語須具三玄門，一玄門須具三要，有權有用。汝等諸人作麽生會？』下座。[七]

據楊曾文先生的解釋，『三要印開朱點側』兩句乃是指傳授禪法時應抓住要點，使人不容置疑地理解問題的主次、先後；『看取棚頭弄傀儡』兩句，則是教導受法者應當從現象入手看到事物的本質、本體方面，進而體悟支配自己言語行爲的本性、心靈之我，以確立自修自悟的信心[八]。之所以將這四句置於書之首尾，可能是爲了凸顯《人天寶鑒》指示人天眼目、激發後學志氣的功用。高麗版與他本在文字上出入最大，『張文定公』『智者顗禪師』等若干條目中還出現了兩字占用一格的現象，可能是因爲禪从『眼昏』，故抄寫時有所疏漏，而上板時又完全忠實於作爲底本的抄本，故纔形成了如今所見之面貌。另外值得注意的是，一然和禪从分別稱此書爲『人天寶鑒集』和『人天寶鑒録』，這與原書書名稍有出入。鑒於序跋中已經明確記載了書名，故『集』和『録』應該并不屬於書名的一部分，而是爲了凸顯此書『編集』與『抄録』的性質。此版本現藏韓國國立中央圖書館，更重要的是，其板片尚存，現藏於韓國海印寺。

人天寶鑑上

唐德宗問曇光法師曰僧何名爲寶對曰僧者具
有六種以寶稱之一禪僧自性超凡入聖得名禪
僧二解行双運不入邪流得名高僧三具戒定慧
者大辯才得名講僧四先聞深奧舉古騐今得名
文章僧五知因識果慈悲戒行得名主事僧六精
勤功業長養聖胎得名當僧帝大悅遂詔天下度
僧唐僧傳

大善禪師南嶽之高弟也從法華禪門得慈悲三昧
時衡陽内史鄭僧果經畫一邏除令陳正業持獵

人天寶鑑上

德而鄭欲無信向意一日同隊出獵圍鹿一群鄭
請陳曰公嘗稱大善禪師有慈悲三昧力今日其
騐如何陳即率左右數人同聲念曰南無大善禪
師即時群鹿騰空而出悉是門也愧伏 國清石刻
左溪尊者諱玄朗烏傷人從學天宮惠法師得志
後栖身岩谷或猿猴來以捧鉢或飛鳥至以聽經
年十八讀十二頭陀知是處者三十年若其細行
修身悉遵律制故李華云禪無私授不見身相戒
淨無瑕不滅外儀講不待衆誨人無倦居止偏陋
食無重味衣非燒尋覓典只香空案一燈日昃

圖一

《人天寶鑑》雖然很早就傳入高麗，但除了至元二十七年刊本，僅在日據時代重印過一次[九]，其他文獻的著録和徵引絶少。而在日本，此書却經多次刊刻，且融入了不少本土特色。其中的代表爲五山版，即日本永正十三年（一五一六）守仙和尚和訓本。此版共四册，不分卷，黑口，單魚尾，每半葉十行，行二十字，有界行（見圖二）。書中部分漢字有日語假名注音，正文的誤字或模糊不清處皆補寫於頁眉、頁脚。書前有題記，但潦草難辨，唯首句應爲：『永正十三丙子七月十七，於善慧室中寫。』書末題簽：『東福寺山内瓢庵守仙大和尚書。』但此書明顯爲刻本，故守仙書寫的内容疑僅爲目録、和訓及校勘等。守仙應即彭叔守仙（一四九〇—一五五五），日本臨濟宗僧，别號瓢庵，信濃（長野縣）人，爲自悦守擇弟子，歷住東福寺、南禪寺、崇壽寺等，曾於東福寺創建善慧院，以五山文學家而聞名，著作有《猶如昨夢集》《鐵酸餡》等。由於五山版漢籍多本於宋元舊槧，故此書可能最接近原貌。京都大學圖書館、國立國會圖書館和石川武美記念圖書館（原お茶の水図書館）皆有藏。此版本流傳較廣，禪家書房等曾據之翻刻。

再次爲日本國立國會圖書館所藏寬文十年（一六七〇）江户豐島總兵衛刊本，一册，黑口，單魚尾，每半葉十行，行二十字，無界行（見圖三）。此版本題跋較少，僅正文後有『寬文十庚戌年霜月吉辰』的題記，故難考具體的刊刻信息。近代《國訳禪宗叢書》（一九一九年）與《國訳禪學大成》（一九二九年）皆據此本排印，二者除解題部分稍有差异外，底本、譯文及注釋完全相同。令人不解的是，此版原不分卷，但以之爲底本的《國訳禪宗叢書》《國訳禪學大成》却分爲上、下兩卷，上卷自『唐曇光法師』條至『晦庵光禪師』條，共五十七則，下卷自『沙門波若』條至『永明壽禪師』條，共六十五條。考龍谷大學圖書館亦藏有《人天寶鑑》，題藤屋古川三郎兵衛刊，年代不詳。此書的版式與寬文十年版相同，二者當屬同一系統。但這一版本的特殊之處是分爲上、下兩册，故疑《國訳禪宗叢書》《國訳禪學大成》的分卷形式可能來源於此。

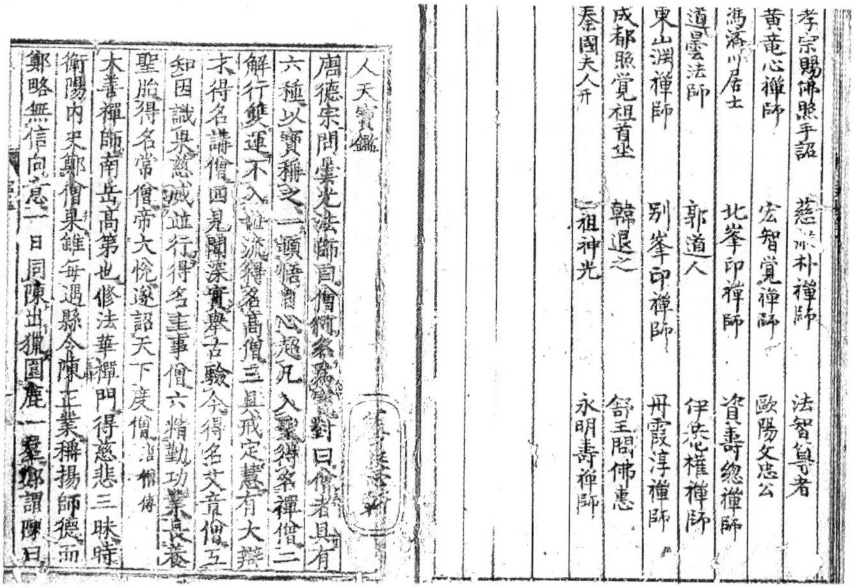

孝宗賜佛照手詔　慈受深禪師　法智尊者
黄竜心禪師　宏智覚禪師　歐陽文忠公
馮濟川居士　北峯印禪師　資壽總禪師
道曇法師　郭道人　伊庵權禪師
東山淵禪師　別峯印禪師　丹霞淳禪師
成都照覚祖首座　韓退之　舒王問佛恵
秦國夫人計　二祖神光　永明壽禪師

人天寶鑑
唐德宗問雲光法師曰僧稱爲何對曰僧者具有
六種以實稱之一頓悟自心超凡入聖得名禪僧二
解行雙運不入諸流得名高僧三具戒定慧有大辯
才得名講僧四見聞深廣舉古驗今得名文章僧五
知因識果慈戒並行得名主事僧六精勤功業長養
聖胎得名常僧帝大悅遂詔天下度僧 出僧傳
大善禪師南岳高第也修法華禪門得慈悲三昧時
衡陽內史鄭僧杲雖每遇縣令陳正業稱揚師德而
鄭略無信向意一日同陳出獵圍鹿一群鄭謂陳曰

圖二

譬如水火不相入噫古者之行非難行也人自菲薄
以謂古人不可及余殊不知古人猶今之人也能自
奮志於其間則與古人何別今刋其書廣其說欲示
後世學者知有前輩典刑咸至于道而已高明毋誚
焉紹定三年結制日四明沙門曇秀序

人天寶鑑
唐德宗問雲光法師曰僧何名爲寶對曰僧者具有
六種以寶稱之一頓悟自心超凡入聖得名禪僧二
解行俱運不入世流得名高僧三具戒定慧有大辯
才得名講僧四見聞深實舉古驗今得名文章僧五
知因識果慈威並行得名主事僧六精勤功業長養
聖胎得名常僧帝大悦遂詔天下度僧唐僧傳
大善禪師南岳高第也修法華禪門得慈悲三昧持
衡陽內史鄭僧杲雖每過縣令陳正業稱揚師德而
鄭略無信向意一日同陳出獵圍鹿一麞鄭謂陳曰

圖三

另外，《卍續藏》第二編乙第二十一套亦收録《人天寶鑒》，文字與高麗版、五山版、寬文版皆有出入。但《卍續藏》所收典籍多未注明底本，故不知所據，只能參考相關文獻作一些推測，中野達慧《大日本續藏經編纂印行緣起》謂：

> 前田博士唱導《續藏》編纂印行，親自歷訪名山巨刹，周搜博采，備録年久，嘗囑不佞以編纂刊行之事。予年齒尚壯，雖才力綿薄，忝把象教末流，荷法念深，因奮然勵志，以從事焉。從此以往，或於秘府，或於官庫，或於古剎名藍，搜救佚書，孜孜不倦。而世之視斯勝緣，深生隨喜，見寄秘籍者，亦陸續不絶。[一〇]

而此書《凡例》亦稱：『所收之書，多係古人謄寫。』[一一]則《卍續藏》所收典籍多爲古抄本、刻本，《人天寶鑒》可能也是這種情況。

雖然《人天寶鑒》在日本的刊刻時間較晚，但傳入日本却并不晚。室町時期的僧人春屋妙葩（一三一一—一三八八）在《智覺普明國師語録》已經提到此書：『拈帖：《人天寶鑒》，叢林典刑。寰中依此敕重，塞外依此令行。』[一二]可知當時已有傳本，但應是以抄本的形式流行。至於《人天寶鑒》如何傳至日本，由於絶少記載，故難以詳考，但不外乎兩條路綫，一是從中國傳入，二是從高麗傳入。考慮到五山、寬文版與高麗版不僅在文字上有出入，版式亦不相同，且高麗版的題跋、刊記皆未體現於日本諸本，故不論從何地傳入，都應是宋代曇秀所刊原版，而非高麗刊本。《人天寶鑒》在日本的流行較高麗更爲普遍，不僅多次刊版，一些文獻中亦有著録和徵引，除了上文提到的《智覺普明國師語録》，萬仞道坦（一六九八—一七七五）的《禪戒鈔》及赴日明僧隱元隆琦（一五九二—一六七三）的《黄檗清規》都引用了此書[一三]。據《國訳禪宗叢書》的介紹，《人天寶鑒》乃『禪門七部書』之一，是日本禪僧修行入門的必讀典籍，地位十分尊崇。

此書之回流中國，楊守敬首肇其端，《日本訪書志》卷一六介紹了日本所存書版：

> 《人天寶鑑》并前、後序文八十四葉。日本仿宋刻，無年月。宋釋曇秀撰。首有劉棐序，次自序，末有紹定庚寅釋師□、釋妙堪跋。其書載歷代高僧逸事遺言，每條之下注引書名，頗爲博洽，其大旨具於自序中。[一四]

并抄録了劉棐及曇秀之序。楊氏對此書的重視，反而從側面説明其在中國已成絶響。據引文『八十四葉』及『無年月』的描述來看，楊氏所見并非五山版或寬文版，或許此本即《卍續藏》所用底本。姑存疑。楊氏是否攜之歸國，不得而知，但當時未能流傳開來，則是不争的事實。《人天寶鑑》再次全面進入中國學人的視野，應始於涵芬樓影印并發行《卍續藏》。自此之後，是書不僅成爲佛教研究取材之淵藪，本身也成爲一個重要的研究對象。

【注釋】

[一] 王勇：《『絲綢之路』與『書籍之路』——試論東亞文化交流的獨特模式》，《浙江大學學報》（人文社會科學版），第三三卷第五期，第五—一二頁。

[二] 金渭顯：《高麗史中中韓關係史料彙編》，臺北：食貨出版社，一九八三，第九九頁。

[三] [朝鮮] 李能和：《朝鮮佛教通史》卷三，《大藏經補編》，第三一册，第六四三頁上。

[四] （宋）志磐：《佛祖統紀》卷四七，《大正藏》，第四九册，第四二五頁c。

[五] （元）覺岸：《釋氏稽古略》卷四，《大正藏》，第四九册，第八九〇頁c。

[六] （宋）曇秀：《人天寶鑑》，《卍新纂續藏經》，第八七册，第二三頁c。

[七] （唐）慧然集：《鎮州臨濟慧照禪師語録》，《大正藏》，第四七册，第四九七頁a。

[八] 楊曾文：《唐五代禪宗史》，北京：中國社會科學出版社，一九九九，第三七三頁。

[九] 傅德華：《日據時期朝鮮刊刻漢籍文獻目録》，上海：上海人民出版社，二〇一一，第六頁。

[一〇] [日] 前田慧雲、中野達慧等編：《續藏經目録》，京都：藏經書院，明治三十八年（一九〇五）至大正元年（一九一二），卷首葉二十二左。

[一一] [日] 前田慧雲、中野達慧等編：《續藏經目録》，卷首葉三十三左。

[一二] [日] 妙葩：《智覺普明國師語録》卷二，《大正藏》，第八〇册，第六四四頁a。

[一三] [日] 萬仞道坦：《禪戒鈔》，《大正藏》，第八二册，第六四九頁a；（明）隱元隆琦：《黄檗清規》卷一、卷八，《大正藏》，第八二册，第七六九頁a、七七六頁c。

[一四]（清）楊守敬撰，張雷校點：《日本訪書志》，瀋陽：遼寧教育出版社，二〇〇三，第二五二頁。

五、《人天寶鑒》的域外整理及研究

由於同屬漢字文化圈，東亞諸國在處理、傳播來自中國的書籍時，往往并非單純翻刻，而是有能力根據本國文化傳統、閱讀習慣進行一些創造性的整理改動，這就使域外漢籍的文獻功能超越了最基本的拾遺補闕，從而産生了價值增益。至於整理的具體方法，諸如題跋、注釋、校勘、抄纂、合會等，都是較爲常見的形式。域外人士在刊刻漢籍時，往往會補寫題跋，以介紹此書之傳來、内容、價值及刊版情況等，對於考察其流傳具有十分重要的參考意義。注釋則分爲兩種，一是同樣以漢文解釋原文意義，如日本文人所注杜詩、蘇詩等作品；二是以本國語言和符號添加訓點，這在日本漢籍中十分普遍（新羅時期的漢籍亦有此種情況[一]，但數量不多）。校勘則更爲常見，諸國翻刻漢籍時基本都要經過這一步驟，許多題跋中也詳細介紹了相關過程。如元照《芝苑遺編》卷末日僧訥翁跋：

貞和三年丁亥大蔟五日，前泉涌老比丘淳朴於竹園軒看讀校訂之次，卒點旁訓云。今寬文九年孟秋下旬，更校潤色之，以壽梓流世矣。欲繼法燈而永照迷闇，濟群生而遠沾妙道，忝浴祖恩，欽擬報答云。止止堂老乞士中訥翁。[二]

可知是書分別於貞和三年（一三四七）、寬文九年（一六六九）經淳朴和訥翁兩次校勘，最終纔形成了今貌。爲了集中利用文獻，域外人士通常習慣以抄纂的形式整理漢籍，即按照特定的主題從群書中抄撮相關條目。如道宣《行事鈔》、允堪《會正記》、元照《資持記》都是佛教律學名著，但卷帙浩大，不便於日常翻檢。日本招提寺律僧照遠便撮取鈔記之精要，撰成數書，其中《資行鈔》跋云：

於時貞和五年（一三四九）八月二十八日，於招提寺彌勒院記此卷畢。凡此三大部抄出者，自歷應二年（一三三九）八月始之，至貞和五年八月，首尾十一年畢此功。初《顯業抄》二十卷，次《警意抄》十七卷，後《資行抄》二十八卷，都合六十五卷也。此遍非他，先爲挑兩祖之傳燈，飾三部令章。炎天拂汗，嚴冬吹手，染紫筆記白紙，最如以螢助日月，以細流副大海。願祖師加冥助，傳通更無壅塞。次爲助自身愚闇，兼備後裔披覽。不耻先賢後進之嘲弄，任所及見聞，大概記之畢。早酬此鑽仰之功力，衆生共證覺果而已。[三]

則照遠根據不同的主題和内容，別出《顯業抄》《警意抄》《資行鈔》三書，其目的除了弘揚祖師學説和自身修行，也是爲了『兼備後裔披覽』。合會是指將分部別行的原文、注釋、疏文、科文等合并一處，以便對照閱讀。例如，元照的《資持記》《行事鈔科》皆爲闡釋道宣《行事鈔》之作，但之前三書异部別行，頗不便披覽。貞享三年（一六八六），慈光和瑞芳將《資持記》内容拆散，分綴於《行事鈔》之下，并將《行事鈔科》繫於頁眉，題爲《三籍合觀》，其自序謂：

然而鈔、記、科文异部，學者病於照對。今兹貞享丙寅歲，余與法弟瑞芳覺公齊志戮力，合三爲一，都計四十二卷，校讎數本，正其訛謬，傍加和訓，令人易讀，顔曰：《三籍合觀》。即命剞劂氏布諸大方，庶幾新學道侶憑斯洪範，離末法之虚誕，知梵學之由漸，從戒門而升定堂，入慧室而坐覺座也。[四]

此法雖然較大改變了原貌，但利於閲讀和流傳，自有其價值。當然，以上整理方式往往都不是單獨出現，而是兩三種乃至多種同時應用，如附加的題跋中會介紹注釋、校勘的情况，而抄纂、合會時亦常伴隨着版本梳理及文句考訂。無論采取何種形式，其目的都是爲整理出更加符合本國閲讀習慣的文本。

高麗和日本在翻刻《人天寶鑒》時，都對原書進行了不同程度的整理。根據前引包山禪丛的題跋，高麗版是由其本人執筆抄寫，從至元二十六年秋至二十七年七月，耗時近一年，因此，應是全書重新謄寫（包括序跋）。從版式風格看，高麗版以摻有隸意的魏碑體出之，與常見的宋元版有較大差异，其刊印質量在諸本中亦最劣。但此版保留原書的刊記，補充一然、禪丛之跋，使我們對此書的刊刻及流傳有了進一步的瞭解。五山版則基本保留了宋版原貌，甚至劉棐序文、師贊及妙堪跋文的字體亦一依原書。守仙便在這一版本的基礎上進行了若干整理：一是首尾皆補入題簽；二是補寫了目録，爲此版所獨有；三是正文中以紅綫標出人名、地名等專有詞彙；四是添加訓點、注釋和句讀；五是做簡單校勘和注釋。以『王日休居士』條爲例：

王日休居士，龍舒人，性行端靖，少補國學，俄嘆曰：『西方之歸爲究竟爾！』從是布衣蔬食，日課千拜，以嚴净報。或曰：『公既志念純一，復何事苦行邪？』答曰：『經不云乎，非少福德因緣得生彼國。若不專心苦到，安能决定往生？』[五]

『王日休居士』五字之上有一紅圈，表示此爲一條之始；『王日休居士』及『龍舒』皆以紅綫標出，表示此爲專有名詞；『經不云乎』一句，『經』字之右有小字注『阿弥陁』，説明後句出自《阿彌陀經》。另外，全篇皆有返點及假名音訓，以方便閱讀。經過改造，不僅使眉目更加清晰，而且訂正了漫漶或錯誤的文字，無論是在形式還是内容上都比原版更佳。寬文版與五山版類似，只是没有校勘的痕迹，題跋也較爲簡單，而紙張及印刷質量則有提升，這可能是後世排印時將其作爲底本的主要原因。另外，駒澤大學圖書舘藏有江户時期的兩件相關文獻：一爲《人天寶鑒略疏》兩卷，獨秀撰；一爲《人天寶鑒考》兩卷，不署撰者。

以上爲高麗和日本對《人天寶鑒》進行的傳統意義上的整理，參與者多爲僧侣，目的也多是闡揚祖教的宗教訴求。二十世紀初，日本學者首先對此書展開了現代學術意義上的研究，前文提到的《国訳禅宗叢書》《国訳禅学大成》及篠原壽雄是其中的代表。隨着域外版本的回流及日本學者的影響，中國學者也開始關注《人天寶鑒》，除了影印出版與解題，陸會瓊《宋代禪林筆記研究》將其作爲重要的研究對象，通過比較多種禪林筆記，考察了《人天寶鑒》在文本和風格上的特徵[六]。總之，此書於宋元之際傳入高麗及日本後，於彼處不斷翻刻、整理及研究，最終再次回到中國，成爲東亞佛教界和學術界的共同財富。

【注釋】

[一] 王曉平：《日本經學史》，北京：學苑出版社，二〇〇九，第三九二頁。

[二]（宋）元照：《芝苑遺編》，《卍新纂續藏經》，第五九册，第六五一頁b。

[三]［日］照遠：《資行鈔》，《大正藏》，第六二册，第八六〇頁a。

[四]［日］慈光、瑞芳：《三籍合觀》，《大日本續藏經》（卍續藏），臺北：新文豐出版公司影印本，一九九三，第六九册，第一三七頁下。

[五]（宋）曇秀：《人天寶鑒》，《卍新纂續藏經》，第八七册，第八頁a。

[六] 陸會瓊：《宋代禪林筆記研究》，四川大學博士學位論文，二〇一五。

六、《人天寶鑒》的思想

由於相關記載太少，故我們很難對曇秀的思想有一個清晰的瞭解，但也并非完全無迹可求，最爲直接的證據就是《人天寶鑒》中曇秀的自序，其文謂：『且昔之禪者未始不以教、律爲務，宗教、律者未始不以禪爲務，至於儒老家學者亦未始不相得而徹證之，非如今日專一門、擅一美，互相詆訾，如水火不相入。』[一]曇秀在這段引文中旗幟鮮明地反對儒釋道和禪教律『專一門、擅一美』的分裂現象，他主張三教、三宗相得相融，互證互明。但我們也注意到，與宗密、契嵩等提倡融合論的前輩不同，曇秀在此只提出了論點，但并没有對這一命題進行論證。這一明顯的差异，其實已經預示了佛教融合思想的調整與轉向。

另外，曇秀的交游情况也透露了其思想傾向，雖然他與交往之人在思想上不一定相同或相近，但由此考察其接觸範圍，確定其思想寬度是没有問題的。囿於材料，我們對曇秀的交往情况也知之甚少，但《人天寶鑒》中的序跋無疑是最可靠的記載。此書除曇秀的自序外，還有三篇序跋，其一爲蘭庭劉棐所撰，雖然其人不詳，序文也未透露出明顯的思想傾向，但將其推定爲儒家士人，應該不會有太大問題。另一篇跋語爲師贇所作，關於師贇，《佛祖統紀》卷四八：『寶慶二年，敕天申萬壽圓覺寺改爲天台教，以師贇法師主之。』[二]可知其爲天台宗僧人。又據跋語，《人天寶鑒》成書之後，『走大圓覺，求之刊行』[三]，雖然文中未提及師贇對此書有實質性的資助，但已可見二人交情匪淺。最後一篇跋語乃時住靈隱寺的笑翁妙堪（一一七七—一二四八）所撰，妙堪爲臨濟宗禪僧，乃大慧宗杲（一〇八九—一一六三）的法孫。而《人天寶鑒》三次收録宗杲的言行，甚至此書的體例也是模仿《正法眼藏》，可知曇秀對其十分推崇，則與其後裔往還亦在情理之中。對於妙堪雖然也没有系統研究，但從傳記和頌語來看，其思想有綜合大慧派和虎丘派，甚至默照禪的傾向，亦是一種融合論。此外，《律苑僧寶傳》卷一一《京兆泉涌寺開山大興正法國師傳》記録了與日本律學僧俊芿相善之人，其中就有曇秀：『如崇福志隱、開元道源、景福道常、會稽曇秀、石鼓法久等皆慕師。』[四]則其與律宗僧人亦有往來。石鼓法久爲北宋律祖元照的後裔，并有多部律學撰述傳世，雖然他與曇秀不一定有直接往來，但通過俊芿的中介，二人相互瞭解是很有可能的。總之，曇秀與儒士以及教宗、律學僧人皆有直接往來，這是他主張三教、三宗融合的現實基礎。

《人天寶鑒》是一部史料彙輯性質的著作，其文獻來源包括碑傳實録、佛教史傳、禪林筆記、僧人別集等。此書的文本形式與當時流行的《正法眼藏》《林間録》等禪林筆記較爲接近，它們都采取了『每得一事，隨即録之』『不以古今爲詮次』的編纂方式[五]，而且在内容與旨趣上亦聲氣相求。不過，《人天寶鑒》與之也有許多區別，比較明顯的就是後兩者雖以言論掌故爲主要内容，但編集者常常探出紙面，以創作主體和道德標杆的姿態與讀者直接對話，如《正法眼藏》中的『妙喜曰』（妙喜即宗杲也），《林間録》中『可悲也』『可嘆也』之類的評判詞等。而曇秀除了在序言裏簡明扼要地表達了自己的觀點，在正文中從未挺身而出、以作者的身份進行説教，他不僅將本人消聲，而且把理論主張也深藏起來。那麽，《人天寶鑒》的正文部分是否完全没有思想的影子？答案必然是否定的，因爲史料的甄別、采擇以及對文本的處理都是在作者主觀意圖的操縱下完成的，故作品的内容、體例其實都在無言地傳達著作者的思想與主張。具體到《人天寶鑒》，此書共一二二則，另外，筆者從《敕修百丈清規》卷二輯得一條，故總計一二三則。除了『隱山與靈空書』『孝論』『古德浴室偈』三條或難考其人，或未涉言行，無法統計，其他條目正傳中共載一一一人（重出者計爲一人）。其中，儒（俗）教一九人，道教四人，佛教中的禪宗爲五五人，教宗二七人（天台宗二四人，華嚴、法相等共三人），律宗四人，宗派不詳者二人，見下表所示（『人物』欄的數字表示重出次數）：

	人物	統計
儒（俗）	梁武帝、侍郎楊億、張文定公、侍郎張九成、東坡先生（二）、相國裴休、劉遺民、王日休居士（二）、給事馮楫居士（二）、趙清獻公、正言陳了翁、楊次公、文潞公、黄太史、吴子才、宋孝宗、歐陽文忠公、韓退之、秦國夫人	一九
道	孫思邈、道士吴契初、真人張平叔、真人吕洞賓	四
釋 禪	五臺無相、天台韶國師、法昌遇禪師、圓通訥禪師、頎禪師、龍湖聞禪師、仗錫己禪師、芙蓉楷禪師、靈源清禪師（二）、和庵主、曹山章禪師、法雲秀禪師、静上坐、大隋真禪師、廣慧連禪師、光孝安禪師、明教嵩禪師、潙山祐禪師、净因臻禪師、汾陽昭禪師、仰山寂禪師、晦庵光禪師、晦堂心禪師、徑山主僧法印、玄沙備禪師、普首坐、大慧禪師（三）、冶父川禪師、德山密禪師、分庵主、佛燈珣禪師、秀州暹禪師、圓照本禪師、仰山圓禪師、石窗恭禪師、南岳讓和尚、雪堂行和尚、簡堂機禪師、隱山、寂室光禪師、長靈卓禪師、慈航朴禪師、黄龍心禪師、宏智覺禪師、北峰印禪師、資壽總禪師、郭道人、伊庵權禪師、東山淵禪師、別峰印禪師、丹霞淳禪師、成都昭覺祖首坐、二祖神光、永明壽禪師、湖南雲蓋山智禪師（補）	五五

			人物	統計
釋	教	天台	大善禪師、玄朗、智者顗禪師（三）、法智尊者（二）、希顔首座、梵法主、慈雲式法師、辯才浄法師、孤山圓法師、證悟智禪師、東山能行人、沙門波若、石壁寺紹、靖二法師、海月辯都師、天竺悟法師、高僧可久、愚法師、神照如法師、樝庵嚴法師、牧庵朋法師、無畏久法師、圓覺慈法師、道曇法師	二四
		其他	奘三藏、道法師、高麗義天僧統	三
	律		兜率梧律師、大智律師（二）、南山宣律師、廬山遠法師	四
	不詳		曇光法師、昔有一尊宿	二
共計				一一一

由表可知，雖然各宗人數不甚平衡，但《人天寶鑒》的收録範圍基本覆蓋了三教、三宗，這與曇秀的融合思想是互爲表裏的。另外，在『教』的層面上，曇秀描繪的思想圖譜恐怕有些失真，占據官方意識形態的儒家自不必言，道教在宋代也頗具實力，但曇秀所録儒士只有十數人，而道教則更是僅有四人入選。這種處理方式雖然凸顯了《人天寶鑒》以佛教爲本位的特徵，但其史學意義却被大大削弱了。在『宗』的層面上，禪宗人數最多，天台宗次之，而其他宗派則難以與之比肩。由於曇秀所録人物時間跨度很大，并未局限於宋代，故我們不能認爲這是當時各宗力量的對比，但將其視爲各宗文獻規模的體現，應該是没有問題的。《人天寶鑒》的内容顯示出，曇秀的融合理論并非一視同仁、泯滅差别的思想拼盤，而是在『教』的層次上以佛

教爲本，以儒、道爲輔，在『宗』的層次上以禪宗爲主體，以教、律爲補充的辯證觀點。

總之，《人天寶鑒》的正文部分雖然没有議論和評價的話語，但仍然承擔了作者傳聲筒的角色，它不僅支撑、印證了曇秀在序文中提出的融合觀，還進一步傳達了作者不宜或不便説出的主張，即有差別的融合思想。

儒釋道三家皆有融合學説，但佛教作爲一種外來的宗教思想，在生存與發展的壓力下，對三教融合的現實需求最爲迫切，故其融合理論不但發軔較早，而且頗爲系統。本書以佛教融合思想作爲考察對象，結合前人的研究成果對其演變軌迹進行梳理，同時歸納各種理論所采用的論證策略，最後考察《人天寶鑒》中論證方式的轉向。

佛教融合思想可以劃分爲兩個層次，其一是儒釋道三教的融通，其二是佛教内部禪教律三宗的整合。漢魏南北朝時期，由於佛教宗派的分化尚不明顯，故融合論以三教爲焦點。牟子最早從佛教的角度提出了三教合一説，他用『聖人』與『真人』來描述佛陀以及借『道』的概念來闡釋佛教教義[六]。雖然只是表層概念的比附，但至少在學説框架的意義上將三者進行了會通。孫綽雖爲士人，但崇信佛教，故其融合論亦以佛教爲本位，他除了用道家術語解釋佛道，還提出了『周孔即佛、佛即周孔』的理論[七]，其論證策略是以中國傳統的體用範疇來涵攝佛儒，即佛教注重内心教化，周孔關注外在社會，但二者在本質上是一致的。隨着佛教在中國社會的普及，人們對其理解越來越透徹，對三教一致的論證也逐步細化和深入，如宗炳《明佛論》提出『雖三訓殊路，而習善共轍』，其總體思路仍然不出體用的範圍，但在『用』的層次上除了强調社會功用，還增加了時間維度，指出三教因應不同的時機而興[八]。同時代的《均善論》《門律》《夷夏論》等作品或會通儒釋，或調和佛道，但在論證方法上皆未超出這一思路。

隋唐時期，佛教宗派分化加劇，諸宗雖然同源而出，但爲了爭奪信衆和社會資源，相互排斥、相互鬥爭的現象也較爲嚴重，故融合思想除了在三教層面上進行，也延伸至佛教内部。諸宗并修的思想早已有人提倡，如主修浄土的僧人慈愍三藏慧日（六八〇—七四八）便提倡禪、教、律、浄四行并修，其後的五會法師法照亦繼承了這一傳統[九]。不過，慧日和法照僅着眼於禪、教、律在法門意義上的不礙，并没有在本體論的層次上進行會通。另外，浄土學僧融合思想最顯著的特點是將禪、教、律置於念佛這個統一的範疇之内，從而消弭三者之間的差异，而對禪、教、律本身的特點并没有過多涉及。大概在中唐時期，出現了對禪、法（教）、律三宗融合思想的直接論證，《景德傳燈録》卷七記載了白居易與興善寺惟寛禪師（七五五—八一七）的一段對話，其中體現了兩種對立觀點的交鋒：

> 元和四年，憲宗詔至闕下。白居易嘗詣師問曰：『既曰禪師，何以説法？』師曰：『無上菩提者，被於身爲律，説於口爲法，行於心爲禪。應用者三，其致一也。譬如江河淮漢在處立名，名雖不一，水性無二。律即是法，法不離禪，云何於中妄起分别？』[一〇]

白居易的發問代表了當時大多數人的態度，即禪師、法師、律師應各行其事、各司其職，相互之間不能越俎代庖。惟寛則以中國傳統的名、實（或體用）觀念來會通之：禪、法、律皆爲無上菩提，其體（實）爲一，其用（名）則三，不能以世俗的觀點妄加分别。這與浄土學僧的融合思想及論證方式已有本質上的區别。結合此則記載的下文，白居易似乎認可了惟寛的理論。這雖然只是一場私人談話，但却可以代表一種趨勢，即禪、法、律由分化對立走向融匯統一。稍晚於惟寛的圭峰宗密（七八一—八四一）提出了更爲系統的禪教一致論，并分爲兩個層次來論證：首先，他認爲禪、教皆以佛性爲源，故主張禪、教同源；其次，他將禪、教由低到高各分爲三，然後用三教的教理來印證禪宗三宗，證明它們彼此相應，消除人們的分别意識，使人認識到禪與教相通，皆爲引導衆生成佛之妙法[一一]。此外，宗密還將一致論擴展至三教，他首先承認儒、道兩家皆有懲惡勸善、同歸於治的功能，其次認爲儒、道兩家的理論停留在感覺和經驗的層面，故只能算是

『權教』，而佛教的義理不但重視感覺和經驗，還具備超驗和抽象的特點，兼權實而有之，佛教的廣大包容是三教融合的基礎[一二]。五代時的永明延壽（九〇四—九七五）進一步拓展了融合理論，他沿着宗密的思路，將會通華嚴宗的緣起理論和禪宗直指見性之旨作爲首要目標，另外，他還針對禪僧不重視嚴格修行的傾向，主張修持六度等各種教法，做到『理事融通』『理事雙修』[一三]。在三教關係上，延壽的思想和論證方法也與宗密相似，即在遵奉『圓乘一教』爲最高地位的前提下，將儒、道置於佛教的某個範圍（俗諦）[一四]。宗密和延壽的融合思想既有功能作用方面的類比，又有抽象的本體論論證，較之前代更爲完善和系統化。

迨及宋代，三教、三宗之間的對立與抗争雖然并未消歇，但融合論已成爲宗教思想的主流。孤山智圓（九七六—一〇二二）主張平衡三教關係，他認爲儒、釋、道鼎足而三，缺一不可，其論證策略一是從政治哲學的角度證明三教的社會功能相同，二是從本體論的角度入手，用『復性』説來統攝三教[一五]。北宋中期以後，儒家的道統觀念開始抬頭，對佛教的懷疑與批判也越來越多。在此種背景下，明教契嵩（一〇〇七—一〇七二）一方面主張佛、儒二教同本於『聖人之心』，另一方面以五戒、十善比附儒家的五常倫理[一六]。而大慧宗杲也没有超出這一思路，他除了從社會功能的角度會通三教，還從性、道的本體論層面提出『爲學主道一也』的觀點[一七]。

有的學者將佛教融合思想劃分爲本末内外論、均善均聖論及殊途同歸論[一八]，但此種分類稍嫌割裂，如釋慧琳《均善論》是主張均善、均聖論的代表作，但其中又明確提出佛儒『殊途而同歸』，之後的融合理論更是從多個角度、多個層次立論，很難以上述三種類型來涵蓋。筆者以爲，歷代佛教融合思想的論證方式雖然五花八門，但皆没有超出中國傳統的體用（名實）範疇。無論價值論還是本體論，都是體用範疇的具化，只是側重點不同。唐代以前對『用』的層面關注較多，而唐代以後則體、用兼具，但以體爲主。

在對融合思想進行論證的過程中，各種策略都已登臺亮相，但如果没有完全异質的哲學思想涉入，恐怕很難在體用範疇之外闖出一條新的出路。《人天寶鑒》雖然没有在本體論的意義上實現這一突破，但作者却采用釜底抽薪、變革方法論的方式（當然，這種變革很可能是無意識的），一方面改變了融合論的存在狀態，即理論從臺前隱入幕後，改由『史實』登場亮相、現身説法，另一方面論證策略的範式隨之調整，將直接論證轉化爲間接論證。

從前文的論述中，我們已經對第一個特點有所瞭解，即曇秀在作品中將本人作了消聲處理，而且把自己的理論主張也深藏於案例之後。這一做法的意義是將三教、三宗融合理論從需要進行理論論證的準真理轉變爲不證自明的普遍真理。至於論證範式的調整，總體上表現爲『不證之證』，『不證』是指不再對融合理論進行直接論證；『證』則是通過種種手法創造『史實』，用這些『史實』作爲融合思想的佐證。在《人天寶鑒》中，創造『史實』的手法主要有兩種，一是案例篩選，二是資料剪裁。就前者而言，此書的收録範圍覆蓋了諸教諸宗的祖師或代表性人物，但曇秀并不是毫無限度的照單全收，其中頗有一番斟酌取捨的功夫，一個最典型的例子就是惠洪（一〇七一—一一二八）。惠洪爲北宋臨濟宗僧人，才華出衆，工詩善文，所撰《禪林僧寶傳》《林間録》等作品在當時及後世廣泛流傳，産生了相當大的影響。應該説，惠洪及其著作在宋代禪林中是一個穎鑠而獨特的現象，具有被書寫的意義和價值。然而，曇秀雖然徵引了《林間録》與《石門文字禪》的很多内容，但并没有收録惠洪其人。筆者認爲原因有二，一是惠洪不守佛戒，行爲放浪，見譏於時議，是緇徒中的反面典型，自然無法『激發志氣，垂鑒於世』；二是惠洪雖然亦主禪教合一，但鄙視戒律和律宗，這在其作品中時有體現[一九]。這種具有選擇性和局限性的融合思想不符合曇秀的標準，故惠洪的落選也就在情理之中了。除了案例的篩選，曇秀還通過資料剪裁來『創造』自己需要的『史實』，如『明教嵩禪師』來源於《石門》與《行業》，前者即惠洪的《石門文字禪》，此書卷二三《嘉祐序》載契嵩之行迹，後者即陳舜俞所撰《鐔津明教大師行業記》。另外，惠洪《禪林僧寶傳》卷二七亦有『明教嵩禪師』條，當是本於《行業》而作。陳舜俞記載了契嵩與他宗僧人相諍的一個事件：

> 朝中自韓丞相而下，莫不延見而尊重之。留居愍賢寺，不受，請還東南。已而浮圖之講解者惡其有別傳之語，而耻其所宗不在所謂二十八人者，乃相與造説以非之。仲靈聞之，攘袂切齒，又益著書，博引聖賢經論、古人集録爲證，幾至數萬言。[二〇]

而在《石門文字禪》中，這一情節被删除，但在同爲惠洪所撰的《禪林僧寶傳》中，這一事件却得以保留，并且作者對其進行了改寫：

> 宰相韓琦、大參歐陽修皆延見而尊禮之。留居閔賢寺，不受，再請東還。於是律學者憎疾，相與造説以非之。嵩益著書，援引古今，左證甚明，幾數萬言。禪者增氣，而天下公議翕然歸之。[二一]

將『浮圖之講解者』直接具化爲律宗僧人。實際上，這是惠洪『融教不融律』思想的直接體現。《人天寶鑒》則首先將激化禪律矛盾的《禪林僧寶傳》摒除在外，其次對《石門文字禪》與《鐔津明教大師行業記》兩個文本進行處理，將二者涉及宗派對立的部分悉皆删去，然後把餘下不礙圓融的叙述拼接在一起，從而最大限度上支撑了作者的融合思想。

及至南宋中期，三教、諸宗融合思想頻頻出現於文集、塔銘和碑記中，這不但表明此種觀念已臻成熟，甚至預示着其成爲社會思潮或時代底色的可能。當然，愈是成熟的思想，愈難以突破和創新，而《人天寶鑒》的理論雖然没有超出前代的範圍，但却獨闢蹊徑，適時調整論證策略，以文獻學的方式完成了佛教融合思想的總結。

與知識和技術的可累積性不同，思想充滿了太多的偶然和异常，故思想史也不表現爲層層遞進、節節登高的進化鏈條，而是呈現出波動和跳蕩的特徵。前人的思想不一定非要成爲後人拾級而上的墊脚石，而後人的思想即使與前人暗合，也未必就是模仿與承襲，很有可能是『人同此心、心同此理』的個人體驗。另外，雖然思想在某一時段、某一區域内可能呈現出延續和穩定，但其穩定性及連續性却十分脆弱，戰争的爆發、傑出人物的出現以及政治權力的介入，都會對這一進程産生强烈影響。所以，單純用進化論來預設思想史的演變軌迹，是極其不負責任的做法。具體到本書的研究對象，由於佛教文獻的連續性，《人天寶鑑》有條件吸收前代思想的營養（實際上它在文本形式上就表現爲對前代資源的利用），但這并不意味着它必須承擔啓導後世的責任，也就是説，宋代以後的融合思想不必沿着曇秀的路子繼續前行，而完全有可能呈現出或舊或新的思路和方向。實際上，明代佛教的融合思想就回到了進行直接論證的老路上，但無論思想本身還是采用的論證策略，都没有突破前人的窠臼，只能算是老調重彈[二二]。從這個意義上來講，《人天寶鑑》是佛教融合理論在禪宗文獻領域爲數不多的實踐成果，在思想上具有獨特的價值和地位。

【注釋】

[一]（宋）曇秀：《人天寶鑑》，《卍新纂續藏經》，第八七册，第一頁a。

[二]（宋）志磐：《佛祖統紀》卷四八，《大正藏》，第四九册，第四三一頁b。

[三]（宋）曇秀：《人天寶鑑》，《卍新纂續藏經》，第八七册，第二三頁c。

[四]［日］慧堅：《律苑僧寶傳》卷一一，《大日本佛教全書》，第一〇五册，第二五〇頁上。

[五]（宋）惠洪：《林間録》，《卍新纂續藏經》，第八七册，第二四五頁a。

[六]任繼愈主編：《中國佛教史》（第一卷），北京：中國社會科學出版社，一九八一，第二〇三—二一七頁。

[七]任繼愈主編：《中國佛教史》（第二卷），北京：中國社會科學出版社，一九八五，第五五二—五五四頁。

[八]任繼愈主編：《中國佛教史》（第三卷），北京：中國社會科學出版社，一九八八，第九五頁。

[九]陳揚炯：《中國净土宗通史》，南京：鳳凰出版社，二〇〇八，第三五一—三五八頁。

[一〇]（宋）道原：《景德傳燈録》卷七，《大正藏》，第五一册，第二五五頁a。

[一一]楊曾文：《唐五代禪宗史》，第三四〇—三四四頁。

[一二]潘桂明：《中國佛教思想史稿》（第二卷），南京：江蘇人民出版社，二〇〇九，第七九七頁。

[一三]楊曾文：《宋元禪宗史》，北京：中國社會科學出版社，二〇〇六，第四八—五九頁。

[一四]楊曾文：《宋元禪宗史》，第六七頁。

[一五]潘桂明、吴忠偉：《中國天台宗通史》（下），南京：鳳凰出版社，二〇〇八，第五七八—五八四頁。

[一六]楊曾文：《宋元禪宗史》，第一九七頁。

[一七]楊曾文：《宋元禪宗史》，第四四九—四五一頁。

[一八]潘桂明：《中國佛教思想史稿》（第二卷），第二七八頁。

[一九]如《禪林僧寶傳》卷四《漳州羅漢琛禪師》、卷八《洞山守初禪師》、卷一五《衡岳泉禪師》等。

[二〇]（宋）契嵩：《鐔津文集》卷一，《大正藏》，第五二册，第六四八頁c。

[二一]（宋）惠洪：《禪林僧寶傳》卷二七，《卍新纂續藏經》，第七九册，第五四四頁c。

[二二]潘桂明：《中國佛教思想史稿》（第三卷），南京：江蘇人民出版社，二〇〇九，第六一八、六二一頁。

七、餘論

以上對《人天寶鑒》的作者、版本、流傳、思想等問題作了初步探索，但我們仍要面對一個難以解答的問題：一部在中國成書且刊版的著作，爲何最終成爲域外漢籍？張伯偉先生曾經指出并探討過這種現象，他認爲：

从漢文化圈整體著眼，同様一部書，由於各國各地區文化環境的差异，也往往擁有不同的命運……

説到底，同一部書在東亞三國的不同命運，這是由三個國家的文化傳統以及當時的文化政策所決定的。只有將這一問題置於漢文化圈整體之中，纔能夠避免膚淺表面的印象，作出較爲深刻的把握。[一]

但文化傳統及文化政策只能算是外部因素，而書籍的性質、質量和特徵等内部因素，在這一過程中也發揮着重要作用。就《人天寶鑒》來講，雖然歷代序跋皆對其稱贊有加，但它無論在内容還是體例上，都不能算是一部成熟的作品。尤其對於禪林筆記來説，之所以能够吸引讀者，其核心在於文采和意趣，而《人天寶鑒》則不具備這兩個特徵。例如，陸會瓊考察了《人天寶鑒》對《林間録》中『歐陽文忠公』條的改寫，發現前者僅存故事脈絡，行文質樸，後者則更加注重細節描繪，文筆清麗[二]。正是因爲這些不足，《人天寶鑒》在中國雖代有流傳，但不温不火，終至於亡佚。然而，此書流傳至域外，本身的缺陷反而能得到一定程度的掩蓋。不可否認，高麗和日本的部分文人、僧侣具備較高的漢文水平，但大部分人還是需要通過訓點來閲讀漢籍，達意已屬不易，更何况欣賞、體味其中的文采和意趣。在此種情况下，歷代序跋中的溢美之辭就成爲他們評價此書的首要依據，從而大大提升了此書的地位。至於外部因素，最直接的便是中國發生了幾次改朝换代的大規模戰争，這對行世不廣的佛教典籍造成了毁滅性的破壞。《人天寶鑒》分别於元明之際和明清之際流傳幾絶，正是這一影響的體現。而同時期的海東、日本雖亦有動亂，但規模及破壞程度均無法與中國相比，加之兩國文人、僧侣對漢籍一向視若珍寶，故許多稀見典籍亦得以保全。除了戰亂，社會環境、文化心理等對書籍命運的影響同樣至爲深遠。在中國，書籍『體用相分』的情况較爲普遍，即不論作者撰述的本意爲何，受傳統學術的制約，最終難免都成爲考證之資，《史記》如此，《文心雕龍》如此，禪林筆記亦如此，《四庫全書總目》對《林間録》的評價即爲『頗考證同异，訂贊寧《高僧傳》諸書之説，又往往自立議論，發明禪理，不盡叙録舊事也……所述釋門典故皆斐然可觀，亦殊勝粗鄙之語録，在佛氏書中猶爲有益文章者矣』[三]。可惜的是，《人天寶鑒》乃采摭群書而成，其條目多見於其他文獻，故輯佚考證的功能大大弱化，加以正文中通篇無作者一語，價值就更加有限，無怪乎文人學者對其内容視之漠然。而高麗（朝鮮）、日本等國家的漢籍得來不易，書籍本身天然地具備文物及文化上的多重價值，故經多次翻刻、整理，最終流傳至今。

當然，因爲缺乏直接的文獻證據，以上所述并非『實然』原因，只是筆者根據時代環境、社會心理等所揣測的『應然』原因。如果要圓滿回答本節開篇所提出的問題，恐怕還需從更多的個案中去總結。

【注釋】

［一］張伯偉：《作爲方法的漢文化圈》，《中國文化》，第三〇期，二〇〇九年一〇月，第一一〇—一一一頁。

［二］陸會瓊：《宋代禪林筆記研究》，第二三一—二三三頁。

［三］（清）永瑢等：《四庫全書總目》卷一四五，北京：中華書局，一九六五，第一二三八頁。

凡例

一、《人天寶鑒》現存五個主要版本：高麗本、五山本、寬文本、《國訳禪宗叢書》本（簡稱《叢書》本）和《卍續藏》本。本書以五山版爲底本過録文字，以高麗本、寬文本、《叢書》本、《卍續藏》本對校，以《人天寶鑒略疏》《敕修百丈清規》《禪苑蒙求拾遺》等參校，校勘記并入注釋，隨文出之。校勘記中謂『下同』者，僅限於本條之内。

二、本書注釋以條爲單位進行，包括校注與附録兩部分，前者考釋書中所載人物、史事及疑難字句，後者則臚列諸書相關内容作爲補充。附録中的内典一般以《大正新修大藏經》（大正藏）及《卍新纂大日本續藏經》（卍新纂續藏經）爲底本，有整理本者亦酌情參考；外典則儘可能使用整理本，若無，則使用較爲通行的版本。

三、原書正文每條均無編號和標題，今據底本目録補入標題并依次編號。

四、由於《人天寶鑒》乃抄撮衆書而成，故用字多不統一。在不影響文意的情況下，本書將異體字、俗體字等據《通用規範漢字表》統一字形，不再出校。

五、校注及附録中所引之文字，亦將異體、俗體改爲標準繁體。若引文文字有誤，一般不作改動，但在其後於括號内加注説明。至於正文及引文中出現的『達磨』『設利』『錢唐』『典刑』等不常用的寫法，則保留原貌，但於首次出現時略作説明。

六、本書整理過程中參考了《全宋筆記》所收夏廣興點校本，在此致謝。

劉棐序[一]

是集皆佛氏妙藥，救世之書也，能令病者服之即愈，至有盲聾喑跛之徒，亦得除瘥[二]。四明道人秀公，久歷湖海，此藥備嘗，無不應驗，宜乎刊行，以壽後世[三]，故余樂爲之序。紹定庚寅六月望日，蘭庭劉棐[四]。

【注釋】

[一] 劉棐，行迹不詳，字仲忱，建炎（一一二七—一一三〇）初爲秘閣修撰，曾知台州。然其活動年代與曇秀相去近百年，不可能於紹定三年（一二三〇）爲其撰序，故二者非同一人。

[二] 瘥，音chài，高麗本作『差』，同。除瘥，即病愈。《文殊師利寶藏陀羅尼經》：『爾時佛告金剛密迹主菩薩言：「若有善男子善女人，念誦此十八大陀羅尼者，七日七夜，彼人所有過去及現在世三業等罪，乃至一切諸障，悉皆消滅，身心清淨，所有世間風痰冷熱諸餘病等，悉得除瘥。」』

[三] 壽，《説文解字·老部》：『壽，久也。』此處意爲使之長久，謝逸《林間録序》：『明懼字畫漫滅而傳寫失真，於是刻之於板而俾余爲序，以壽後世焉。』魏了翁《朱子年譜序》：『吾友李公晦方子嘗輯先生之言行，今高安洪使君友成爲之鋟木，以壽其傳。』

[四] 庭，高麗本作『廷』，同。蘭庭，可能爲地名或劉棐之號。

曇秀序

竊聞先德有善，不能昭昭於世者，後學之過也。如三教古德於佛法中有一言一行，雖載之碑傳、實録及諸遺編[一]，而散在四方，不能周知遍覽，於是潜德或幾無聞。愚嘗出處叢林[二]，或得之尊宿提倡[三]，或訪求采摭，凡可以激發志氣、垂鑒於世者，輒隨而録之[四]，總爲百段[五]，目曰《人天寶鑒》。不復銓柬人品、條次先後，擬大慧《正法眼藏》之類。且昔之禪者未始不以教、律爲務，宗教、律者未始不以禪爲務，至於儒老家學者，亦未始不相得而徹證之，非如今日專一門、擅一美，互相詆呰，如水火不相入。噫！古者之行非難行也，人自菲薄，以謂古人不可及爾，殊不知古人猶今之人也，能自奮志於其間，則與古人何別？今刊其書、廣其説，欲示後世學者知有前輩典刑，咸至於道而已，高明毋誚焉。紹定三年結制日[五]，四明沙門曇秀序。

【注釋】

[一] 高麗本無「實録」二字。

[二] 嘗，高麗本作「常」。

[三] 倡，高麗本作「唱」，同。

[四] 隨，高麗本作「收」。

[五] 爲，他本皆作「數」，然正文僅一百餘條，即使加上佚文也遠達不到「數百段」的規模，故當誤，據高麗本改。

［六］本句高麗本作『紹定三年庚寅結制日』。紹定三年（一二三〇），時當宋理宗在位。結制日，即開始安居之日，中土一般爲四月十五，《敕修百丈清規》卷七：『今禪林結制以四月望，解以七月望者。』

師贊跋[一]

古之人以修心爲要，心之正，行毋越思。言斯鳴道，使夫後進其可師模，有何禪教律、儒釋道之异也？盖至公則天下共之。四明禪者秀公，篤志於此，履歷叢林，玄機綜覽，隨所聞見，集成此書，闢人天眼目，因以『寶鑒』名焉。走大圓覺[二]，求之刊行，非獨發明先輩幽德潛光，將與同志力追此道[三]。予嘉其説，遂跋其後云。旹紹定庚寅自恣前一日[四]，古岑比丘師贊書於萬壽歸雲堂[五]。

【注釋】

[一] 本條跋語原附於書末，今移於篇首。師贊，《佛祖統紀》卷四八：『寶慶二年（一二二六），敕天申萬壽圓覺寺改爲天台教，以師贊法師主之。』

[二] 大圓覺，即萬壽圓覺寺也。《佛祖統紀》卷四七：『（紹興十三年）敕西湖北山建天申萬壽圓覺寺。』《釋氏稽古略》卷四：『（紹興十三年）宋敕於臨安府西山建天申萬壽圓覺寺成。四月十九日，令藩邸看經僧德信奉香火。至理宗寶慶二年五月十三日，始詔師贊住持，傳十方天台教觀。圓覺碑刻』關於此寺之沿革，《西湖游覽志》卷一載：『寺西舊有圓覺天台教寺，自唐開山，爲修證了義法師塔院。宋南渡後重建，高宗書「天申萬壽圓覺寺」額以賜。』

[三] 高麗本無『力』字。

[四] 自恣日，即安居的最後一日，漢地一般爲七月十五，故師贊此跋當撰於紹定三年（一二三〇）七月十四。

[五] 因師贊生平不詳，故『古岑』不知何謂，可能爲師贊之號，也可能爲地名，據《徑山志》卷一二：『別岸庵，即

山名，僧古岑住。」不知此「古岑」所指是否即師贇。歸雲堂，在圓覺寺，成化《杭州府志》卷五〇「寺觀・城外錢塘縣」：「大圓覺天台教寺。在九里松，自唐開山，爲修證了義法師塔院。宋南渡後重建，高宗書「天申萬壽圓覺寺」額以賜，復親幸，書《圓覺經》及製二詩賜之。寺舊有歸雲堂、三昧正受閣，元至正毀，重建。」

妙堪跋[一]

秀書記集古成書，曰《人天寶鑒》。請著語，遂下一轉云[二]：『先德情知已厚顔，那堪落井更攀欄[三]。本來一點明如日，胡漢何曾自照看[四]。』紹定庚寅中秋，住靈隱妙堪書。

【注釋】

[一] 本條跋語原附於書末，今移於篇首。妙堪（一一七七—一二四八），南宋禪僧，《釋氏稽古略》卷四有傳，見附録。

[二] 一轉，即『一轉語』，當禪者迷惑猶豫之際，師據其根機而發片言隻語，令之衝破，乃禪鋒往來之關鍵處。

[三] 此處所用當爲南泉普願（七四八—八三四）與趙州從諗（七七八—八九七）之典，《祖堂集》卷一六：『趙州在樓上打水，師從下過，趙州以手攀欄縣（懸）脚，云：「乞師相救。」師踏道上云：「一二三四五。」趙州云：「謝師指示。」』

[四] 此典當呼應『寶鑒』之名，本於雪峰義存（八二二—九〇八）語：『師垂語云：「要知此事，如一面古鏡相似，胡來胡現，漢來漢現。」僧便問：「忽遇明鏡來，又且如何?」師云：「胡漢俱隱。」』見《雪峰真覺大師語録》卷下。

【附録】

《釋氏稽古略》卷四《妙堪傳》

戊申淳祐八年，明州育王山笑翁禪師三月二十七日入寂，世壽七十二歲，僧臘五十二夏。

師諱妙堪，生明州慈溪毛氏。寧宗慶元三年受具，參松源岳禪師於靈隱。次謁無用全禪師，於天童領旨。無用諱浄全，生越州翁氏，嗣徑山大慧杲禪師。堪出世明州妙勝，嗣全禪師。次遷金文，移光孝，遷台之報恩、平江虎丘、福州雪峰，奉詔住臨安府景德靈隱禪寺。闢寺左屠沽之地，爲叢林立門，曰飛來峰。又建僧行焚化瘞骨之三塔於山北，皆奏淮（『淮』，疑當作『准』）焉。史魏王明州建大慈寺，請師開山説法，爲第一代。王薨，謝去，主台州瑞岩，移温州江心，詔住净慈，又詔住天童，有旨主育王。至是戊申春，再詔移净慈，不赴，遂入寂。行業碑刻

一然跋[一]

至元十六年己卯，宋商馬都綱賫此《人天寶鑒集》一部，來請天台講元禪師自因。齋訖，用此録爲䞋施。觀識長老理淵取來傳布，行於海東。麟角退老一然書。

【注釋】

[一] 本條跋語取自韓國海印寺藏本。原附於書末妙堪跋語之後，今移於篇首。一然（一二〇六—一二八九），高麗名僧，俗姓金，名見明，字晦然，後更名一然，慶州章山郡人。年十四披剃，游歷四方，二十二歲禪科及第。歷住包山寶幢庵、妙門庵、仁弘寺、雲門寺、麟角寺等。八十四歲示寂，謚『普覺國尊』。事見李能和《朝鮮佛教通史》下編《高麗國義興華山曹溪宗麟角寺迦智山下普覺國尊碑銘并序》。

禪丛跋[一]

予前年春省國師，詣麟角。國師語我曰：『《人天寶鑒録》，實學者之所寶也。我欲彫板流行，汝能寫之乎？』予時眼昏，辭以不能。至秋，國師示寂。予追念曰：『國師欲鏤板，我不書之。此録之不行，我之罪也。眼雖昏黑，宜强書之。』於是筆之。至元二十七年庚寅七月八日，包山禪丛題。

【注釋】

[一] 本條跋語取自韓國海印寺藏本（高麗本）。原在全書之末，今移於篇首。禪丛，生平不詳，與一然關係密切，一然曾駐錫於包山寶幢庵，後又於包山東麓重葺涌泉寺，疑禪丛或曾駐錫於此二寺。

來復序[一]

吾佛聖人之道，廣大圓融，周遍一切，寂滅無相，同於虛空，而於第一真實了義諦中示現種種無量差別。所行之事，利益群品，普令證入。清净圓明，離諸文字而得解脱。是故真修之士，深達本原，直趣覺地。初不假於言説，然而方便善巧，俯爲初機，或不得不曲垂開示以□□其根性，所以三學之徒，荷宗弘法者，皆有提唱機緣之語，是亦先佛深慈，不令孤棄之意也。

今觀《人天寶鑒》一書，其采録精詳，真俗廣備，三學之宗，互有取焉。傳之既久，天下蒙法喜之利者不加少矣。然自元季兵變以來，教釁禪苑，多爲焦土，慨此書之存，百無一二。天台沙門道昇，懼其歲遠湮没，乃施己資謄寫善本，鋟梓以廣其傳，仍以我朝《蒋山廣薦佛會記》附刻於後[二]，其善世惠教之心，可謂至矣。一日，偕其道兄圓通起予來徵余言爲序。夫天人一致也，古今一道也，太虛一鑒也，萬象一文也。讀聖賢之言而究聖賢之心，惟得其心而忘其言爲至耳，譬猶太虛含攝萬象，動静去來、妍媸隱顯，舉無遁形。然其空體自如，□始以之爲留碍也。後之讀是書者，能以是心而觀佛祖之心，以是法而求佛祖之法，則知天人一致，古今一道，□□□□語言之有間哉。余不敏，姑僭爲臆説，以發是書立名之義，且以袪夫學者紙墨之見也。於是乎書。

【注釋】

[一] 本文録自明洪武刊本《蒲庵集》卷四。來復（一三一九—一三九一），字見心，元末明初臨濟宗僧人，江西豐城

人，俗姓王。元至正二年（一三四二）於本縣之西方寺落髮，謁南楚師悅，嗣其法。因避兵亂，住越之慈溪定水院，築『蒲庵』以居。後遷鄞之天寧、杭之靈隱、鳳陽圓通，明太祖授僧録司左覺義。洪武二十四年，爲胡惟庸案所牽連，坐罪被殺。有《蒲庵集》及《蒲庵外集》行世。傳見《護法録》卷九、《補續高僧傳》卷二五等。其生平之考證，可參看何孝榮《元末明初名僧來復事迹考》一文。據此序記載，主持重刊《人天寶鑒》者乃天台沙門道昇，其道兄圓通起予似乎亦預其事，惜二人生平皆無考。

［二］洪武四年（一三七一）末至五年初，明太祖於蔣山太平興國禪寺舉行廣薦法會（來復亦預其事），宋濂（一三一〇—一三八一）作文以記之，名《蔣山廣薦佛會記》，現收於《護法録》卷五。

【附録】

《護法録》卷九《蒲庵禪師畫像贊》

蒲庵禪師，豫章豐城人，名來復，字見心，以日南至生，故取易卦語識之。有志行清净行，欲絶塵獨立，遂歸釋氏。與同袍恭肅翁誓屏諸緣，直明涅槃妙旨。久之窺見全體無礙，然未以爲至。走雙徑，謁法喜大師楚公，自陳厥故，當機鋒交觸，如鶻落兔走，不間一髮，法喜深然之，留司内記。越三載，復約標士瞻修西方净土於吴天平山，刻期破障，比禪觀尤力。浙省左丞相達公九成慕師精進，起住蘇之虎丘，辭不赴。會兵起，避地會稽山中。慈溪與會稽鄰壤，中有定水院，直東海之濱，幽闃遼敻，可以縛禪。復延師出主之，師爲起其廢，禪門典禮，依次舉行，瓶錫翩翩來萃，乞食養之，共激揚第一義諦。尋以干戈載塗，不能見母，作室寺東澗，取陳尊宿故事，名爲『蒲庵』，示思親也。自時厥後，鄞人士請師居天寧寺，時寺爲戍軍營，子女猥雜，其褻穢尤甚。師言於帥閫，移其屯。斥群奴汛掃，建治其弊壞，一還舊貫。師望日以重，大夫士交疏，勸主杭之靈隱。適有詔徵高行僧，師兩至南京，賜食内廷，慰勞優渥。洎建大會鍾山，師奉敕升座説法，辭意剴切，聞者咸有警云。師敏朗淵毅，非惟克修内學，形於詩文，氣魄雄而辭調古，有識之儒多自以爲不及。其推師者，李諭德好文則曰：『任道德爲住持，假文辭爲游戲。』陳狀元祖仁則曰：『禪源妙悟，教部精探，内充外肆，僧中指南。』至於楚國歐陽文公玄、潞國張公翥，見諸觚翰間者，奬予爲尤。至言多不載，師之徒鍠嘗畫師像，求予贊。予知師頗詳，故倣近代儒宗之例，歷舉其行而繫之以辭者，將以勵夫人人也。辭曰：

大法如如，流於旃丹，不有君子，荷之實難。慧照正宗，世濟其美，一十九傳，至於法喜。據蓮花座，大振玄風，師承一喝，三日耳聾。聾極而聰，至聞蟻戰，衹爲圓虚，物無不見。既入悟關，可廢學功，妄滅方真，慧極則通。乃即天平，棲神净域，禪觀混融，不二不一。方岳致聘，耳若不聞，優缽曇花，却見海濱。有典必行，無墜弗舉，鍾魚互答，笠鞋川委。移錫州城，歸者紛紜，轉穢爲净，載揚清芬。有峰飛來，千載不起，師復主斯，法筵重啓。聲華遠揚，達於帝宸，有詔起之，説法如雲。錫饌禁中，恩遇優渥，四衆傾仰，秋空孤鶚。形諸辭章，太陰四垂，雷春飆揚，鬼神晝馳。人争傳寶，如襲芳茝，師笑受之，吾游戲耳。内外兩充，如師幾人？闇室非燈，曷昭群昏？學徒歆豔，丹青肖像，我作贊詞，毋住於相。

按，復見心，豐城縣西王氏子。至正二年丙子，祝髮於本縣西方寺，洪武八年，行脚至天界寺。十五年，除授僧録司左覺義。十六年，欽發鳳陽府槎芽山圓通院修寺住坐。洪武二十四年，山西太原府捕獲胡黨僧智聰，供稱胡丞相謀舉事時，隨泐季潭長老及復見心等往來胡府。復見心坐凌遲死，時年七十三歲。泐季潭欽蒙免死，著做散僧，事見《清教録》，甚詳。野史稱復見心應制詩有「殊域」字，觸上怒，賜死，遂立化於階下，不根甚矣。田汝成《西湖志餘》載見心臨刑，道其師訢笑隱語，上逮笑隱而釋之，尤爲傅會。笑隱入滅於至正四年，而爲之弟子者宗泐也，來復未嘗師笑隱。野史之傳訛，可笑如此。

一　唐曇光法師[一]

唐德宗問曇光法師曰：『僧何名爲寶？』對曰：『僧者，具有六種[二]，以寶稱之：一、頓悟自心[三]，超凡入聖，得名禪僧；二、解行雙運，不入世流，得名高僧；三、具戒定慧，有大辯才，得名講僧；四、見聞深實，舉古驗今，得名文章僧；五、知因識果，慈威并行，得名主事僧；六、精勤功業，長養聖胎，得名常僧。』帝大悦，遂詔天下度僧[四]。《唐僧傳》

【注釋】

[一] 此條不見於他書。稱『唐僧傳』者，一般皆指道宣之《續高僧傳》，是書卷二三有《曇光傳》，《叢書》本便認爲二書所載曇光爲同一人，然道宣卒於唐高宗乾封二年（六六七），其書不可能載唐德宗（七八〇—八〇五年在位）之事，且傳中之曇光與本條之曇光在活動時間和事迹上皆不相符，故不可能爲同一人。另，義净之《大唐西域求法高僧傳》卷下亦有《荆州曇光法師傳》，然義净卒於唐玄宗先天二年（七一三），也不可能載唐德宗之事。故此處『唐僧傳』所指不詳，然絶非上述二書也。晉、劉宋皆有名曇光者，唐亦有二曇光，然皆早於唐德宗，顯非傳主。傳中曇光，恐已無考。傳中將僧人分爲六種，不同於當時禪、法、律之劃分，頗可注意。

[二] 具，高麗本漫漶不可辨，然似爲『且』字。

[三] 心，高麗本作『性』。

[四] 按，德宗執政初期，對佛教采取了嚴厲的限制和打壓政策，但削藩計劃的失敗，促使他成爲佛教的信仰者和支持者。故本條所記如不謬，亦當發生於其在位的中後期。

【附録】

《舊唐書·德宗本紀》

（大曆十四年六月）自今更不得奏置寺觀及度人。

《大宋僧史略》卷中「内道場」條

至建中中，德宗敕廣德、永泰以來，聚僧於禁中，嚴設道場，并令徹去，遣出僧衆云。

二　大善禪師[一]

大善禪師，南岳高第也[二]，修法華禪門，得慈悲三昧[三]。時衡陽内史鄭僧杲，雖每遇縣令陳正業稱揚師德，而鄭略無信向意[四]。一日，同陳出獵，圍鹿一群，鄭謂陳曰：「公嘗稱大善禪師有慈悲三昧力，今日其鹿如何？」陳即率左右數人，同聲念曰「南無大善禪師」，即時群鹿騰空而出，於是内史愧伏。國清石刻[五]

【注釋】

[一]　此條記載亦見於《念佛三昧寶王論》卷下、《釋門正統》卷一、《佛祖統紀》卷九等。大善禪師，隋代僧人，南岳慧思之弟子。

[二]　第，《叢書》本作「弟」，二字可通。

[三]　慈悲三昧，不詳何指，然《佛祖統紀》卷九作「法華三昧」。按，四種三昧是天台宗的止觀實修内容，即常坐三

昧、常行三昧、半行半坐三昧、非行非坐三昧，法華三昧則是半行半坐三昧中的一種。大善的老師慧思十分重視此種修行方法，其所著《法華經安樂行義》：『欲求大乘，超過一切諸菩薩，疾成佛道，須持戒、忍辱、精進、勤修禪定，專心勤學法華三昧。』故慈悲三昧很可能即法華三昧。

［四］略，《叢書》本釋爲『一向』。按，『略』字無此意，當以『略無』連屬，意爲『全無、毫無』，《三國志·蜀志·趙雲傳》：『以雲爲翊軍將軍』。裴松之注引《趙雲別傳》：『趙雲身自斷後，軍資什物，略無所棄。』《世説新語·任誕》：『應聲便許，略無慊吝。』

［五］唐飛錫《念佛三昧寶王論》卷下謂此事出於《法華三昧師資傳》，惜其書已無考。

【附録】

《念佛三昧寶王論》卷下

故《法華三昧師資傳》五卷中説：隋朝南岳思大禪師，有弟子大善禪師，得慈悲三昧。時衡陽内史鄭僧果，素非深信，嘗會出獵，圍鹿數十頭，謂縣令陳正葉曰：『公常稱大善禪師有慈悲之力，其如此鹿何？』正葉即率左右數人，齊稱曰『南無大善禪師』一聲，於時群鹿飛空而出。則以觀音神力，復何异哉？

《釋門正統》卷一《大善禪師》

修法華禪門，得慈悲三昧。衡陽内史鄭僧果，每蒙縣令陳正業稱揚師德，略無信向。一日同獵，圍鹿一群，謂陳曰：『公嘗稱大善禪師有慈悲三昧之力，今日其如此鹿何？』陳率左右同聲念曰『南無大善禪師』，應時群鹿飛空而出。内史愧伏。此與葛繫稱觀音名號，所育群鵝飛騰而去，人見雲間雪陣横空何异？《觀音感應集》

禪師大善，幼棲林野，常誦《法華》，後參南岳，得開觀慧，躬行法華三昧，所入最深。常於山中講《釋論》，時衆推服。大都督吴明徹問南岳曰：『法華禪門，真德幾何？』岳曰：『信重三千，業高四百。僧照得定最深，智顗説法無礙，兼之者大善也。』後於禪堂趺坐而逝，七日之内，天常雨華，异香凝結。衡陽令陳正業，聞師道德之盛，每往禮敬，蒙示法要，内心歡喜。後見内史鄭僧杲，數稱師德。嘗同獵，圍鹿一群，謂正業曰：『君常稱善禪師有慈悲三昧力，今日其如此鹿何？』正業即率左右同聲念『南無大善禪師』，應時群鹿騰空而出。僧杲爲之駭服。

三　左溪[一]

左溪尊者，諱玄朗，烏傷人[二]，從學天宫威法師[三]，得旨[四]，後栖身岩谷，或猿玃來以捧鉢，或飛鳥至以聽經。唯十八種、十二頭陁[五]，如是處者三十年，若其細行修身，悉徇律制。故李華云：『禪無私授，不見身相；戒净無玷，不假外儀；講不待衆，誨人無倦；居止遍厦，食無重味。夜非披尋聖典，未嘗空秉一燈；日非瞻禮聖容，未嘗虚行一步。一鬱多羅四十餘年，一尼師壇終身不易[六]。未嘗因利説一句法，未嘗爲法受一毫財。』《本傳》[七]

【注釋】

[一]左溪，玄朗（六七三—七五四）也，唐代僧，後被尊爲天台八祖。因隱於左溪岩，故以之爲號。玄朗之事迹具見《宋高僧傳》卷二六、《天台九祖傳》《釋門正統》卷二、《佛祖統紀》卷七、《佛祖歷代通載》卷一三等。

[二]烏傷，縣名，今浙江義烏，《元和郡縣志》卷二七：『義烏縣緊，西南至州一百五十一里。本秦烏傷縣也，孝子顔烏將

葬，群烏銜土助之，烏口皆傷，時以爲純孝所感，乃於其處立縣曰烏傷。武德四年，於縣置綢州，縣屬焉，又改烏傷爲義烏。』

［三］天宮威法師，即台宗七祖天宮慧威（六三四—七一三），事迹附見《宋高僧傳·智威傳》及《天台九祖傳》。

［四］旨，高麗本作『志』。

［五］十八種，即頭陀所用十八種道具，《梵網經》卷下：『若佛子常應二時頭陀，冬夏坐禪，結夏安居，常用楊枝、澡豆、三衣、瓶、鉢、坐具、錫杖、香爐、漉水囊、手巾、刀子、火燧、鑷子、繩床、經律、佛像、菩薩形像。而菩薩行頭陀時及游方時，行來百里千里，此十八種物常隨其身。』十二頭陁，即十二種苦行方法，據《止觀輔行傳弘決》卷四，有住蘭若、常乞食、著糞掃衣、一坐食、節量食、中後不飲漿、塚間住、樹下止、露坐、常坐、次第乞食、但三衣共十二種。

［六］鬱多羅，梵語 uttarāsaṅga 之節略，又稱鬱多羅僧、優多羅僧、鬱多羅僧伽等，三衣之一，爲誦經、羯磨時所著之衣。慧琳《一切經音義》卷一二：『鬱多羅僧伽，梵語，即僧常服七條袈裟之名也，亦名割截衣。』尼師壇，梵語 niṣīdana 之節略，漢譯爲坐具，慧琳《一切經音義》卷一：『尼師壇，梵語略也，正梵音具足應云[寧*頁]史娜曩，唐譯爲敷具，今之坐具也。[寧*頁]音寧頂反。』

［七］此段出處，諸説不一，《佛祖歷代通載》卷一三謂出李華所撰碑銘：『補闕李華志其碑陰，略曰：禪師誨人匪倦，謂（講）不待衆，一鬱多羅四十餘載，一尼師壇終身不易。食不重味，居必遍厦。非披閱聖教，不空然一燭；非瞻禮尊儀，不虚行一步。其微細修心，皆循律法之制。是以遠方沙門、隣境耆宿擁室填門。』然《佛祖統紀》卷七謂出張成綺所撰行狀：『刺史張成綺狀其行曰：師誨人無倦，講不待衆。一鬱多羅四十餘年，一尼師壇終身不易。食無重味，居必遍厦。非因討尋經論，不虚然一燈；非因瞻禮聖容，不虚行一步。未嘗因利説一句法，未嘗因法受一豪財。遂得遠域龍象、隣境耆耋争趨以前，填門擁室，若冬陽夏陰，弗召而自至也。』未知孰是，可能李華所撰碑銘乃以張成綺所撰行狀爲藍本，故二者相近。

【附録】

《宋高僧傳》卷二六《唐東陽清泰寺玄朗傳》

釋玄朗，字慧明，姓傅氏。其先浦陽郡江夏太守拯公之後。曹魏世，避地於江左，則梁大士翕之六代孫，遂爲烏傷人也。母葛氏初妊，夢乘羊車飛空躡虛而覺身重。自茲已後，葷血惡聞。殆乎産蓐，亦如初寐，覺後心輕體安。嬰兒不啼，啌爾而笑。九歲出家，師授其經，日過七紙。如意元年閏五月十九日，敕度配清泰寺。弱冠，遠尋光州岸律師，受滿足戒。旋學律範。又博覽經論，搜求异同，尤切《涅槃》。常恨古人雖有章疏，判斷未爲平允。往在會稽妙喜寺，與印宗禪師商確秘要，雖互相述許，大旨未周。聞天台一宗可以清衆滯，可以趣一理，因詣東陽天宫寺慧威法師。威稟承括州智威，時傳威是徐陵後身，灌頂師之高足也。朗親附之，不患貧苦。達《法華》《净名》《大論》《止觀》《禪門》等，凡一宗之教迹，研覈至精。後依恭禪師重修觀法，博達儒書，兼閑道宗，無不該覽。雖通諸見，獨以止觀以爲入道之程，作安心之域。雖衆聖繼想，而以觀音悲智爲事行良津，游心十乘，諦冥三觀，四悉利物，六即體遍。雖致心物表，身厭人寰，情捐舊廬，志栖林壑。唯十八種、十二頭陀，隱左溪岩，因以爲號。獨坐一室，三十餘秋，麻紵爲衣，糲蔬充食，有願生兜率宫，必資福事。乃構殿壁，繢觀音、賓頭盧像。乃焚香斂念，便感五色神光，道俗俱瞻，嘆未曾有。此後或猿玃來而捧鉢，或飛鳥息以聽經。時有盲狗來至山門，長嗥宛轉於地，朗憫之，焚香精誠，爲狗懺悔，不逾旬日，雙目豁明。至開元十六年，刺史王上客屈朗出山，暫居城下。朗辭疾，仍歸本居。厥後誨人匪倦，講不待衆。一鬱多羅四十餘年，一尼師壇終身不易。食無重味，居必遍厦。非因尋經典，不然一燭；非因覲聖容，不行一步。其細行修心，蓋徇律法之制。遂得遠域沙門、隣境耆耋擁室填門，若冬陽夏陰，弗召而自至也。其寺宇凋弊，乃指授僧靈稟建。其殿宇形像，累二甎塔。繢事不用牛膠，悉調香汁。天台之教鼎盛，何莫由斯也？一日，顧謂門人曰：『吾衆事云畢，年旦暮焉。』以天寶十三年九月十九日薄疾而終，春秋八十有二，僧夏六十一。置塔於岩所，生常撰《法華經科文》二卷。付法弟子衢州龍丘寺道賓、净安寺慧從、越州法華寺法源、神邕、常州福業寺守真、蘇州報恩寺道遵、明州大寶寺道原、婺州開元寺清辯。齠年慕道，志意求師，不逾三年，思過半矣。行其道者，號左溪焉。第其傳法，號五祖矣。禹山沙門神迥著乎真賛矣。

繫曰：觀其唐世已上，求戒者得自選名德爲師。近代官度，以引次排之，立司存主之，不由己也。朗之求戒，不其是乎？如是師資相綀，恩義所生。脱臨事請爲，則喻同野馬也。

四　五臺無相[一]

五臺山無相禪師，禮佛示衆曰：『汝輩才見泥像，便如舂米相似，曾無意謂。殊不知己躬分上，各各有一尊虚空來大小古釋迦、古觀音[二]，日夜在汝六根門頭放光動地，四威儀内[三]，同出同入，未嘗纖毫相離。何不學禮取者個佛，却去泥團上作活計？汝若禮得者個佛，即是禮汝自心，汝雖是顛倒妄想之心，從本已來，直至今日，廣大清浄，迷未嘗迷，悟未嘗悟，與佛如來更無欠少。只爲汝貪著緣境，所以有生有滅，有迷有悟，若能一念回光，便乃即同諸聖，故云「佛在爾心頭，時人向外求。内懷無價寶，不識一生休」[四]。又不見華嚴遂法師道：「我會得即心自性，如今凡修行動静[五]，無不與稱自性底道理相應。」故我終日禮佛，不作禮會，終日念佛，不作念會。且道華嚴作甚麼會？者個恰如善財入毗盧樓閣[六]，證不思議自在境界相似。末後却道我歷一百一十城，參五十三善知識[七]，見種種境界，聞種種法門，皆無有實。譬如有人於睡夢中見種種事，從睡覺已，乃知是夢。諸禪德，善財雖向夢裏認得個昭昭靈靈，依前落在陰界[八]。若是頂門具眼，肘後有符[九]，釋迦、彌勒是乾屎橛，文殊、普賢是博地凡夫[一〇]，真如涅槃是繫驢橛，一大藏教是拭瘡疣紙，有甚樓閣可入、境界可證？其或未能如是，且向他夢裏禮取一拜半拜。』《通行録》[一一]

【注釋】

［一］無相，《叢書》本認爲乃資州處寂的弟子，即成都凈衆寺無相（六八四—七六二）。但史籍未載凈衆無相曾至五臺，故當非其人。志之以俟後考。從此人的思想來看，與馬祖一系的趙州從諗『金佛不度鑪，木佛不度火。泥佛不度水，真佛内裏坐』及丹霞天然燒木佛有相通之處，故可能也是南禪後裔。

［二］曰，高麗本作『云』。大，《卍續藏》本作『太』。

［三］四威儀，即行、住、坐、卧也，《根本説一切有部毘奈耶》卷一二：『小房者，得於其中容四威儀，謂行、住、坐、卧。』

［四］圓悟克勤亦曾引用此語，《碧岩録》卷七：『諸佛在心頭，迷人向外求。内懷無價寶，不識一生休。』然出處莫考。

［五］高麗本無『凡』字。

［六］者，高麗本作『這』。《華嚴經合論纂要》卷上：『善財於毗盧樓閣中參彌勒菩薩而證佛果。』

［七］高麗本無『善』字。

［八］前，《叢書》本作『然』。

［九］頂門具眼，摩醯首羅天面生三目，其一竪生於頂門（即額頭），能以智慧徹照一切事理，因以之喻人洞察萬物。肘後有符，《史記・趙世家》：『簡子乃告諸子曰：「吾藏寶符於常山上。先得者賞。」諸子馳之常山上，求無所得。毋卹還曰：「已得符矣。」簡子曰：「奏之。」毋卹曰：「從常山上臨代，代可取也。」簡子於是知毋卹果賢。』後喻指人人本具之佛祖心印。二者皆爲禪林常用語。

［一〇］博地凡夫，亦作『薄地凡夫』，因下劣凡夫之位廣多，故稱。《凈心誡觀法》卷下：『薄地凡夫，臭身隔陋，果報卑劣，起大憍慢，各恃我見，謂此人中常樂我凈，更無過者。』

［一一］《通行録》，未詳何人、何時所作，其他文獻亦未見引用。《人天寶鑒》共引四則，除五臺無相外，還有兜率梧律師、梁武帝問誌公、梵法主，内容涉及禪、律、天台諸宗，但以禪居多，似乎是一部以記載佛門逸事爲主的筆記。

【附録】

《景德傳燈録》卷二六

趙州從諗和尚上堂云：『金佛不度鑪，木佛不度火。泥佛不度水，真佛内裏坐。』

《五燈會元》卷五《鄧州丹霞天然禪師》

唐元和中，至洛京龍門香山，與伏牛和尚爲友。後於慧林寺遇天大寒，取木佛燒火向。院主訶曰：『何得燒我木佛？』師以杖子撥灰曰：『吾燒取舍利。』主曰：『木佛何有舍利？』師曰：『既無舍利，更取兩尊燒。』主自後眉鬚墮落。

《五燈會元》卷七《鼎州德山宣鑒禪師》

上堂：『我先祖見處即不然，這裏無祖無佛，達磨（又作『達摩』）是老臊胡，釋迦老子是乾屎橛，文殊、普賢是擔屎漢，等覺妙覺是破執凡夫，菩提涅槃是繫驢橛，十二分教是鬼神簿、拭瘡疣紙，四果三賢、初心十地是守古塚鬼，自救不了。』

五　天台韶國師[一]

天台韶國師，處之龍泉人[二]，受具後尅意咨參，殊無所入，至曹山隨衆而已[三]。因僧問法眼曰：『十二時中如何得頓息萬緣去？』[四]法眼曰：『空與汝爲緣邪？色與汝爲緣邪？言空爲緣，則空本無緣。言色爲緣，則色心不二。日用果何物爲汝緣乎？』韶聞，悚然有省。復有禪者問：『如何是曹源一滴水？』法眼曰：『是曹源一滴水。』[五]韶聞大悟。法眼曰：『汝當大闡吾宗，毋滯於此。』遂游天台，睹然有終焉之意。

時吴越忠懿王以國子刺台州，雅聞師名，嘗遣使迎之，申弟子禮。王一夕夢被人斷頸，驚疑不釋，遂決於韶。韶曰：『非常夢也。主字去却一點，不久爲王矣。』王曰：『若果符此，無忘佛恩。』漢乾祐元年，王嗣國位，尊韶爲國師[六]。時天台智者教法自會昌之變，碩德隱耀，所有法藏多流海東。螺溪寂法師痛將蔑聞，力網羅之[七]。先於金華藏中僅得《净名》一疏而已，後因忠懿王覽内典，昧教相，請扣於韶。韶稱寂洞明天台之道，遂召寂建講。王乃喜，特遣十使杭海傳寫以還[八]。由是教法復振，殆今不墜者，韶、寂二師之力也。開寶四年六月二十八日，順寂於華頂峰[九]。是夜，星隕於地，天降大雪。師之涅槃异相，難以盡紀，具如《燈禪師行業》等記[一〇]。

【注釋】

[一] 天台韶國師，即天台德韶（八九一—九七二）也，五代法眼宗僧人，法眼文益（八八五—九五八）弟子，歷住白沙、天台般若等。傳見《宋高僧傳》卷一三、《景德傳燈録》卷二五、《禪林僧寶傳》卷七等。關於德韶之卒年，《宋高僧傳》《景德傳燈録》皆載開寶五年（九七二），然《禪林僧寶傳》及本書皆記爲開寶四年。按，贊寧與德韶同爲吴越國僧，且德韶之碑記即贊寧所撰，故其説可信。而《禪林僧寶傳》與《人天寶鑒》文字多同，後者似乎承襲前者而來，故當以開寶五年爲準。

[二] 處之龍泉，即今浙江麗水（古称处州）龍泉市。

[三] 曹山，在今江西撫州宜黄縣，文益曾游方至此，住崇壽寺，德韶即於此處投於座下，《景德傳燈録》卷二五：『最後至臨川，謁净慧禪師（即文益也）。净慧一見，深器之。師以遍涉叢林，亦倦於參問，但隨衆而已。』

[四] 十二時，《禪林象器箋》卷四：『《傳燈録》載寶誌和尚《十二時頌》，其十二時者，曰平旦寅，曰日出卯，曰食時辰，曰禺中巳，曰日南午，曰日昳未，曰晡時申，曰日入酉，曰黄昏戌，曰人定亥，曰夜半子，曰鷄鳴丑也。』

[五] 此段所載德韶開悟因緣，亦與《禪林僧寶傳》相同，又證二者可能具有相同來源甚至承襲關係。法眼，即法眼文益（八八五—九五八），爲法眼宗的創立者。

[六]《宋史·錢俶傳》：『吳越錢俶，字文德，杭州臨安人，本名弘俶，以犯宣祖諱去之……晉開運中，爲台州刺史。數月，有僧德詔語俶曰：「此地非君爲治之所，當速歸，不然不利。」俶從其言，即求歸國，未幾，有進思之變。漢乾祐初，授東南面兵馬都元帥、鎮海鎮東軍節度使、開府儀同三司、檢校太師兼中書令、杭越等州大都督、吳越國王，賜號翊聖廣運同德保定功臣，賜以金印、玉册。』『德詔』疑即爲德韶。

[七] 螺溪寂法師，即螺溪義寂（九一九—九八七），天台宗僧人，傳見《宋高僧傳》卷七、《佛祖統紀》卷八等。

[八] 杭，《叢書》本作『航』。

[九]《天台山方外志》卷三『華頂峰』條：『在縣東北六十里十一都，天台第八重最高處。舊傳高一萬八千丈，周迴一百里，少晴多晦，夏有積雪，可觀日之出入。中有洞，石色光明。登絶頂降魔塔，東望滄海，瀰漫無際，號望海尖。下瞰衆山，如龍虎盤踞，旗鼓布列之狀。草木薰鬱，殆非人世。智者與白雲先生思修於此，有葛玄丹井、王羲之墨池、李太白書堂。台山九峰崒嵂，猶如蓮華，此爲華心之頂，故名。』

[一〇] 按，德韶未有『燈禪師』之稱，疑此處或有脱漏，可能爲『《傳燈》《禪師行業》等記』，志之待考。

【附録】

《宋高僧傳》卷一三《宋天台山德韶傳》

釋德韶者，姓陳氏，縉雲人也。幼出家於本郡，登戒後，同光中尋訪名山，參見知識，屈指不勝其數。初發心於投子山和尚，後見臨川法眼禪師，重了心要，遂承嗣焉。始入天台山，建寺院道場。無幾，韶大興玄沙法道，歸依者衆。漢南國王錢氏嘗理丹丘，韶有先見之明，謂曰：『他日爲國王，當興佛法。』其言信矣，遣使入山旁午，後署大禪師號，每有言時，無不符合。蘇州節使錢仁奉有疾，遣人齋香往乞願焉。乃題疏云：令公八十一。仁奉得之，甚喜曰：『我壽八十一也。』其年八月十一日卒焉。凡多此類。韶未終之前也，華頂石崩，振驚百里，山如野燒蔓莚，果應韶終。焚舍利繁多，瞢塔，命都僧正贊寧爲塔碑焉。享年八十二，法臘六十四，即開寶五年壬申歲六月二十八日也。《語録》大行。出弟子傳法百許人，其又興智者道場數十所，功成不宰，心地坦夷。術數尤精，利人爲上。至今江浙間謂爲『大和尚』焉。

《宋高僧傳》卷七《宋天台山螺溪傳教院義寂傳》節録

先是，智者教迹，遠則安史兵殘，近則會昌焚毁，零編斷簡，本折枝摧，傳者何憑端正其學？寂思鳩集也。適金華，古藏中得《净名疏》而已。後欵告韶禪師，囑人泛舟於日本國，購獲僅足，由是博聞多識。微寂，此宗學者幾握半珠爲家寶歟。

六　智者顗禪師[一]

智者顗禪師示衆曰：『同學照禪師在南岳衆中[二]，苦行、禪定最爲第一[三]，輒用衆一撮鹽作齋飲用，所侵無幾，不以爲事。後行方等[四]，忽見相起，計三年，增之至數十斛[五]。急令陪備[六]，仍賣衣資，買鹽償衆。此事非久，亦非傳聞[七]，宜以爲規，莫令後悔。吾雖寡德行，遠近頗相追尋，而隔剡嶺[八]，難爲徒步，老病出入多以衆驢迎送。若是吾客，私計功酬，直令彼此無咎。吾是衆主，驢亦我得，既捨入衆，非復我有。我不合用，非我何言？舉此一條，餘事皆爾。』《國清百録》

【注釋】

[一] 智者顗禪師，即智顗（五三九—五九八）也，陳、隋之際僧人，天台宗的開創者，傳見《續高僧傳》卷一七、《國

清百録》卷四等。此則記載當引自《國清百録》卷一『訓知事人』條，可參看本書第二十四條。

[二] 照禪師，即佛照也，陳、隋之際僧人，爲南岳慧思之弟子，傳見《佛祖統紀》卷九。

[三]《佛祖統紀》卷九：『大都督吴明徹問南岳曰：「法華禪門，真德幾何?」岳曰：「信重三千，業高四百。僧照得定最深，智顗説法無礙，兼之者大善也。」』

[四] 方等，此指方等三昧，爲半行半坐三昧之一種，以《大方等陀羅尼經》爲經典依據，過程包括選擇道場、嚴飾道場、沐浴長齋等，供養禮拜後，仍須旋咒思惟，以觀實相中道。

[五] 之，高麗本作『長』。

[六] 陪，高麗本作『倍』。

[七] 傳，底本作『僧』，形近致誤，據高麗本、寬文本、《叢書》本、《卍續藏》本改。

[八] 剡嶺，在今浙江嵊州市，爲天台山交通北方之要道。

【附録】

《佛祖統紀》卷九

禪師僧照，聞南岳妙善心觀，特往參謁。凡所指授，無不領解。後以南岳命行法華三昧，用銷宿障，妙行將圓，睹普賢大士乘白象王放光證明，又感觀音爲其説法，於是頓悟玄旨，辯才無礙。師於衆中苦行、禪定皆爲第一，嘗用衆一撮鹽作齋飲，以所用無幾，不以爲慮。後行方等，忽見相起，計三年，增長至數十斛，急賣衣買鹽償衆，其相方滅。南岳入寂，師領衆行道，不异於昔。

七　兜率梧律師[一]

兜率梧律師從學普寧律師[二]，持己精嚴，日中一食，禮誦不輟。後住兜率，嘗問道徑山琳禪師[三]。琳見其著心持戒，不通理道，因戲謂曰：『公被律縛，無氣急乎？』[四]梧曰：『根識暗鈍，不得不縛。望師憫而示之。』琳舉：婆修盤頭嘗一食不卧，六時禮佛，清净無染，爲衆所歸。二十祖闍夜多將欲度之，問其徒曰：『此頭陁精修梵行，可得佛乎？』其徒曰：『精進如此，何故不可？』夜多曰：『汝師與道遠矣！縱經塵劫，皆虚妄之本。』其徒不憤[五]，謂夜多曰：『尊者藴何德行，而譏我師？』夜多曰：『我不求道，亦不顛倒。我不禮佛，亦不輕慢。我不長坐，亦不懈怠。我不一食，亦不雜食。我不知足，亦不貪欲。心無所之，名之曰道。』婆修聞已，獲無漏智[六]。琳遂厲聲喝一喝云：『直饒與麽，猶是鈍漢！』梧於言下心意豁然，喜躍而拜曰：『不聞師誨，争解知非？今當持而不持，持無作戒[七]，更不消著心力也。』辭行回至丈室，屏去舊習，獨一禪床，講倡之外，默坐而已。俄一夕，召明静法師至曰：『擇梧得徑山打破情執，至今無一點事在胸中。今夜欲入無聲三昧去也。』由是寂然，竟爾長寢。《通行録》

【注釋】

[一]梧律師，即擇梧也，天台宗僧人智圓《閑居編》卷三〇《大宋錢唐（同「錢塘」）律德梧公講堂題名序》附其小傳：『公名擇梧，字元羽，錢唐人也。立性直方，發言正淳，行甚高、名甚揚，雖學經論、通書史，而專以戒律爲己任，且欲示後學以復之之路，知發軫於律學也，故於律學既能言之，又能行之，而頹綱顛表自我强而樹之，故吴越之僧北面而事者不知紀極。其後學有濟濟蹌蹌、動不逾閑者，人必知其由公門而出也。』另外，智圓《寧海軍真覺界相序》《錢唐律德梧公門人覆講記》《錢唐兜率院界相牓》等幾篇文章亦提及此人，可參看。擇梧與智圓相善，多有往還，故生活年代應大體相當，撰有《行事鈔義苑記》，已佚。兜率院，在錢塘，太平興國元年（九七六）吴越錢弘俶所建。

[二]普寧律師，生平不詳，元照《南山律宗祖承圖録》載其名爲法明，而《律宗新學名句》中的『三衢法明律師』應即其人，據此，應主要活動於浙江衢州一帶。另據日新《蘭盆疏鈔餘義序》，普寧律師曾撰《會粹記》以補充、解釋贊寧

（九一九—一〇〇一）《隨難解》，生活年代可能略晚於贊寧。

［三］高麗本無『嘗』字。徑山琳禪師，即無畏維琳（一〇三五—一一一九）也，北宋雲門宗僧人，俗姓沈，武康人，育王懷璉禪師法嗣，初住大明寺，後遷徑山。傳見《續傳燈録》卷一一、《補續高僧傳》卷一八。

［四］急，高麗本作『息』，底本意勝。

［五］不憤，《卍續藏》本作『不勝憤』。

［六］婆修盤頭，禪宗第二十一祖，爲闍夜多之弟子，二人事迹載《景德傳燈録》卷二，見附録。

［七］戒體分兩種，一作戒，謂受戒時如法動作身口意三業，可見聞之業體，猶如燒香熏諸穢氣；二無作戒，謂依此時作戒之緣而生於身中不可見聞之業體，猶如香盡而餘氣長存。但據文義，此處擇梧并非用其本意，而是借用律宗的這一概念來理解禪宗的『無相戒』，即體認佛性、弱化戒條的戒法。

【附録】

《景德傳燈録》卷二

第二十祖闍夜多者，北天竺國人也，智慧淵沖，化導無量。後至羅閲城，敷揚頓教。彼有學衆，唯尚辯論，爲之首者名婆修盤頭此云遍行，常一食不卧，六時禮佛，清淨無欲，爲衆所歸。尊者將欲度之，先問彼衆曰：『此遍行頭陀能修梵行，可得佛道乎？』衆曰：『我師精進，何故不可？』尊者曰：『汝師與道遠矣！設苦行歷於塵劫，皆虚妄之本也。』衆曰：『尊者蘊何德行而譏我師？』尊者曰：『我不求道，亦不顛倒，我不禮佛，亦不輕慢，我不長坐，亦不懈怠，我不一食，亦不雜食，我不知足，亦不貪欲，心無所希，名之曰道。』時遍行聞已，發無漏智，歡喜贊嘆。

八　真宗廢寺

真宗嘗欲廢太平興國寺爲倉［一］，詔下之日，有僧唐突以謂不可廢。上遣中使諭旨曰：『不聽廢寺即斬。』[二]仍以劍示之，祝曰：『僧見劍，怖懼即斬[三]，不然即赦之。』中使如所誡。僧笑引頸曰：『爲佛法死，實甘餂之。』上悦，寺遂免。韓子蒼曰：『今時有如是僧，乃可稱衲子。』[四]《石門集》[五]

【注釋】

[一]太平興國寺，在開封，舊爲龍興寺，宋太宗太平興國二年（九七七）重建，《釋氏稽古略》卷四：『丁丑太平興國二年……京師舊龍興寺，周世宗廢之爲龍興倉，至是主僧擊登聞鼓訴復寺，帝感嘆，詔復之，賜名太平興國寺，仍爲營葺，極宏壯之制。』

[二]中使，宮中派出的使者。《後漢書·宦者傳·張讓》：『凡詔所徵求，皆令西園騶密約敕，號曰「中使」。』宋代仍之。

[三]見，《卍續藏》本作『行』，誤。

[四]韓子蒼，即韓駒（一〇八〇—一一三五）也，江西派詩人，與大慧宗杲等僧人相善，《宋史》卷四四五有傳。

[五]《石門集》，即惠洪（一〇七一—一一二八）所撰《石門文字禪》也，凡三十卷，係集録惠洪之詩文而成。

【附録】

《石門文字禪》卷二四《記徐韓語》

韓子蒼曰：真宗皇帝嘗欲廢太平興國寺爲倉，詔下之日，有僧唐突以謂不可廢。真宗使中使諭旨曰：『不聽廢寺即斬。』仍以劍示之，祝曰：『僧見劍，怖懼即斬，不然即赦之。』中使如所誡。僧笑引頸曰：『爲佛法死，寔甘甜之。』有如是僧，乃可稱衲子也。

《佛祖統紀》卷四三

初，周世宗廢龍興寺以爲官倉。國初，寺僧撃鼓求復，至是不已。上遣使持劍詰之曰：『前朝爲倉日久，何爲煩瀆天廷？』且密戒：『懼即斬之。』僧辭自若曰：『前朝不道，毀像廢寺，正賴今日聖明興復之耳。貧道何畏一死！』中使以聞。上大感嘆，敕復以爲寺。《類苑》

九　法昌遇禪師[一]

法昌遇禪師，臨漳高亭人[二]，幼棄家，有大志，游方，名著叢席。浮山遠公指謂人曰：『此後學行脚樣子。』[三]晚於分寧之北[四]，千峰萬壑，古屋敗垣，遇安止之。衲子時有至者，皆苦其作勞，未嘗有一語委曲以示其徒。學者不能曉其意，又不能與之同憺泊辛苦，悉皆引去，以故單丁住山。而晨香夕燈，升堂説法[五]，至老不廢。叢林所服玩者，無不備。龍圖徐禧嘆曰：『無衆如有衆，真本色住山。』[六]將化前一日，遇作偈遺曰：『今年七十七，出行須擇日。昨夜報龜哥，報道明朝吉。』[七]徐覽偈聳然，邀靈源同往[八]，至彼已寂然矣。《汀江集》[九]

【注釋】

[一] 法昌遇禪師，即法昌倚遇（一〇〇五—一〇八一）也，北宋雲門宗僧人，北禪智賢弟子。俗姓林，漳州人，幼於郡之崇福得度，歷謁浮山法遠、芭蕉谷泉諸老宿，後參智賢得悟。晚棲西山，後住洪州法昌。元豐四年示寂，有《語録》傳世。傳見《禪林僧寶傳》卷二八、《嘉泰普燈録》卷二、《續傳燈録》卷五等。

[二] 除《嘉泰普燈録》及本條外，《禪林僧寶傳》等皆謂倚遇爲漳州人，即今福建漳州。臨漳在今河北南部，爲古鄴之

地，二者不可混爲一談。另，漳州及臨漳皆無高亭，故此處恐誤。

〔三〕浮山遠公，即浮山法遠（九九一—一〇六七），北宋臨濟宗僧人，傳見《禪林僧寶傳》卷一七、《補續高僧傳》卷七。

〔四〕分寧，《太平寰宇記》卷一〇六：『分寧縣，西北六百里，舊六鄉，今十六鄉，武寧縣地。按邑圖云：本當州之亥市也，其地凡十二支，周千里之内聚江鄂洪潭四州之人，去武寧二百餘里，豪富物産充之，唐貞元十六年置縣，以分寧名之。』即今江西修水縣。

〔五〕堂，高麗本作『座』。

〔六〕徐禧（一〇三五—一〇八二），字德占，分寧人，好談兵，後與西夏交戰，兵敗而亡。《宋史》卷三三四有傳。

〔七〕遇，《叢書》本作『偶』。昨夜報龜哥，高麗本作『昨夜門龜哥』，『門』當爲『問』之形誤，《禪林僧寶傳》即作『昨夜問龜哥』。龜哥，未詳其意，可能爲時人對龜之俗稱，如《石溪心月禪師語録》卷一：『從此龍光山下寺，龜哥也著載豐碑。』《續傳燈録》卷二九：『公張目索筆書曰：初三十一，中九下七。老人言盡，龜哥眼赤。竟爾長往。』借以指代占卜。

〔八〕靈源，即靈源惟清（？—一一一七），北宋臨濟宗僧人，晦堂祖心弟子，二人皆與倚遇往還密切。

〔九〕《汀江集》，著者未詳。《人天寶鑒》共引二處，另一處爲『晦堂心禪師』條。另外，此書還兩次徵引《汀江筆語》，可能爲同一書。志之待考。

【附録】

《禪林僧寶傳》卷二八

曰：予觀法昌契悟穩實，宗趣淹博，荷擔雲門，氣無叢林，其應機施設，鋒不可犯，殆亦明招獨眼龍之流亞歟？然所居荒村破院，方其以一力撾鼓，爲十八泥像説禪，雖不及真單徒之有衆，亦差勝生法師之聚石。味其平生，未嘗不失將

（床）頓足，想見標致也。

《林間録》卷上

法昌倚遇禪師，北禪賢公之子。住山三十年，刀耕火種，衲子過門必勘詰之。英邵武、聖上座皆黄龍高弟，與之友善。多法句，遍叢林。晦堂老人嘗過之，問曰：『承聞和尚近日造草堂，畢工否？』曰：『已畢工。』又問曰：『幾工可成？』曰：『止用數百工。』遇恚曰：『大好草堂。』晦堂拊手笑曰：『且要天下人疑著。』臨終時，使人要徐德占，德占偕靈源禪師馳往，至則方坐寢室，以院事什物付監寺曰：『吾自住此至今日，以護惜常住故，每自涖之，今行矣，汝輩著精彩。』言畢，舉手中杖子曰：『且道這個付與阿誰？』衆無對者，擲於地，投床枕臂而化。

一〇　法智尊者[一]

法智尊者，諱知禮，年至四十，常坐不卧，足無外涉，修謁都遣。一日謂諸徒曰：『半偈忘軀，一句投火[二]，聖人之心，爲法如是。吾不能捐捨身命以警發解怠[三]，胡足言哉！』於是結十僧修法華三昧[四]，期滿三載，共焚其身。時翰林楊億致書，確請住世，復以欣厭意而興難問[五]。尊者答曰：『終日破相而諸法皆成，終日立法而纖塵必盡。』楊公復致問曰：『風吟寶樹，波動金渠[六]，是何人境界？』答曰：『只此見聞，更無道理。』公又問：『《法華》《梵網》，皆魔王所説？』答曰：『佛之與魔，相去幾何？』公知不可以義屈，亦不可以言留，乃致書慈雲，俾自杭至明，面沮其議。又委州將保護，無容以焚。是年，公請師號於朝，真宗召楊問之。公因奏師遺身事，上嘉嘆之，重諭楊曰：『但傳朕意，請留住世。』即賜『法智』之號。由是，願行不得施矣。復修光明懺爲順寂之期，方五日，趺坐召衆曰：『人之生，必有死，蓋常分爾。汝等

當勤修道，勿令有間。從吾之訓，猶吾之生也。』[七]言畢稱佛而逝。《教行録》等[八]

【注釋】

[一] 底本目録『法智尊』三字清晰可辨，下字僅存點劃，然據正文内容推斷，當爲『者』字無疑。法智尊者，即四明知禮（九六〇—一〇二八），北宋天台宗山家派僧人，主張妄心觀、別理隨緣、修性一如、理毒性惡等理論，爲天台一代中興之祖。生平具見趙抃所撰《宋故明州延慶寺法智大師行業碑》，載《四明尊者教行録》卷七。

[二] 句，高麗本作『偈』。

[三] 解，高麗本、《卍續藏》本作『懈』。二字可通，如《漢書・元帝紀》：『（建昭）五年春三月，詔曰：蓋聞明王之治國也……今朕獲保宗廟，兢兢業業，匪敢解怠。』顔師古注：『兢兢，慎也。業業，危也。解讀曰懈。』

[四] 法華三昧，半行半坐三昧之一種，即依據《法華經》所修之法，以三七日爲一期，行道誦經，或行或立或坐，思惟諦觀實相中道之理，并於六時之中修行五悔（懺悔、勸請、隨喜、回向、發願）。

[五]《四明尊者教行録》卷五《楊文公請法智住世書》：『惟極樂之界，蓋覺皇之示權，而大患之軀，非智人之所樂。儻存忻厭，即起愛憎，既萌取捨之心，乃至能所之見。諒惟通悟，夙究真常，蓋俯就於初機，冀策發於浄行。伏望因承恩詔，彌廣福田，增延住壽之期，恢闡化緣之盛。』

[六] 吟，高麗本作『吹』。渠，《卍續藏》本作『蕖』。按，《觀無量壽佛經》中有十六觀，其中第四觀、第五觀分爲別寶樹觀與寶池觀，正與『風吟寶樹，波動金渠』相應，故當從底本。

[七] 高麗本無『也』字。

[八]《教行録》，即《四明尊者教行録》，南宋宗曉編，共七卷，乃收集知禮及諸師詩文編纂而成，現收於《大正藏》第四六册。知禮與楊億、遵式等人討論住世與否的書信，皆收於是書卷五。

【附録】

《四明尊者教行録》卷七《宋故明州延慶寺法智大師行業碑》

推誠保德功臣資政殿大學士守太子少保致仕上柱國南陽郡開國公食邑二千五百户食實封六百户賜紫金魚袋趙抃撰

法智大師名知禮，字約言，金姓，世爲明人。梵相奇偉，性恬而器閎。初，其父母禱佛求息，夜夢神僧携一童遺之曰：『此佛子羅睺羅也。』既生以名焉。毁齒出家，十五落髮受具戒，二十從本郡寶雲義通法師，傳天台教觀。始三日，首座僧謂曰：『法界自有次第，若當奉持。』師曰：『何謂法界？』僧曰：『大總法相，圓融無礙者是也。』師曰：『既圓融無礙矣，何得有次第耶？』是僧無語。幾一月，自講《心經》，人皆屬聽，而驚傳之，謂教法有賴矣。居三年，常代通師講，入文銷義，益闡其所學。後住承天，遂徙延慶，德望寖隆，道法大熾，所至爲學徒淵藪。日本國師嘗遣徒持二十問詢求法要，師答之，咸臻其妙。天台之教，莫盛此時。真宗皇帝知名，遺（遣？）中貴人至其居，命修懺法，厚有賜予。偶歲大旱，師與遵式、异聞二法師同修金光明懺，用以禱雨。三日，雨未降，於是徹席伏地，自誓於天曰：『茲會佛事，儻未降雨，當各然一手以供佛。』佛事未竟，雨已大浹。嘗與錢唐奉先清源、梵天慶昭、孤山智圓數人爲書設問，往復辨析，雖數而不屈。又遣門人神照大師本如與之講論其説，卒能取勝。嘗製《指要》《妙宗》二鈔，《大悲懺儀》《别行疏記》暨《光明》二記之類，後悉流傳。嘗偕十僧修妙懺三年，且約以懺罷共焚其軀，庶以激怠惰而起精進。翰林學士楊公億、駙馬都尉李遵勗嘗薦師服號者，其心尤所愛重，知有自焚意，致書勸止，弗從。又致書天竺慈雲式師，俾自杭至明，面沮其義，亦不聽。群守直史館李公夷庚密戒隣社常察之，毋容遁以焚。師願既莫遂，復集十僧，修大悲懺三年。又以光明懺中七日爲順寂期，方五日，結跏趺坐而逝，實天聖六年正月五也。享年六十有九，爲僧五十有四期。其亡經月，發龕以視，顔膚如生，爪髮俱長。既就茶毘，舌根不壞，舍利至不可勝數。凡三主法會，唯事講懺。四十餘年，脅未始至席。當時之人從而化者以千計，授其教而唱道於時者三十餘席。如則全、覺琮、本如、崇矩、尚賢、仁岳、慧才、梵臻之徒，皆爲時之聞人。今江浙之間，講席盛者，靡不傳師之教。其於開人之功，亦已博矣。元豐三年冬十月，余謝事經歲，自衢抵温，有法明院忠講師，其行解俱高者，頓嘗游衢，乃余未第時，與之接者也。一日斂衽而前曰：『繼忠於法智師，徒爲法孫，惜其示寂六十有三年，其所造峻特，而所學爲來者，師固釋門之木鐸哉。自昔達官文士，其言可信於後世者，乃無述焉，其徒竊羞之。』既而狀其行，請余作碑，以爲無窮之傳。余乃嘆曰：『人生之初，虛一而静，本無凡聖之别。逮交戰於事物之境，而莫之能返，此諸佛不得已而來震旦。煩其名相以化之，豈苟而已哉！設之以法而可行，示之以戒而不可犯，如目之有花，他人莫得見，如耳之有磬，他人莫得聞，欲其自降乃心而求復初地。其後導師繼繼而興，騁智慧辯才，談真實妙義，使人不離當念，超圓頓一乘，不離文字，示解脱諸相。要其究竟，則無一法之可説，無一字以與人。法智師既達乎此，則何假於言而後傳哉！雖然重違勤懇，姑閲其所紀，皆衆所共聞者，因爲摭梗概，而實録之，仍賛之以文曰：

大雄覺世垂微言，磅礴日月周乾坤。智者才辯窮化元，時爲演説開迷昏。八萬總結河沙塵，俱入天台止觀門。法智遠出揚清芬，游戲三昧真軼群。志堅氣直貌且温，少而敏悟老益勤。遺旨從衡深討論，消文釋義雖繽紛。辭淳理妙簡不煩，或懺或講忘晡昕。邇遐學徒日駿奔，成等正覺消波旬。俾諸佛祖道彌尊，如流已清濬其源，如葉已茂培其根。行高名重上國聞，天子遣使來中闇。賢豪勳戚固所忻，命服錫號迴天恩。知身變滅如浮雲，誓勇棄捨甘趨焚，素願莫適仍修熏。衆生嗜好隨貪瞋，三塗轉徙如膏輪。有能頓悟報施因，罪福苦樂岐以分。説本無説誰其人？師心了了所夙敦。言能破妄寧非真？身雖云亡今常存。江浙蕃蕃其子孫，詔億萬世觀斯文。

一一　圓通訥禪師[一]

圓通訥禪師，梓州人，性端靖，涖衆有法，律己精嚴，夜必入定，初叉手自如，中夜漸升至膺，侍者每眂此以候天明。仁宗聞其名，詔住净因[二]。訥以疾辭，舉璉以自代[三]。召對大悦，賜『大覺禪師』。至英宗，嘗賜手詔『天下寺院任性住持』。璉不言，鮮有知者。及東坡制《宸奎閣記》，移書審之云：『《宸奎閣碑》謹已撰成，衰朽廢學，不知堪上石否？見參寥説[四]，禪師出京日，英廟賜手詔，其略曰「任性住持」

者，不知果是否？切請録示全文[五]，欲入此一節。』璉答云『無』。及寂，乃得於書笥中。坡聞云：『非得道之士，安得有此蘊藉？』坡《閣記》云：師雖出世度人，而持律甚嚴。上賜龍腦鉢[六]，師對使者焚之，曰：『吾法以壞色衣，以瓦鉢食[七]，此鉢非法。』使者歸奏，上嘉嘆久之[八]。師居處服玩可以化寶坊也，而皆不爲，獨於都城之西爲精舍，容百許人而已。

【注釋】

［一］圓通訥禪師，即圓通居訥（一〇一〇—一〇七一），北宋雲門宗僧人，嗣法於延慶子榮，傳見《禪林僧寶傳》卷二六、《釋氏稽古略》卷四、《佛祖歷代通載》卷一九。然本則所記主要爲大覺懷璉之事，所擬標題不當。

［二］净因，即净因禪院，《釋氏稽古略》卷四：『（皇祐元年），内侍李允寧奏施汴宅一區創興禪席，帝賜額曰「十方净因禪院」。帝留意空宗，下三省定議，召有道者住持。歐陽公修、陳公師孟奏請廬山圓通寺居訥，允寧親自馳詔下江州。訥稱目疾不起，常益敬重，聽舉自代。訥乃以懷璉應詔。』

［三］璉即大覺懷璉（一〇一〇—一〇九〇）也，北宋雲門宗僧人，泐潭懷澄禪師法嗣，曾應圓通居訥之請，於廬山圓通寺掌書記。傳見《禪林僧寶傳》卷一八、《續傳燈録》卷五等。

［四］參寥，即道潛（一〇四三—？）也，北宋詩僧，本姓何，名曇潛，號參寥，爲懷璉弟子。道潛與蘇軾友善，常詩文互酬，有《參寥子集》十二卷行世。

［五］高麗本無『切』字。

［六］龍腦鉢，即以名貴的龍腦香木製作而成的鉢盂。

［七］高麗本無『以』字。

［八］此文見《東坡全集》卷八六《宸奎閣碑》。

《東坡全集》卷八六《宸奎閣碑》

皇祐中，有詔廬山僧懷璉住京師十方净因禪院，召對化成殿，問佛法大意，奏對稱旨，賜號『大覺禪師』。是時北方之爲佛者皆留於名相，囿於因果，以故士之聰明超軼者皆鄙其言，詆爲蠻夷下俚之説。璉獨指其妙與孔老合者，其言文而真，其行峻而通，故一時士大夫喜從之游，遇休沐日，璉未盥潄而戶外之屨滿矣。仁宗皇帝以天縱之能，不由師傳，自然得道，與璉問答，親書頌詩以賜之，凡十有七篇。至和中，上書乞歸老山中，上曰：『山即如如體也，將安歸乎？』不許。治平中再乞，堅甚，英宗皇帝留之不可，賜詔許自便。璉既渡江，少留於金山、西湖，遂歸老於四明之阿育王山廣利寺。四明之人相與出力建大閣，藏所賜頌詩，榜之曰『宸奎』。時京師始建寶文閣，詔取其副本藏焉，且命歲度僧一人。璉歸山二十有三年，年八十有三，臣留守杭州，其徒使來告曰：『宸奎閣未有銘，君逮事昭陵，而與吾師游最舊，其可以辭？』臣謹按古之人君號知佛者，必曰漢明、梁武，其徒蓋常以籍（藉）口而繪其像於壁者，漢明以察爲明，而梁武以弱爲仁，皆缘名失實，去佛遠甚。恭惟仁宗皇帝在位四十二年，未嘗廣度僧尼，崇侈寺廟，干戈斧質，未嘗有所私貸，而升遐之日天下歸仁焉，此所謂得佛心法者，古今一人而已。璉雖以出世法度人，而持律嚴甚，上嘗賜以龍腦鉢盂，璉對使者焚之，曰：『吾法以壞色衣，以瓦鐵食，此鉢非法。』使者歸奏，上嘉嘆久之。銘曰：巍巍仁皇，體合自然。神耀得道，非有師傳。維道人璉，逍遥自在，禪律并行，不相留礙。於穆頌詩，我既其文，惟佛與佛，乃識其真。洛爾東南，山君海王，時節來朝，以謹其藏。

一二 梁武帝[一]

梁武帝問誌公曰：『朕萬機之暇，修諸善事，還有功德也無？』[二]誌曰：『有即有，非真功德。』帝曰：『何謂其真？』誌曰：『性净明心，體自空寂，是真功德。』帝因有省。故先聖有言：『若能静坐一須臾，勝造河沙七寶塔。寶塔畢竟化爲塵，一念净心成正覺。』[三]《通行録》

【注釋】

〔一〕諸書雖載此事，但皆爲武帝與菩提達摩之問答，而非寶誌，參見附録。

〔二〕誌公，即寶誌，南朝僧人，於建康道林寺出家，每多讖言，齊武帝投之於獄。梁革齊祚，武帝敬信之，與談經論，天監十三年（五一五）十二月六日卒，世稱寶公、誌公。傳見《高僧傳》卷一〇、《太平廣記》卷九〇。

〔三〕此偈最早見於《廣清凉傳》卷二，唐僧無著詣五臺山，一老人爲説偈曰：『若人静坐一須臾，勝造恒沙七寶塔。寶塔畢竟壞微塵，一念净心成正覺。』

【附録】

《歷代法寶記》卷一

達摩多羅聞二弟子漢地弘化無人信受，乃泛海而來。至，梁武帝出城躬迎，升殿問曰：『和上從彼國將何教法來化衆生？』達摩大師答：『不將一字教來。』帝又問：『朕造寺度人，寫經鑄像，有何功德？』大師答曰：『并無功德。』答曰：『此乃有爲之善，非真功德。』武帝凡情不曉，乃辭出國。

《佛祖統紀》卷二九

初祖菩提達磨，南天竺香至王子。出家之後遇二十七祖般若多羅，付以大法，謂曰：『吾滅後六十年，當往震旦行化。』多羅既亡，師演道國中。久之，思震旦緣熟，即至海濱，寄載商舟，以梁大通元年達南海舊云普通八年者，誤。南海，廣州。刺史蕭昂表聞，詔入見。上問曰：『朕造寺寫經度僧，有何功德？』師曰：『人天小果耳。』上曰：『何謂大乘功德？』師曰：『净智妙明，體自空寂，如是功德，不於世求。』上曰：『如何是聖諦第一義？』師曰：『廓然無聖。』上曰：『對朕者誰？』師曰：『不識。』上不契，師遂渡江。上後以問誌公，公曰：『陛下還識此人不？』上曰：『不識。』公曰：『此是觀音大士，傳佛心印。』

一三　孫思邈[一]

真人孫思邈，京兆人，幼聰慧，日誦萬言，善莊老，尤篤志釋典，年百五十歲。嘗隱終南山，不食飲食，唯服鉛汞。與宣律師友善，議論終日[二]。嘗書《華嚴經》，時唐太宗欲讀佛經，問邈曰：『何經爲大？』答曰：『《華嚴經》佛所尊大。』帝曰：『近玄奘三藏譯《大般若》六百卷，何不爲大？而八十卷者猶爲大乎？』[三]答曰：『華嚴法界，具一切門，於一門中，可演出大千經卷，《般若經》乃是《華嚴》一門耳。』帝悟，從是受持[四]。《釋氏類説》[五]

【注釋】

[一] 孫思邈，唐代著名醫學家、道士，擅陰陽之學，通百家之説，不樂仕進，隱於山林，煉丹著書，有《千金藥方》傳世，後人尊之爲『藥王』。《歷世真仙體道通鑒》卷二九有傳。

[二]《宋高僧傳》卷一四《唐京兆西明寺道宣傳》：『有處士孫思邈，嘗隱終南山，與宣相接，結林下之交，每一往來，議論終夕。』

[三] 八十，高麗本作『六十』。按，《華嚴經》共三種譯本，一爲東晉佛馱跋陀羅的五十卷本，後改爲六十卷，二爲武周時期實叉難陀的八十卷本，三爲唐代貞元年間般若的四十卷本。根據文中時代背景，似以『六十』爲佳，但此文顯係後人杜撰，不必以信史責之，故仍底本。

[四] 此事亦見於唐代胡幽貞刊纂《大方廣佛華嚴經感應傳》。按，玄奘翻譯《大般若》，在顯慶五年（六六〇）至龍朔三年（六六三）間，唐太宗不可能預知此事，故此則記載并非信史，而是宣揚《華嚴經》功德的感應傳説。

［五］《釋氏類説》，未詳何人、何時所作，本書『郭道人』條出自《類説》，可能即此書。

【附録】

《大方廣佛華嚴經感應傳》

太宗欲讀佛經，問邈：『何經爲大？』邈云：『《華嚴經》佛所尊大。』帝曰：『近玄奘三藏譯《大般若》六百卷，何不爲大？而八十卷《華嚴經》獨得大乎？』邈答云：『華嚴法界，具一切，於一門中，可演出大千經卷，《般若經》乃是《華嚴》中一門耳。』太宗方悟，乃受持華嚴一乘秘教。

一四　侍郎楊億［一］

侍郎楊億書寄李維内翰［二］，其略曰：假守南昌，適會廣慧禪伯［三］，齋中務簡，退食多暇，或坐邀而至，或命駕從之。請扣無方，蒙滯頓釋，半歲之後，曠然弗疑［四］，如忘忽記，如睡忽覺。平昔礙膺之物曝然自落［五］，積劫未明之事燿爾見前，固亦決擇之洞分，應接之無蹇矣。重念先德，率多參尋，如雪峰九度上洞山［六］，三度上投子，遂嗣德山；臨濟得法於大愚，終承黄檗；雲岩多蒙道吾訓誘，乃爲藥山之子；丹霞親承馬祖印可，而作石頭之裔。在古多有，於理無嫌，病夫今繼紹之緣，實囑於廣慧，提激之自，良出於龕峰也［七］。忻幸。

因僧談道，侍郎遂云：『大凡參學人，十二時中長須照顧，不可説禪道時，便有個照帶底道理，日用作務時，不可便無也。如鷄抱卵，若是抛離起去，暖氣不接，便不成種子。如今萬境森羅，六根煩動，略失照顧，便喪身命，不是小事。今來受此緣生，被生死繫縛，蓋爲塵劫已來，順生滅心，隨他流轉，以至如今。

諸人等且道：若曾喪失，何以得至？如今要識露地白牛麽[八]？試把鼻孔拽看。』

又云：『釋迦老子於靈山會上，目顧迦葉，謂大衆曰：「吾有正法眼分付摩訶迦葉。」又道：「我於四十九年中不曾説一字。」此是什麽道理[九]？若是諸人分上著一字脚不得，爲諸人各各有奇特事在，唤作奇特[一〇]，早是不中也。我道釋迦是敗軍之將，迦葉是喪身失命底人，汝等且怎生會？不見道：涅槃生死，俱是夢言，佛與衆生，并爲增語。直須恁麽會取，不要向外馳求。若也於此未明，敢道諸人乖張不少。』

侍郎臨終前一日，親寫一偈與家人，令來日送達李駙馬處[一一]，偈曰：『漚生與漚滅[一二]，二法本來齊。欲識真歸處，趙州東院西。』駙馬接得偈云：『泰山廟裏賣紙錢。』《天聖廣燈》

【注釋】

[一] 本則亦見於《天聖廣燈録》卷一八，乃撮取數段綜合而成。楊億（九七四—一〇二〇），字大年，建州浦城人，少有神童之名，淳化三年（九九二）賜進士及第，歷任著作佐郎、知制誥、翰林學士，天禧二年（一〇一八）冬，拜工部侍郎，有《武夷新集》二十卷傳世。《宋史》卷三〇五有傳。

[二] 李維，字仲方，銘州肥鄉人，宰相李沆之弟，歷任户部員外郎、兵部員外郎、知制誥、翰林學士承旨兼侍讀學士，曾參與《景德傳燈録》的刊訂。傳見《宋史》卷二八二。

[三] 廣慧禪伯，即廣慧元璉（九五一—一〇三六）也，俗姓陳，泉州人，嗣法於首山省念，後出世於汝州廣慧院，楊億與之交往密切，《補續高僧傳》卷六有傳。假守南昌，《天聖廣燈録》原文作『假守兹郡』。按，楊億未曾於南昌任職，且元璉亦不在其處，《景德傳燈録》及《五燈會元》皆謂此書作於汝州任上，而元璉亦在其地，故《人天寶鑒》當爲誤記。二人之交往，見《五燈會元》卷一二《文公楊億居士》。

[四] 弗，高麗本作『不』。

[五] 嚗，音 bó，嚗然，物落之聲，《莊子・知北游》：『神農隱几擁杖而起，嚗然放杖而笑。』《酉陽雜俎續集・金剛經

鳩异》：『忽覺，聞開户而入，言「不畏」者再三，若物投案，嚗然有聲。』

［六］雪峰義存曾於洞山良价（八〇七—八六九）座下任飯頭，又參投子大同（八一九—九一四），皆不契，後嗣法於德山宣鑑（七八二—八六五）；臨濟義玄（？—八六七）先入黄檗希運（？—八五〇）門下，復謁高安大愚，再還黄檗，爲希運所印可；雲岩曇晟（七八二—八四一）爲藥山惟儼（七四六—八二九）之嗣，但常爲同學道吾圓智（七六九—八三五）所提誘；丹霞天然（七三九—八二四）先投石頭希遷（七〇一—七九一），後又得馬祖道一（七〇九—七八八）印可，終嗣希遷之法。楊億舉這些事例，是爲了解釋和佐證自己先後從學於李維及元璉的合理性與必要性。

［七］鼇峰，即翰林院也，以其職清貴，如登仙山，故有是稱，《翰苑新書·前集》卷一〇：『國老閑談：宋景文公祁守益州，以翰林承旨召，以詩寄丞相云：寧知不是神仙骨，上到鰲峰最上頭。』此指李維而言也。

［八］露地白牛，《新華嚴經論》卷二：『露地者，即佛地也，爲佛智無依止故，故云露地。白牛者，即法身悲智也，以法身無相，名之爲白，智能觀機，悲心濟物，名之爲牛，爲取牛能運載故，爲以無作法身，悲智濟物，故喻同牛也，以濟益名之曰牛。』

［九］高麗本無『麽』字。

［一〇］唤，高麗本作『若』。

［一一］李駙馬，即李遵勗（九八八—一〇三八），字公武，尚荆國大長公主，授左龍武軍駙馬都尉，多與禪者交往，所集《天聖廣燈録》行於世。《宋史》卷四六四有傳。

［一二］漚生與漚滅，即生滅意也，因生滅無常如水泡（漚），故有是稱，《楞嚴經》卷三：『反觀父母所生之身，猶彼十方虚空之中吹一微塵，若存若亡，如湛巨海流一浮漚，起滅無從。』

【附録】

《五燈會元》卷一二《文公楊億居士》

及由秘書監出守汝州，首謁廣慧。慧接見，公便問：『布鼓當軒擊，誰是知音者？』慧曰：『來風深辯。』公曰：『恁麽則禪客相逢只彈指也？』慧曰：『君子可八。』公應喏喏。慧曰：『草賊大敗。』夜語次，慧曰：『秘監曾與甚人道話來？』公曰：『某曾問雲岩諒監寺：「兩個大虫相咬時如何？」諒曰：「一合相。」某曰：「我只管看，未審恁麽道還得麽？」』慧曰：『這裏即不然。』公曰：『請和尚别一轉語。』慧以手作拽鼻勢，曰：『這畜生更踍跳在。』公於言下脱然無疑，有偈曰：『八角磨盤空裏走，金毛獅子變作狗。擬欲將身北斗藏，應須合掌南辰後。』

一五　張文定公[一]

張文定公前身爲琅邪知藏僧[二]，書《楞伽》，未終而卒，誓云：『來生當再書。』後知滁州，游琅邪山，周行廊廡，殊不忍去，氏藏院，忽感悟，指梁間經函云：『此吾前身事也。』令取而眡之，乃《楞伽經》，與今生所書筆畫無异。嘗讀至『世間離生滅，猶如虚空華。智不得有無，而興大悲心』，遂明己見，偈曰：一念存生滅，千機縛有無。神鋒輕舉處，透出走盤珠。暮年出此經示東坡居士，仍以其事語之。坡題其後，刻石金山[三]。

【注釋】

[一]即張方平（一〇〇七—一〇九一）也，字安道，號樂全居士，仁宗景祐元年（一〇三四）進士，歷任知諫院、知制誥、知開封府、翰林學士、知滁州、杭州等，神宗朝官至參知政事，卒謚『文定』，有《樂全集》四十卷行世。傳見《宋

史》卷三一八。

［二］琅邪，即琅琊山，在滁州西南十里，中有開化禪院，即張方平前世知藏處，光緒《滁州志》卷一《游琅琊山記》：『（開化禪）院在琅琊山最深處，惜乎山皆童而無蔚然深秀之趣。唐大曆中，刺史李幼卿與僧法深同建此院，即張文定方平寫二生經處。』

［三］即鎮江金山也，《元豐九域志》卷五『中鎮江府』條下：『金山寺在揚子江中，寺記云：金山舊名浮玉山，唐時有頭陀掛錫於此，因爲頭陀岩。後斷手以建伽蓝。忽一日，於江獲金數鎰，尋以表聞，因賜名金山。』龍游寺在焉。

【附録】

《冷齋夜話》卷七《張文定公前生爲僧》

張文定公方平爲滁州日，游琅琊，周行廊廡，神觀清净，至藏院，俯仰久之，忽呼左右，梯梁間得經一函，開視之，則《楞伽經》四卷，餘其半未寫。公因點筆續之，筆迹不异。味經首四句曰：『世間相生滅，猶如虛空花。智不得有無，而興大悲心。』遂大悟流涕，見前世事，盖公前生嘗主藏於此，病革，自以寫經未終，願再來成之故也。公立朝正色，自慶曆以來名臣爲人主所敬者莫如公。暮年出此經示東坡居士，坡爲重寫，題公之名於其右，刻於浮玉山龍游寺。

一六　頎禪師［一］

頎禪師，秦之龍城人［二］，初得法於天聖泰和尚［三］，晚依黃龍南禪師。南見其所得諦當，甚遇之，令住全之興國開堂［四］，遂爲南之嗣。至夜夢神告曰：『師遇惡疾，即是緣盡。』言畢而隱。閱十三白［五］，果患大風［六］。屏院事，歸龍城之西，爲小庵，庵成，養病其中。頎有小師名克慈，久依楊岐［七］，亦禪林秀出者。歸以侍病，奉禮至孝，乞食村落，風雨寒暑，盡師一世而後已。頎一日謂慈曰：『吾之所得，實在天聖和尚，晚見黃龍道行兼重，心所敬慕，故爲之嗣[八]。豈謂半生感此惡疾，今幸償足。昔神仙多因惡疾而得仙道，蓋其割棄塵累，懷潁陽之風[九]，所以因禍而致福也。吾不因此，争得有今日事？如今把住也由我，放行也由我，把住、放行總得自在。』遂噓一聲，良久而逝。闍維[一〇]，异香遍野，舍利無數。《舟峰録》[一一]

【注釋】

[一] 未詳何人，清代僧人道霈所撰《聖箭堂述古》、儀潤《百丈清規證義記》卷五亦收此條，然記爲『死心頎禪師』，不知何據。黃龍慧南門下第二世另有死心悟新（一〇四三—一一一六），但從二人履歷來看，當非同一人。

[二] 秦州隴城古名龍城。隴城，在今甘肅天水境内，北宋屬秦鳳路。

[三] 天聖泰和尚，疑當爲天聖皓泰，河東人，乃汾陽善昭（九四六—一〇二三）法嗣，曾駐錫于湖州天聖寺，《建中靖國續燈録》卷四載其法語若干，又《續傳燈録》卷三載其與琅邪慧覺之問答。關於天聖寺，雍正《浙江通志》卷二二九『寺觀・湖州府』條：『天聖寺。《吴興掌故》：吴言故宅，在府治北。唐中和二年捨爲寺，刺史王鸞表請爲景清禪院，宋天聖八年改天聖寺。萬曆《湖州府志》：宣和中改爲神霄玉清萬壽宫，建炎元年復改天聖寺，寺有古檜，元趙孟頫摹爲圖，因扁其堂曰「古檜」。今檜已枯死，而堂與圖俱毁不存矣。』

[四] 全之興國，可能指全州的太平興國寺。目前雖找不到相關記載，但北宋太宗時常賜寺觀以『太平興國』額，故全州亦應有之。另，全州（今廣西全州、灌陽一帶）乃黃龍慧南的老師石霜楚圓的故鄉，可能正是由於這個原因，慧南方令弟子赴彼傳法也。

[五] 白，即年也，《景德傳燈録》卷二：『我止林間已經九白。』自注曰：『印度以一年爲一白。』

[六] 大風，即麻風，一種病毒性皮膚惡疾，《黃帝内經素問》卷一四：『骨節重，鬚眉墮，名曰大風。』

[七] 楊岐，當指楊岐方會（九九二—一〇四九）。按，方會與慧南同爲石霜楚圓之弟子，而頎禪師又爲慧南法裔，如果克慈『久依楊岐』，那麽他與頎禪師當爲同輩，似乎不應爲其『小師』。實際上，頎禪師雖然繼慧南之嗣，但最初却是天聖皓

泰的弟子，而皓泰與楚圓又同爲善昭弟子，亦即頎禪師當與慧南同輩。從後文來看，頎禪師認爲轉事多師且歸入同輩門下，正是其身染惡疾之因緣。

［八］故爲之嗣，他本皆作『故爲嗣之』，據高麗本改。按，頎禪師雖先後師從天聖皓泰與黃龍慧南，但二師見載之弟子中皆無此人，未知何故。

［九］古代高士巢父、許由曾隱居潁水之北，故『潁陽之風』當指隱者之風，亦即前文所謂『割棄塵累』。

［一〇］闍維，梵語作 jhāpeti，又譯荼毗、闍毗、闍鼻、耶維等，意譯爲焚燒，印度葬法之一，即火化尸體以藏遺骨，佛教徒多采此法。

［一一］《舟峰録》，未詳何人、何時所作，本書『廣慧連禪師』條亦引自此書。宗杲有弟子名舟峰慶老，能文而禪，嘗補惠洪《禪林僧寶傳》，不知是否與此書相涉。

【附録】

《續傳燈録》卷三

安吉州天聖皓泰禪師，河東人。到琅邪，邪問：『埋兵掉鬬，未是作家，匹馬單槍，便請相見。』師指邪曰：『將頭不猛，帶累三軍。』邪打師一坐具，師亦打邪一坐具。邪接住曰：『適來一坐具，是山僧令行。上座一坐具，落在甚麼處？』師曰：『伏惟尚饗。』邪拓開曰：『五更侵早起，更有夜行人。』師曰：『賊過後張弓。』邪曰：『且坐吃茶。』住後僧問：『如何是佛？』師曰：『黑漆聖僧。』曰：『如何是佛法大意？』師曰：『看牆似土色。』

一七　希顏首坐［一］

希顏首坐，字聖徒，性剛果，通内外學，以風節自持。游歷罷，歸隱故廬，迹不入俗。常閉門宴坐，非行誼高潔者莫與友也。名公貴人累以諸刹招之，堅不答。時有童行名參己，欲爲僧，侍左右。顔識其非器[二]，作《釋難文》以却之，曰：知子莫若父，知父莫若子。若予之參己，非爲僧器。蓋出家爲僧，豈細事乎？非求安逸也，非求温飽也，非求蝸角利名也。爲生死也，爲衆生也，爲斷煩惱、出三界海、續佛慧命也。去聖時遥，佛法大壞，汝敢妄爲爾？《寶梁經》曰：比丘不修比丘法，大千無唾處。《通慧録》曰：爲僧不預十科，事佛徒勞。百載爲之，不難得乎[三]？以是觀之，予濫厠僧倫，有詒於佛，况汝爲之邪？然出家爲僧，苟不知三乘十二分教[四]、周公孔子之道，不明因果，不達己性，不知稼穡艱難，不念信施難消，徒飲酒食肉，破齋犯戒，行商坐賈，偷姦博弈，覬覦院舍，車蓋出入，奉養一己而已。悲夫！有六尺之身而無智慧，佛謂之癡僧；有三寸舌而不能説法，佛謂之啞羊[五]；似僧非僧、似俗非俗，佛謂之鳥鼠僧，亦曰禿居士[六]。《楞嚴》故曰：云何賊人，假我衣服，裨販如來[七]，造種種業，非濟世舟航也，地獄種子爾。縱饒彌勒下生，出得頭來，身已陷鐵圍[八]，百刑之痛，非一朝一夕也。若今爲之者，或百或千，至於萬計，形服而已，篤論其中何有哉？所謂鷙翰而鳳鳴也，碌碌之石非玉也，蕭敷艾榮非雪山忍草也[九]。國家度僧，本爲祈福，今反責以丁錢，示民於僧。不然，使吾徒不足待之之至也[一〇]。只如前日育王璉、永安嵩、龍井净、靈芝照[一一]，一狐之翼，自餘千羊之皮[一二]，何足道哉！於戲！佛海穢滓，未有今日之甚也！可與智者道，難與俗人言。

【注釋】

[一] 坐，《叢書》本作「座」，「首坐」同「首座」，僧堂六頭首之一，即居一座之首位而爲衆僧之表儀者，又作上座、首衆。本條雖未載出處，但與《緇門警訓》卷二《釋難文》多同，當有共同之來源。希顔，即雪溪晞顔，南宋天台宗僧，清修法久（一一〇〇—一一四九）之嗣，傳見《佛祖統紀》卷一六。

[二] 非器，不堪受持佛法之器。《妙法蓮華經·提婆達多品》：『女身垢穢，非是法器。』

[三]《宋高僧傳》卷三〇：『爲僧不應於十科，事佛徒消於百載。』則《通慧録》當即此書之謂。通慧，贊寧之號也。

[四] 三乘，指聲聞、緣覺、菩薩三教。十二分教，亦稱十二部經，即佛經依據叙述形式與内容所分十二種類，如本生、本事、譬喻等。

[五]《大智度論》卷三：『云何名啞羊僧？雖不破戒，鈍根無慧，不别好醜，不知輕重，不知有罪無罪。若有僧事，二人共諍，不能斷決，默然無言。譬如白羊，乃至人殺，不能作聲，是名啞羊僧。』

[六] 鳥鼠僧，《佛藏經》：『譬如蝙蝠，欲捕鳥時則入穴爲鼠，欲捕鼠時則飛空爲鳥，而實無有鼠鳥之用，其身臭穢，但樂闇冥。舍利弗！破戒比丘，亦復如是。』秃居士，《净心誡觀發真鈔》卷上：『居士者，外國居財一億稱下居士，乃至百億名上居士。今則剃髮積貯，雖僧而俗，故曰秃居士也。』

[七] 裨販，即販賣之意，謂以佛教牟取世利也。

[八] 鐵圍，此指地獄，《西岩了慧禪師語録》卷二：『鐵圍城，大火聚，百匝千重，四方八面。直饒轉得身來，又是一重坑塹。』

[九] 鷙翰而鳳鳴，謂惡鳥、凡鳥而作鳳鳴，喻言行相悖，表裏不一，揚子《法言》卷一一：『曰：「孔子讀而儀秦行，何如也？」曰：「甚矣，鳳鳴而鷙翰也。」』。碌碌，石頭美好貌，《文心雕龍·總術》：『落落之玉，或亂乎石；碌碌之石，時似乎玉。』此句意爲石頭雖然外觀漂亮，但仍然不是玉。蕭艾，臭草。忍草，即忍辱草，《大般涅槃經》卷二七：『雪山有草，名爲忍辱，牛若食者，則出醍醐。』

[一〇] 高麗本無『以』字。此句可與《佛祖統紀》卷四七之記載相發明：『（紹興）十五年，敕天下僧道始令納丁錢，自十千至一千三百，凡九等，謂之清閑錢，年六十已上及殘疾者聽免納。道法師致書於省部曰：大法東播千有餘歲，其間污隆隨時，暫厄終奮，特未有如今日抑沮卑下之甚也。自紹興中年，僧道征免丁錢，大者十千，下至一千三百。國四其民，士農工商也，僧道舊籍仕版，而得與儒分鼎立之勢。非有經國理民之异，以其祖大聖人而垂化爲善故耳。至若天灾流行，雨

暘不時，命其徒以禱之，則天地應，鬼神順，抑古今耳目所常聞見者也。夫苟爲國家禦菑（同「災」）而來福祥，亦宜稍异庸庶之等夷可也，若之何遽以民賦，賦且數倍？今天下民丁之賦，多止緡錢三百，或土瘠民勞而得類免者，爲僧反不獲齒於齊民，以其不耕不蠶而衣食於世也。夫耕而食，蠶而衣，未必僧道之外人人耕且蠶也云云。』道法師，可能即寶覺永道（一〇八六—一一四七），見本書第五十六條。

〔一一〕育王璉，即育王懷璉（一〇一〇—一〇九〇）。永安嵩，即明教契嵩（一〇〇七—一〇七二），因其曾駐錫於永安蘭若。龍井浄，即辯才元浄（一〇一一—一〇九一）。靈芝照，即靈芝元照（一〇四八—一一一六）。

〔一二〕翼，《緇門警訓》作『棭』。按，『棭』當爲『掖』之形誤，『掖』與『腋』通。此句謂有宋之僧，除育王璉、永安嵩等人之外，餘皆不足觀。典出《史記・趙世家》：『簡子曰：「大夫無罪，吾聞千羊之皮，不如一狐之腋。諸大夫朝，徒聞唯唯，不聞周舍之鄂鄂，是以憂也。」』

【附録】

《佛祖統紀》卷一六

首座晞顔，字聖徒，自號雪溪，四明奉化人。幼試經得度，教黌禪府，無不咨詢，三教百家，無不綜練。嘗從久無畏親受觀法，自謂造師藩籬。及無畏亡，撰銘文以寄得法之意。師志氣剛正，廣衆畏服，文藻高妙，後進愛慕，於是聖徒之名播天下。不惑之前，所寓必居記室，知命之後，所至必踞座端。諸方屢舉出世，皆固辭不就。嘗步菜畦，見糞蛆毬聚，以殺物之多，不復茹蔬，唯買海苔三百六十斤，日取其一以供粥飯。晚歲自省，謂文字餘習無補於道，乃住桃源厲氏庵，專志念佛，一坐十年，精進不懈。謂反（友）人張漢卿曰：『浄土之道，豈有一法可得？珍臺寶網、迦陵頻伽，此吾佛方便誘掖之法耳，但於修中不見一法，則寂光上品無證而證。』漢卿曰：『予固已信解，媿未能勇進耳。』扁所居小軒曰『憶佛』，作詩以見志，有云：　隨波逐浪去翩翩，彈指聲中七十年。豈不向來知憶佛？欲從老去更加鞭。臨終預别親友，沐浴更衣，西向觀想，忽稱佛來，合掌而化。師隱居之日，有司以免丁追，慈室（即慈室妙雲也，亦爲法久之嗣）誚之曰：『天下豈有讀萬卷書、爲高士行，猶欲以丁錢責之耶？」主司嘉其言，得不問。

一八　梵法主[一]

梵法主，嘉禾人，棄家謁神悟法師[二]。梵解行兼備，爲法檀度[三]。晚住北禪，嘗乞食於市，或告止之，梵曰：『先佛遺規，末世當行，非詑事也。』梵持身御衆，悉有律度，故其法席典刑冠於西浙。嘗訓其徒曰：『十二時中，四威儀内，皆有受用法門，若不研心體究，如説而行，舉動皆成魔業。且展鉢時，曠野鬼神嘗受飢虚[四]，聞比丘擊鉢聲，益增飢火，其苦愈重。故佛有誡，須令身心寂静，然後受食施之。故清規有棄鉢水祝，祝曰「唵摩休羅細娑訶」。[五]百丈單傳心印者，猶徇細行，況吾祖兼善毗尼之教者乎？汝澡浴時，尤不可忽。昔有比丘因浴戲笑，不修正念，後感沸湯相潑之報。故先聖令系心觀察，常發願語：「我今澡浴身體，當願衆生身心無垢，内外光潔。」[六]舉此二條，餘事皆爾。汝等日用得不競競業業，退步省思，善用心矣。』《通行録》

【注釋】

[一] 明代性祇所撰《毗尼日用録》、智旭所輯《沙彌十戒威儀録要》皆曾引用此條。梵法主，北宋天台宗僧，嘗住蘇州北禪無量壽院，精於法華懺。

[二] 神悟法師，即神悟處謙（一〇一一—一〇七五），俗姓潘，永嘉人，師事神照，歷住慈雲、妙果、南屏、天竺等寺，《佛祖統紀》卷一三有傳。

[三] 法檀度，即法施也，謂宣説教法，利益衆生，《筠州洞山悟本禪師語録》卷一：『係駒伏鼠，先聖悲之，爲法

檀度。』

［四］嘗，高麗本作『常』，當是。

［五］祝，高麗本作『咒』。《禪苑清規》卷一：『鉢水之餘不得瀝床下，棄鉢水真言曰「唵摩休羅細莎訶」。』

［六］《敕修百丈清規》卷六：『如開浴……不得室内小遺，不得架脚桶上，不得笑語。』

【附録】

《法華經顯應録》卷二

師名浄梵，嘉禾人，姓笪（笪）氏。母夢光明滿室，見神人似佛，因而懷娠。生甫十歲，依勝果寺出家祝髮，從湛、謙二法師學教，得其傳。初住無量壽院，凡講《法華經》十餘過。大觀中，結二十七僧修法華懺，每期方便正修二十八日，連作三會，精恪上通，感普賢授羯磨法，呼浄梵比丘名，聲如撞鐘。時有長洲縣宰王公度，親目其事，題石爲記。又嘗夢一黄衣人請入冥，見王者，令撿簿云：『浄梵比丘累經劫數講《法華經》。』即遣使送歸。一日禪觀中，合衆皆見金甲神人胡跪師前。又在佗（它）處懺期，蒙韋馱天撿點大衆中有戒行不嚴浄者，先已預定，後果懺法不全。時姑蘇守應公有婢，爲祟所惱，請師授戒，其妖即滅。葛氏請施戒薦夫，見夫遶師三帀而去。待制賈公睹師道行，即補爲管内法主。師傳持四十餘年，亡後焚軀，舍利五色。《寶珠集》

一九　慈雲式法師［一］

慈雲式法師云：『予與四明法智爲友四十餘年［二］，及終，不得一哭於寢門之下，嗟嘆之不足，乃詠歌之，句云：「天上無雙月，人間祇一僧。」覽者無謂吾厚於所知，薄於所不知，但見其解行有卓卓出人之异，寄極言以暢所懷。异者何也？一家教部，毗陵師所未記者悉記之［三］；四三昧［四］，人所難行者悉行之。雖寒暑相代，脅不至席，六十有九而終。其疾且頓[五]，而行道講訓，無所間然。門徒請宴，不從。及死，舍利莫知其幾。噫！非知之艱，行之爲艱也。』

【注釋】

[一] 慈雲式，即慈雲遵式（九六四—一〇三二），北宋天台宗僧人，俗姓葉，字知白。寶雲義通之法嗣，與四明知禮同爲山家派的中心人物，因善於制懺、行懺，後人尊之爲『慈雲懺主』。傳見《佛祖統紀》卷一〇。本條雖未注出處，但與《四明尊者教行録》卷七《悼四明法智大師詩并序》大部分相同，當取自是書。

[二] 餘，高麗本作『余』，同。

[三] 毗陵師，即荆溪湛然（七一一—七八二）也，唐代天台宗僧，撰述宏富，因本貫爲毗陵（今江蘇常州附近），故有是稱。

[四] 指修習止觀的四種行法，即常坐三昧、常行三昧、半行半坐三昧、非行非坐三昧。

[五] 頓，委頓也，謂病情加重。

【附録】

《四明尊者教行録》卷七《悼四明法智大師詩并序》

予與四明法智大師爲友四十餘年，及終，不得一哭於寢門之下，由路有五六百里，春有飛霰累旬，身有六十六歲，故杖屐不利收往也。嗟嘆之不足，乃詠歌之，句云：『天上無雙月，人間只一僧。』覽者無謂予厚於所知，薄於所不知，但見其解行有卓卓出人之异，寄極言以暢其所懷耳。异者何也？一家教部，毗陵師所未記者悉記之；四三昧，人所難行者悉行之。雖寒暑相代，脅不至席，六十有九而終。其疾且頓，而行道講訓，無所閑然。門徒請宴，不從。逮加趺氣盡，後及火化，舍利莫知其幾千數矣。噫！非知之艱，行之惟艱也。詩二章，章八句：

誰乎喪我朋？誰復繼毘陵？天上無雙月，人間只一僧。遺文禪次集，講座病猶升。今也挂空影，紗龕籠夜燈。（其一）

江上傷懷久，斜陽遍越陵。君爲出世士，我亦謝時僧。貝葉同年講，蓮華异日升。法門傳弟子，何啻百千燈。（其二）

二〇 龍湖聞禪師[一]

龍湖聞禪師，唐僖宗太子，眉目風骨，清真如畫，僖宗鍾愛之。然以其無經世意，百計陶寫，終不回，唯慕霜華之風[二]，夢寐想見。中和元年，天下大亂，遂斷髮逸游，人無知者。造石霜諸禪師，諸與語，嘆曰：『汝乘願力生帝王家，脱身從我，真火中芙蕖。』至夜，聞入室懇曰[三]：『祖師別傳事，肯以相付乎？』諸曰：『勿謗祖師。』聞曰：『天下宗旨盛大，豈妄爲之邪？』諸曰：『待按山點頭，即向汝道。』[四]聞即日辭去，至邵武城外[五]，見山鬱然深秀，遂撥草而進。見一苦行隱其中，欣然讓其廬曰：『上人當興此。』長揖而去，不知所之。聞遂憩止十餘年。一日，有老人謁曰：『我非人，龍也。以行雨不職，上天有罰，賴道力可脱。』於是化爲小蛇，緣入袖中。至夜，風雷挾坐榻，山岳震摇，而聞危坐自若。平明開霽，蛇墮地而去。頃有老人謝曰：『非大士之力，爲血腥穢此山矣。念無以報厚德，當穴岩下爲泉，他日衆多乏水，今所以延師也。』泉今爲湖，因以名焉[六]。《寺記碑》[七]

【注釋】

[一] 即龍湖普聞也，唐末禪僧，石霜慶諸法嗣，傳見《五燈會元》卷六、《神僧傳》卷九，然皆不載出處，考其文字，與本條多同，可知當同出於《龍湖寺記碑》。釋書皆謂普聞爲僖宗之子，然據《新唐書》卷八二，僖宗僅有二子，一爲建王李震，一爲益王李陛，事迹盡不詳。故此説恐不可信。

［二］霜華，當指霜華山，又名石霜山，位于湖南瀏陽，石霜慶諸（八〇七—八八八）駐錫於此。《釋氏通鑒》卷一〇：「瀏陽有古佛『石霜慶諸禪師初參溈山，次參道吾，悟旨，即隱瀏陽陶家坊。因僧旋洞山，舉師出門便是草語，洞山驚曰：「瀏陽有古佛耶？」自是僧多依之，乃成法席，號霜華山。』

［三］高麗本無『聞』字。

［四］按山，又稱案山，堪輿用語，指建築正前方距離較近的小山，古人認爲其可以藏風聚氣，寺院的擇址也多依此。《圓悟佛果禪師語録》卷七：『復云：孤迥迥，峭巍巍，面前按山子。昔聞弘覺言，今朝親到此。』汝，高麗本作『你』。

［五］邵武，《太平寰宇記》卷一〇一『邵武軍』條下：『邵武軍理邵武縣，本建州邵武縣地。皇朝太平興國五年以户口繁會，路當要衝，於縣置邵武軍，從轉運司之奏請也。仍析邵武之二鄉爲光澤縣，并割建州之歸化、建寧二縣來屬。』即今福建邵武市。

［六］高麗本作『因以爲名』。

［七］高麗本無『記』字。按，寺在龍湖山，《八閩通志》卷一〇『山川·邵武府』條：『龍湖山。山勢峻拔，深谷盤回，絶頂有湖，溉田三萬餘頃，相傳有老蛟穴其中，下有寶乘院，唐僖宗子圓覺道場。』又據咸豐《邵武縣志》卷九：『龍湖寺。唐時建，普聞禪師駐錫之所，有龍湖遺迹，後圮，宋熙寧間復建。』惜此碑現已湮滅，記亦不存。

【附録】

《五燈會元》卷六《邵武軍龍湖普聞禪師》

唐僖宗太子也。幼不茹葷，長無經世意，僖宗鍾愛之。然百計陶寫，終不能回。中和初，僖宗幸蜀，師斷髮逸游，人無知者。造石霜，問曰：『祖師别傳事，肯以相付乎？』霜曰：『莫謗祖師。』師曰：『天下宗旨盛大，豈妄爲之邪？』霜曰：『是實事邪。』師曰：『師意如何？』霜曰：『待案山點頭，即向汝道。』師於言下頓省。辭去，至邵武城外，見山鬱然深秀，遂撥草。至煙起處，有一苦行居焉。苦行見師至，乃曰：『上人當興此。』長揖而去。師居十餘年。一日，有一老人拜謁，師問：『住在何處？至此何求？』老人曰：『住在此山，然非人，龍也。行雨不職，上天有罰當死，願垂救護。』師曰：『汝得罪上帝，我何能致力？雖然，可易形來。』俄失老人所在，視坐傍有一小蛇，延緣入袖。至暮，雷電震山，風雨交作，師危坐不傾。達旦晴霽，垂袖，蛇墮地而去。有頃，老人拜而泣曰：『自非大士慈悲，爲血腥穢此山矣。』念何以報斯恩，即穴岩下爲泉，曰：『此泉爲他日多衆之設。』今號龍湖。邦人聞其事，施財施力，相與建寺，衲子雲趨。師闡化三十餘年，臨示寂，聲鐘集衆，説偈曰：『我逃世難來出家，宗師指示個歇處。住山聚衆三十年，尋常不欲輕分付。今日分明説似君，我斂目時齊聽取。』安然而逝，塔於本山，謚圓覺禪師。

二一　仗錫己禪師[一]

仗錫己禪師與浮山遠公游[二]，嘗卓庵廬山佛手岩[三]，後至四明山心，獨居十餘載。虎豹在前，以定力故，曾無懼色，嘗曰：『羊腸鳥道無人到，寂寞雲中一個人。』爾後道俗聞風而慕[四]。住山四十餘年，翛然無毫髮之儲，冬夏一布衲，唯以創業爲任，經營積累，作成禪林，凡衆之宜有者大備之，獨不營丈室，而與衆共處，蓋師不以私室宴安爲意也。有知事蘊躬，伺師遠出，潛爲建之。達觀穎禪師時主雪竇[五]，聞之嘆曰：『若非本色宗匠，不能有其良輔，非良輔無以尊道[六]，師之德爾。』仗錫達觀碑

【注釋】

[一] 仗錫己禪師，即仗錫修己，北宋臨濟宗僧人，谷隱蘊聰（九六五—一〇三二）禪師法嗣，因駐錫於四明仗錫山而得名。《續傳燈録》卷四有傳。

[二] 浮山遠公，見第九條『法昌遇禪師』注三。

［三］佛手岩，《廬山記》：『由擲筆峰一里，至佛手岩。以石爲屋，可容百衆。旁有流泉，因石爲渠，岩上巨石偃若指掌，故名佛手。南唐元宗時，有僧行因住此岩三十年，製《華嚴别論》十卷。詔命不赴。』另《景德傳燈録》卷二三《廬山佛手岩行因禪師傳》：『尋抵江淮，登廬山，山之北有岩，如五指，下有石窟深邃，可三丈餘。師宴處其中，因號佛手岩和尚。』可知此岩當在廬山之北。

［四］高麗本無『爾後』二字。

［五］達觀穎，即達觀曇穎（九八九—一〇六〇），北宋臨濟宗僧，錢塘人，俗姓丘，號達觀，與仗錫修己同爲藴聰之嗣。《釋氏稽古略》卷四有傳。

［六］高麗本無『道』字。若從此本，則應與下句連屬，作『非良輔無以尊師之德爾』。

【附録】

《續傳燈録》卷四

明州仗錫山修己禪師，杭州人。與浮山遠公游，嘗卓庵廬山佛手岩，後至四明山心，獨居十餘載，虎豹爲隣。嘗曰：『羊腸鳥道無人到，寂莫雲中一個人。』爾後道俗聞風而至，遂成禪林。僧問：『如何是無縫塔？』師曰：『四稜著地。』曰：『如何是塔中人？』師曰：『高枕無憂。』問：『如何是祖師西來意？』師曰：『舶船過海，赤脚回鄉。』

《四明山志》卷一『仗錫山』條

有方石高十丈，闊一丈，危舉道旁，磨崖刻『四明山心』四大字，乃漢隸也，謂之屏風岩，或訛其聲爲『鶱鳳』。北去一里爲仗錫寺。寺内有井，昔之龍池也。稍東爲西嶺，石橋跨澗上，巨石數仞出其上，刻曰『過雲』。唐謝遺塵言，山中有雲不絶者二十里，民家雲之南北，每相從，謂之『過雲』。蓋自仗錫至雪竇，數十里皆謂之過雲，不止二十里也，自仗踢（錫）而北謂之雲北，自雪竇而南謂之雲南。西嶺乃南之始，北之終，故鎸於此。巨石塞澗，高數仞，瀑分六道而下，愚齋戴洵名之曰『六龍泉』。巨石三級，級高數十尺，刻曰『三峽』。又有巨石數仞，一隙可通往來，上有題刻，大字曰『再來石』，小字則《心經》也。宋僧修己嘗悟前生誦《心經》此石下，俗呼爲『小四窗』。山頂有佛手岩、中峰岩，俱有刻字，漶滅不可讀。其曰中峰者，五峰相次，謂之芙蓉，仗錫在五峰之中也。西嶺之下爲皂莢塢，漢劉綱從皂莢樹上飛舉，此名塢之由。然剛（綱）之升仙在大蘭山，塢去大蘭不遠，是其相屬，未必當年故處也。西嶺之内有石刻『潺湲洞』三字者，潺湲洞，今之白水宫是也，此爲妄刻。

二二 辯才净法師[一]

辯才净法師，杭之於潛人，生而左肩肉起，如袈裟條，八十一日乃滅。父嘆曰：『是宿世沙門，無奪其願，長當事佛。』及師之終，實八十有一，殆其筭也[二]。出家後，凡見法坐，嘆曰：『吾願登此説法度人。』首謁慈雲，日夜勤力，學與行進，不數年，齒其高第。慈雲没，復事明智韶[三]，韶講《止觀》，至方便五緣[四]，曰：『《净名》所謂以一食施一切，供養諸佛及衆賢聖，然後可食。』師聞之，悟曰：『今日乃知色聲香味本具第一義諦。』由此遇物，中無疑矣。時沈公叔才治杭[五]，以謂觀音道場講懺爲佛事，非禪那所居，乃命師以教易禪。師至吴越，人歸之如佛出世，事之如養父母，金帛之施，不求而至。居天竺一十四年[六]，有利其富者迫而逐之，師欣然捨去，不以爲恨。天竺之衆分散四去。事聞於朝，明年，俾復其舊[七]，師黽勉而還，如不得已，衆復大集[八]。清獻趙公與師爲世外友[九]，見之而赞曰：『師去天竺，山空鬼哭。天竺師歸，道場光輝。』復留二年。一日告衆曰：『吾祖智者，聖人也，猶以急於化人害於己行，位本鐵輪而證止五品[一〇]，况吾凡夫也哉！』謝去，老於南山龍井之上，以茅竹自覆，閉門宴坐，寂然終日。葉落根榮，如冬枯木，風正波定，如古澗水，故人以訥名之。師嚴於持律，講説不擇晝夜，嘗曰：『鬼神威德不具，畏人，晝説或不得至，此夜人静，庶幾能聽。』嘗焚指供佛，左三右二，僅能以執。其徒有欲效者，輒禁之曰：『如我乃可。』東坡一日謂曰：『北山如師道行者有幾？』師曰：『僧人密行者多，非元净所能測之。』龍井雜碑[一二]

【注釋】

[一] 辯才净，即辯才元净（一〇一一—一〇九一），北宋台宗僧人，俗姓徐，於潛（今杭州附近）人，十歲出家，從慈雲遵式、明智祖韶習天台止觀，歷住大悲、上天竺、南屏、龍井等寺，元豐間，賜紫衣及『辯才』號。《佛祖統紀》卷一一、《補續高僧傳》卷二有傳。

[二] 筭，古代計數之籌碼，此處用以預示元净的壽數。

[三] 明智韶，即明智祖韶，遵式之弟子，俗姓劉，天台人，傳見《佛祖統紀》卷一一。

[四] 方便五緣，天台宗將觀心修行之法分爲正修與方便，正修有十乘觀法，方便有二十五種，其中又分五科，第一科即爲具五緣，即持戒清净、衣食具足、閑居静處、息諸緣務、得善知識。見《摩訶止觀》卷四。

[五] 沈公，即沈遘（一〇二五—一〇六七），據《佛祖統紀》卷一一：『七年，翰林沈遘撫杭仁宗嘉祐，謂上竺本觀音道場，以音聲爲佛事者，非禪那居。乃請師居之。』然沈遘字文通，疑本條所記『叔才』有誤。

[六] 一十四，《龍井辯才法師塔碑》《龍井延恩衍慶院記》等皆作『十七』，當是。

[七] 俾，《卍續藏》本作『使』，意同。

[八] 關於此事，《龍井辯才法師塔碑》謂：『居十七年，有僧文捷者利其富，倚權貴人以動轉運使，奪而有之，遷師於下天竺。師恬不爲忤。捷猶不厭，使者復爲逐師於潛。逾年而捷敗，事聞朝廷，復以上天竺畀師。捷之在天竺也，吴人不悦，施者不至，岩石草木爲之索然。及師之復，士女不督而集，山中百物，皆若有喜色。』《杭州上天竺講寺志》卷一三亦載：『宋吕惠卿與吴精進寺僧善。時辨才（當作『辯才』）主上竺，頗有人緣。惠卿入相，使文捷主上竺，逐辨才歸於潛。

辨恬不爲意。逾年，吕勢敗，朝廷命辨才復還。東坡贈詩曰：「師去天竺，山空鬼哭。天竺師歸，道場光輝。大士大悲，實師焉依？」邵古庵山人曰：「文捷乃一奇僧，故吕敬而主之。然辨才又正而奇者，捷不得掩之也。辨才復天竺，未幾，不欲與人相形，退避龍井，則去捷遠矣。」』可知文中所諱者，實吕惠卿與文捷也。然據『邵古庵山人』之議論，又知後人對此事之是非，亦無定論。另，《杭州上天竺講寺志》載東坡詩實乃趙抃所作，東坡詩見附録《佛祖統紀》卷一一。

[九] 清獻趙，即趙抃（一〇〇八—一〇八四）也，字閱道，衢州人，曾任殿中侍御史，熙寧十年（一〇七七）知杭州，卒謚『清獻』。傳見《宋史》卷三一六。

[一〇] 此指菩薩階位而言也，即菩薩從發心修行至臻於佛果所經歷之階段。天台宗將佛陀教法分爲藏、通、別、圓四類，後三者均配有菩薩階位，其中圓教分八位，即五品弟子位、十信位、十住位、十行位、十回向位、十地位、等覺位和妙覺位。從十信至等覺的六位又常用輪寶爲喻，依次爲鐵輪、銅輪、銀輪、金輪、琉璃輪、摩尼輪。此句謂智者大師本有十信之位，然耗費精力於度人，故僅得五品弟子位。

[一一] 疑當爲蘇轍所撰《龍井辯才法師塔碑》，收於《欒城後集》卷二四。

【附録】

《欒城後集》卷二四《龍井辯才法師塔碑》

浙江之西有大法師號辯才，以佛法化人，心具定慧，學具禪律，人無賢不肖，見之者知尊其道，奉其教。居上天竺説法齊衆者二十年，退居龍井燕居行道者十年。元祐六年，歲在辛未，九月乙卯，無疾而滅。吴越之人失其所歸依，奔走號慕，如佛滅度，相與訃於淮南，請於揚州太守蘇公子瞻，以志其塔。公曰：『吾固知師矣，予弟子由，雖未嘗識師，而其知師不在吾後，吾爲汝請。』轍以公命，不敢辭。

師姓徐氏，名元净，字無象，杭之於潜人。家世喜爲善，客有過其鄉者，指其居以語人曰：『是有佳氣，鬱鬱上騰，當生奇男子。』師生而左肩肉起如袈裟條，八十一日乃滅，其伯祖父嘆曰：『是宿世沙門也，慎毋奪其願，長使事佛。』八十一者，殆其算也，及師之終，實八十有一。師生十年而出家，口不茹葷血，每見講堂坐，輒嘆曰：『吾願登此説法度人。』年十六，落髮受具足戒，十八就學於天竺慈雲師。雲門人方盛厭，衆欲却之，雲曰：『疇昔吾夢甚异，此子殆法器也，勿却。』師日夜勤力，學與行進，不數年而齒其高第。雲没，復事明智韶師，韶嘗講《摩訶止觀》，至『方便五緣』，曰：『《净名》所謂以一食於一切供養諸佛及衆賢聖，然後可食，此一方便也。』師聞之，悟曰：『今乃知色聲香味，皆具第一義諦。』因淚下如雨，由此遇物，中無疑矣。嘗夢與其同門友元素入一寺曰妙樂，有僧出，師問之曰：『此非荆溪尊者製《法華文句記》處耶？』曰：『然。』師訪以尊者遺像，相與至東閣，見一梵僧趺坐不動，容貌甚偉，謂師曰：『我汝過去師也，當爲我作禮。』師拜已而覺，忽若有得。年二十五，恩賜紫衣及『辯才』號。蓋代韶爲衆講説者凡十五年。知杭州吕公溱請師住大悲寶閣院，師嚴設紀律，犯者秋毫皆斥去，其徒畏敬之。居十年，沈公遘治杭，以謂上天竺本觀音大士道場，以聲音懺悔爲佛事，非禪那居也，乃請師以教易禪。師至，吴越人争以檀施歸之，遂鑿山，僧室幾至萬礎，重樓傑觀，冠於浙西，學者數倍其故。有禱於大士者，亦鮮弗答，詔名其院曰『靈感觀音』。熙寧初，龍圖祖公無擇在杭，言者或不悦其政，遽起制獄，師以鑄鐘事預逮。居其間泰然，擬《金剛篦》，撰《圓事理説》。居十七年，有僧文捷者利其富，倚權貴人以動轉運使奪而有之，遷師於下天竺。師恬不爲忤，捷猶不厭，使者復爲逐師於潛。逾年而捷敗，事聞朝廷，復以上天竺畀師。捷之在天竺也，吴人不悦，施者不至，岩石草木爲之索然，及師之復，士女不督而集，山中百物皆若有喜色。清獻趙公抃與師爲世外友，親見而贊之曰：『師去天竺，山空鬼哭。天竺師歸，道場光輝。』然師復留三年，終欲捨去，謂其徒曰：『吾祖智者，聖人也，猶以急於化人害於行已（己），位本五品而證止鐵輪，况吾凡夫也哉！』固謝去，老於南山龍井之上，以茅竹自覆。吴越聞之，争爲之築室，廬具像設，甓瓦金碧，咄嗟而就。三年，復爲太守鄧公温伯請居南屏，一年鄧公去，乃歸龍井終焉。師於講説不擇晝夜，常曰：『鬼神威德不具，多畏人，晝説或不得至，比夜人静，庶幾能聽。』嘗焚指以供佛，右三左二，僅能以執。其徒有欲效之者，輒禁之曰：『如我乃可。』平生修西方净業，未嘗以須臾廢，行成力具，能以其餘見於外者非一也。予兄子瞻中子迨生，三年不能行，請師爲落髮磨頂祝之，不數日能行如他兒。布衣李生者，習禪觀，甚辯而無行，欲從師出家。子瞻憐之，爲請於師。未言其名，師拒不許，若知其爲人者。秀州嘉興令陶象有子得魅疾，巫醫莫能治，師咒之而愈。越州諸暨陳氏女子心疾，漫不知人。父母以見師，警以微言，醒然而悟。嘗與僧熙仲會食，仲視師眉間有光如螢，遽起攬之，得舍利。師曰：『慎毋以告人，不知者將以妄疑我。』自是常有於其卧起得之者。及其將化，入室燕坐，謝賓客，止言語飲食，召其常與往來僧道潛，告之曰：『吾西方業成，如是七日無魔，横右脅吉祥而逝，吾願足矣。』至五月出偈告衆，七日奄然而寂，皆如其言。師度弟子若干人，四方學者不可以數計，頗能以其道教化吳越。至十月庚午塔成，頌曰：如來昔在世，心禪語爲教。譬如四大海，惟是一濕性。於其濕性中，變化千萬億。風來爲濤瀾，風去爲湛然。魚龍所游戲，神鬼所出没。船筏借其力，網罟取其利。其上爲洲渚，諸國所生育。其下爲淵谷，百怪所藏伏。東西出日月，上下屬河漢。觀者不能了，瞤眙何暇説。如來知迷悶，隨變爲解釋。因變所説者，是則名爲教。彼善聞教人，當知是幻爾。既已知是幻，則當識真實。我觀世教師，皆謂教是實。由謂教實故，則爲禪所訶。禪雖訶教乎，終以教致禪。禪若不取教，是杜所入門。教而不知禪，是不識家也。辯才真法師，於教得禪那。口舌如瀾翻，而不失道根。心湛如止水，得風輒粲然。以是於東南，普服禪教師。士女常奔走，金帛常圍遶。師惟不取故，物來不得拒。道成數有盡，西方一瞬息。西方亦非實，要有真實處。

《佛祖統紀》卷一一

法師元净，字無象，徐氏，杭州於潜人。客有過其舍者，曰：『嘉氣上騰，當生奇男。』既生，左肩肉起，如袈裟條，八十一日乃没。伯祖异之曰：『宿世沙門，必使事佛。』八十一者，殆其算歟？及師之終，果符其數。十歲出家，每見講座輒曰：『吾願登此説法度人。』十八就學於慈雲，不數年而齒高第。後聞明智講《止觀》方便五緣曰：『《净名》所謂「以一食施一切，供養諸佛及諸賢聖，然後可食」，此一方便也。』師悟曰：『今乃知色香味觸，本具第一義諦。』因泣下如雨，自是遇物無非法界。代講十五年，杭守吕臻請住大悲閣，嚴設戒律，其徒畏愛，臻爲請錫紫衣、「辯才」之號。七年，翰林沈遘撫杭仁宗嘉祐，謂上竺本觀音道場，以音聲爲佛事者，非禪那居，乃請師居之。鑿山增室，廣聚學徒，教苑之盛，冠於二浙。神宗熙寧三年，杭守祖無擇坐獄於檇李檇音醉，地名，今秀州，師以鑄鍾，例被追辨（辦？），幸而得釋，寓止真如蘭若。擬

《金錍》，設問答，述《圓事理説》，發明祖意之妙。元豐元年，有利山門施資之厚者，倚權以奪之，衆亦隨散。逾年，其人以敗，聞朝廷，復卑（俾）師，衆復大集。清獻趙公與師爲世外友，爲之贊曰：『師去天竺，山空鬼哭。天竺師歸，道場重輝。』東坡寄詩云：道人出山去，山色如死灰。白雲不解笑，青松有餘哀。忽聞道人歸，鳥語山容開。云云。三年，復謝去，居南山之龍井，士庶争爲築室，遂成藍宇。六年，太守鄧伯温請居南屏，越明年，復歸龍井。時靈山虚席，師以慈雲師祖道場，俯就衆請，及月餘，於禪定中見金甲神，跪前曰：『法師於此舊無緣，不宜久住。』既奉冥告，遂還龍井。元祐四年，蘇軾治杭，嘗問師曰：『北山如師道行者幾人？』師曰：『沙門多密行，非可盡識。』坡子迨生四歲，不能行，請師落髮摩頂，數日即善步坡詩云：師來爲摩頂，起走趁奔鹿。將示寂，乃入方圓庵秦觀記，米芾書，宴坐謝賓客，止言語飲食，招參寥告之曰參寥道潜：『吾净業將成，若七日無障，吾願遂矣。』至七日，出偈告衆，即右脅吉祥卧，奄然順寂，時元祐六年九月晦日也。塔成，弟子懷楚詣汝陰請志於東坡，坡命子由爲之銘。

師講説不間晝夜，嘗曰：『鬼神威德不具者，晝不得至，夜中人静，庶幾能聽。』焚指供佛，左三右二。有欲效之者，師止之曰：『如我乃可。』修西方净業，未嘗須臾廢。或禱大士求放光，光即隨現。沙門熙仲對食，視師眉間有光，遽起攬之，得舍利數粒，後人常於卧處得之。嘉興令陶象有子得魅疾，祝之即愈。諸暨陳氏，久患心疾，漫不知人，警以微言，醒然而悟。布衣李生，久習禪觀，辯而無行，欲從師出家，東坡爲之請，未言其名，力拒不許，若先知然。秀州狂僧號回頭，以左道惑衆，宣言欲建大塔，爲吴人植福，施者雲委。以師不可欺，憚於入杭，先遣使，願以錢十萬供僧。師答曰：『承以建塔净財欲飯僧，教有明文，不許互用。』狂人大慚而止。坡公遺祭文略云：『我初適杭，尚見五公，講有辯臻，禪有璉嵩。後二十年，獨餘此翁，今又去矣，後生誰宗？』

鏡庵曰：『道大德尊，智高辯富，作大法主，爲世所宗。而於出處飲啄之緣，猶未得其自在，住上竺幾二十年，居靈山僅及一月，然則結緣之論，雖大賢有所未免。』

二三　芙蓉楷禪師[一]

芙蓉楷禪師示衆曰：『山僧行業無取，忝主山門。今欲略效古人，爲住持體例，共報佛恩。與諸人議定，更不下山，不赴齋，不發化主[二]，唯將本院莊課一歲所得，均作三百六十分，日取一分用之，更不隨人增減，可以備飯則作飯，作飯不足則作粥，作粥不足則作米湯。新到相見，茶湯而已，務要省緣，專一辦道[三]。雖然如是，更在諸人從長相度，山僧也强教爾不得。諸仁者還見古人偈麽：山田脱粟飯，野菜淡黄虀。吃則從君吃，不吃任東西。』《語録》[四]

【注釋】

[一] 芙蓉楷，即芙蓉道楷（一〇四三—一一一八），北宋曹洞宗禪僧，俗姓崔，沂州沂水人，初學道術，後棄而習佛，從投子義青得法，歷住郢州大陽、隨州大洪，因不受徽宗紫衣師號，被流放淄州（今山東淄博），後赦還，終於芙蓉湖華嚴禪寺。傳見《禪林僧寶傳》卷一七、《湖北金石志》卷一〇《宋大洪楷禪師塔銘》。

[二] 化主，即街坊化主也，禪林中專司行走街坊，勸募檀越隨力施與以添助寺院者。《敕修百丈清規》卷四：『凡安衆處，常住租入有限，必籍化主勸化檀越隨力施與，添助供衆。其或恒産足用，不必多往，干求取厭也。』

[三] 辦，底本、《叢書》本作『辨』，據高麗本、《卍續藏》本、《緇門警訓》《嘉泰普燈録》改。

[四] 道楷有《語録》一部，然已不傳，《續古尊宿語要》卷二保存了一部分，本條亦在其中，文字多同，只是篇幅上做了删減。另外，《緇門警訓》《祇園正儀》《嘉泰普燈録》皆收録本條，用以參校。

【附録】

《佛祖統紀》卷四六

（大觀元年）敕左街浄因寺道楷遷主法雲，賜紫衣、定照禪師。楷表辭曰：貧道幼别父母，爲之誓曰：出家之後期不以利名爲求，當一意學道，報罔極、度生靈、答君恩，有渝此心，永棄身命。今若竊冒寵榮，則上負親心，下違本誓，敢辭。上遣開卦（封）尹李孝壽齎敕書諭之，楷確執不回。上怒，收付獄。有司問：『長老有疾，法應免罪。』楷曰：『平生不妄語，豈敢稱疾罔上？』遂受罰，著逢掖，流淄州。都城道俗莫不流涕。

二四　智者顗禪師

智者顗禪師示衆[一]，舉古德住山，每令執爨者煮粥。一日，爨者觀火燒薪，念念就盡，無常遷逝，復速於是，即於竈前寂然入定，數日方起。往上坐所具陳所證，叙法轉深。上坐曰：『汝前所言，皆我境界，今所説者，非我所知，勿復言也。』遂問：『汝得宿命否？』答曰：『薄知。』又問：『何罪爲賤？何福致悟？』答曰：『往世曾住此山，因有客至，侵衆少菜，由此譴責，今爲衆奴。前習未忘，故易悟爾。』《國清百録》[二]

【注釋】

[一] 智，《卍續藏》本作『知』。

[二] 此條與本書第二條『智者顗禪師』皆出自《國清百録》卷一『訓知事人第七』，其旨趣皆爲勸誡知事人勿侵奪常住財物，不知爲何析爲二則。

【附録】

《國清百録》卷一『訓知事人第七』（節略）

昔有一寺，師徒數百，晝夜禪講，時不虚棄。有净人竊聽説法，聞已用心，每揚簸洮汰，繫念存習，謂以净心揚簸不善，以禪净水洮汰不净，隨有所作，念念用心。一時執爨，觀火燒薪，念念就盡，無常遷逝，復速於是，蹲踞竈前，寂然入定。火滅湯冷，維那懼廢衆粥，以白上座。上座云：『此是勝事，衆宜忍之。慎勿驚觸，聽其自起。』數日方覺。往上座所，具陳所證，叙法轉深。上座止曰：『爾向所言，皆我境界，而今所説，非我所知，勿復言也。』因而顧問：『頗知宿命不？』答云：『薄知。』又問：『何罪爲賤？何福易悟？』答云：『此賤身者，前世之時，乃是今日徒衆老者之師，亦是少者之祖師，徒衆所學，皆昔所訓。爾時多有私客，恒制約不敢侵衆。忽有急客，輒取少菜，忘不陪備。由此譴責，今爲衆奴。前習未久，薄修易悟。宿命罪福，其事如是。』

二五　大智律師[一]

大智律師《比丘正名》曰：梵語『苾蒭』，華言『乞士』，内則乞法以沾性，外則乞食以資身。父母，人之至親，最先割捨；鬚髮，人之所重，盡以削除。富溢七珍，棄之尤同草芥；貴尊一品，眡之何啻煙雲？極厭無常，深窮有本，欲高其志，必降其身，執錫有類於枯藜[二]，擎鉢何殊於破器？肩披壞服，即是弊袍，肘串絡囊[三]，便同席袋。清净活命，已沾八正道中[四]，儉約修身，即類四依行内[五]。九州四海，都爲游處之方，樹下冢間，悉是栖遲之處。攀三乘之逸駕，蹈諸佛之遺蹤。禀聖教以無違，真佛弟子；遇世緣而不易，實大丈夫。可以戰退魔軍，揮開塵網。受萬金之勝供，諒亦堪銷[六]；爲四生之福田，信非虚託。乞士之義，斯之謂歟？《芝園集》[七]

【注釋】

[一] 大智律師，即靈芝元照（一〇四八—一一一六），北宋律宗僧人，俗姓唐，字湛然，號安忍子，浙江錢塘人。少年離俗，學習戒律及天台止觀，後以戒律名家，歷住法慧大悲、祥符戒壇、净土寶閣、靈芝崇福等寺，中年後皈信净土，開創

了律浄雙弘的宗風。《釋門正統》卷八、《佛祖統紀》卷二九有傳。本條另見《緇門警訓》卷二《大智照律師比丘正名》，文字略有出入，用以參校。

[二] 蘒，《緇門警訓》作『藜』。按，二者爲同字异形。

[三] 絡囊，即盛放鉢器之袋，《四分律》卷五二：『手捉鉢，難護持，佛言：「聽作鉢囊盛。」不繫囊口鉢出，佛言：「應繩繫。」手捉鉢囊，難護持，佛言：「應作帶絡肩。」』

[四] 八正道，修行者達至涅槃境界的八種法門，分别爲正見、正思惟、正語、正業、正命、正精進、正念和正定。

[五] 四依行，即行四依也，修行者所應遵守之四種行法：著糞掃衣、常行乞食、依樹下坐、用陳腐藥。

[六] 銷，高麗本作『消』，同。

[七]《芝園集》，元照之文集，其所居之靈芝寺本爲吴越王故苑，芝生其間，舍以爲寺，此集因是得名。由弟子道言和守傾編纂，共十九卷，今存於日本石川武美記念圖書館。

【附録】

《佛祖統紀》卷二九

律師元照，餘杭唐氏。初依祥符鑒律師，十八通誦《妙經》，試中得度，專學毘尼，後與擇映（瑛）從神悟謙師。悟曰：『近世律學中微，汝當明《法華》以弘四方。』復從廣慈才法師受菩薩戒，戒光發見，詳見才法師傳。乃博究南山一宗頓漸律儀，常布衣持鉢，乞食於市。主靈芝三十年，衆至三百。義天遠來求法，爲提大要。授菩薩戒，會幾滿萬，增戒度僧，及六十會。施食禳灾，應若谷響。所至伽藍，必爲結界。每曰：『生弘律範，死歸安養，平生所得，唯二法門。』政和六年秋九月一日，集衆諷《普賢行願品》，趺坐而化。湖上漁人皆聞天樂。葬於寺之西北，謚大智，塔曰戒光。常謂其徒曰：『化當世無如講説，垂將來莫若著書。』乃述《資持記》釋《事鈔》《濟緣記》釋《羯磨疏》《行宗記》釋《戒疏》《住法記》釋《遺教疏》《報恩記》釋《蘭盆疏》，《觀無量壽佛經》、小本《彌陀》，皆有義疏，删定《尼戒本》，凡百餘卷。雜著《芝園集》二十卷。

二六　靈源清禪師[一]

靈源清禪師門牓[二]，其略曰：惟清名曰住持，實同客寄，但以領徒弘法、仰助教風爲職事爾。若其常住所管財物，既非己有，理不得專，一委知事僧徒分局主執，明依公私，合用支破，惟清止同衆僧，齋襯隨身瓶鉢，任緣去住而已。伏想四方君子來，有所須顧，寢食祇接之[三]，餘別難供應。蓋以彼所管者，世法則屬官物，佛教則爲衆財，偷衆財、盜官物以買悦人情而取安己有，實非素志之所敢當。預具白聞，冀垂恕察。石刻在天童[四]

【注釋】

[一] 靈源清，即靈源惟清（？—一一一七），北宋臨濟宗僧人，晦堂祖心弟子，俗姓陳，歷住太平、黃龍等寺，卒於政和七年，謚『佛壽禪師』。《禪林僧寶傳》卷三〇、《嘉泰普燈録》卷六、《釋氏稽古略》卷四、《續傳燈録》卷二二等有傳。

[二] 門牓，懸於門上的通告。《元叟行端禪師語録》卷八：『寺當久廢之餘，師爲樹門榜而正鄰刹之侵疆，治殿宇而還叢林之舊觀。』

[三] 祇，起當爲『祗』字。

[四] 今未見，唯《禪林寶訓音義》卷一、《禪林象器箋》卷二九有徵引。

【附録】

《釋氏稽古略》卷四

靈源禪師惟清，參承晦堂心禪師於黄龍，清侍者之名著聞叢林。至是元祐七年，無盡居士張公漕江西，欽慕之，檄分寧邑官，同諸山勸請出世於隆興觀音，其命嚴甚。時清寓興化，不得已遂親出，投偈辭免曰：無地無錐徹骨貧，利生深愧乏餘珍。廛中大施門難啟，乞與青山養病身。黄太史魯直憂居里閭，有手帖與興化海老曰：承觀音虚席，上司甚有意於清兄。清兄確欲不行，亦甚好。蟠桃三千年一熟，莫做退花杏子摘却。此事黄龍興化亦當作助道之緣，共出一臂，莫送人上樹拔却梯也。《林間録》

瑩仲温《羅湖録》贊曰：江西法道盛於元祐間，蓋彈壓叢林者眼高耳，况遴選之禮優异如此。靈源以偈力辭，而太史以簡美之，得非有所激而云？

二七　侍郎張九成[一]

侍郎張九成居士，蚤業進士之暇，篤志釋典。謁靈隱明禪師扣宗要[二]，明曰：『正當磨礱器業[三]，奮發功名，詎能究死生事乎？』[四]公曰：『先儒有言：朝聞道，夕死可矣。然世出世之法，初無有二，先朝名公由禪門得道者不知其幾，曾何儒釋之异？師既爲斯道主盟，安用設詞拒我邪？』明嘉其誠，勉應之曰：『此事須念念不捨，久久緣熟[五]，時節到來，自然契悟。』復令看僧問趙州『如何是祖師西來意』，州云『庭前柏樹子』，久無所入。謁胡文定公[六]，咨盡心行己之道，胡告以『將《語》《孟》談仁義處類作一處看，則要在其中』。公稟受其語，造次不忘。一夕如厠，諦思『惻隱之心，仁之端也』，正沉默間，忽聞蛙鳴，不覺舉『庭前柏樹子』，驀有省，頌曰：『春天夜月一聲蛙，撞破虚空共一家。正恁麼時誰會得[七]，嶺頭脚痛有玄沙。』公偶見妙喜題像云[八]：『黑漆粗竹篦，佛來也一棒。』由是願見甚力。

公尋還朝，遷至禮部侍郎。聞妙喜入城，謁之不值。妙喜報謁[九]，寒温外無別言[一〇]，歸謂參徒曰：『張侍郎有個得處。』其徒曰：『聞相見不曾説著禪字，胡爲知之？』妙喜曰：『要我眼作甚麼？』公奉祠得請詣徑山，問格物之旨。妙喜曰：『公只知有格物而不知物格。』[一一]公罔措，徐曰：『豈無方便？』妙喜曰：『不見小説載唐人與安禄謀爲叛者，其人先爲閬守，有畫像在焉。明皇幸蜀見之，怒令侍臣以劍擊其首，其人在陜西，首忽墮地。』[一二]公聞之，怳如夢覺，題於壁曰：『子韶格物，妙喜物格。欲識一貫，兩個五百。』公從是參道，得法自在，曠然無惑，嘗感嘆曰：『凡聞徑山老人所舉因緣，無不豁然四達，如千門萬户，不消一踏而開。或與之聯輿接席，登高山之上，或緩步徐行深水之中，非出常情之流，莫能知吾二人落處。九成了末後大事，實出徑山老人，而此瓣香不敢孤負。』

公貶南安一十四年，繙釋典[一三]、解儒書，至有衲子經過，必勘驗，爲禪悦之樂，未嘗以得失芥蒂，而識者莫不高其風、服其達。公有書答中丞何伯壽[一四]，略曰：『九成與徑山往還太熟，抑亦有由，按諸故事[一五]，裴公美之師黄檗，韓退之之師大顛，李習之之師藥山，白樂天之師鳥窠，楊大年之師廣惠，李和文之師慈照，東坡之師照覺，山谷之師晦堂，無盡之師兜率[一六]，抑豈與夫老嫗頭陁念南無、洗厕籌等邪？徑山心地，一死生、窮物理，至於倜儻好義，有士夫難及者。天日在上，安可誣也。若好交名士，欲以吾儕取重於世者，此盜賊之所爲爾，而謂斯人爲之乎？既蒙警誨，自當稟承，蓄凝於心，非平昔受知門下，輒倒胸中，盡布左右，惟高明察之。

公北還至贛州，妙喜亦從梅陽來，聯舟東下。妙喜日提宗要，公退謂諸參徒曰：『今日不是九成，老和尚安肯傾倒禪河，使諸公得與聞乎？』公鎮永嘉，虚光孝禪席[一七]，以函翰至福唐西禪浄禪師曰[一八]：『佛法離披久矣，自徑山老人移嶺外，學徒無歸。今朝廷清明，老人比還，是有興隆之期，而九成於此道實曾撞著，故於此間欲求一二明公大家舉倡，以警昏翳。正欲吾師惠然當吾之請[一九]，或以謂「西禪厚、光孝薄，净必不來」。爲此説者，是以俗情待左右矣。然吾以此卜佛法興替，如吾師有意興之，大家出半臂力，不勝幸甚。』公之推誠衛法，備見於此。《聞道傳》[二〇]

【注釋】

[一]張九成（一〇九二—一一五九），字子韶，號無垢居士，祖上爲開封人，後徙居錢塘。紹興二年（一一三二）進士及第，授鎮東軍簽判。八年，權禮部侍郎兼侍講，因忤秦檜，出知邵州，又謫南安軍。檜死，起知温州，未幾乞歸，卒謚『文忠』。《宋史》卷三七四有傳。

[二]靈隱明禪師，當即寶印楚明，大通善本（一〇三五—一一〇九）禪師法嗣，《續傳燈録》卷一九有傳。然未聞其駐錫靈隱寺，《嘉泰普燈録》卷二三《侍郎張九成居士》則載此事發生於净慈寺：『聞寶印楚明禪師道傳大通，居净慈，即之，請問入道之要。』故『靈隱』疑當爲『净慈』之誤。

[三]磨礱，磨治也，契嵩《送章表民秘書》：『磨礱筆硯精神罷，長篇大軸浩無數。』黄庭堅《謝王仲至惠洮州礪石黄玉印材》：『磨礱頑鈍印此心，佳人持贈意堅密。』

[四]死生，高麗本作『生死』。

[五]高麗本無『久久』二字。

[六]胡文定公，即胡安國（一〇七四—一一三八）也，宋代經學家，字康侯，號青山，少入太學，紹聖四年（一〇九七）中進士，歷任諸府路學士，靖康元年（一一二六）除中書舍人，知通州，紹興元年（一一三一）除給事中，八年卒，謚『文定』。《宋史》卷四三五有傳。

[七]會，《卍續藏》本作『曾』。

[八]妙喜，即大慧宗杲（一〇八九—一一六三）之號也，詳見第七四『大慧禪師』條。

［九］報謁，回訪也，永覺元賢《與朱葵心茂才》：『故某自來，未嘗輕投一刺，即有枉顧，并不報謁。』

［一〇］温，高麗本作『暄』，當是。

［一一］高麗本無『而』字。

［一二］《劍莢》卷三引《大唐録事》：『玄宗幸蜀，見有故任蜀守像，時已降禄山矣。帝怒，揮劍斬像首，而是日蜀守在燕，頭亦忽落。』

［一三］繙，底本作『播』，高麗本作『論』，《卍續藏》本、《叢書》本作『繙』，後二者皆可通，然『繙』更近於底本，故據改。

［一四］何伯壽，即何鑄（一〇八八—一一五二）也，餘杭人，政和五年（一一一五）進士，歷官州縣，累遷御史中丞，因辨岳飛冤案，爲秦檜所忌。傳見《宋史》卷三八〇。

［一五］故，高麗本作『古』，同。

［一六］裴公美之師，《卍續藏》本、《叢書》本皆作『裴公休乎師』。按，裴休字公美，然下文人物皆以字行，故當以底本爲是。黄檗，即黄檗希運，唐代禪師，爲百丈懷海之弟子。大顛，即大顛寶通（七三二—八二四），石頭希遷弟子，事見第一一八『韓退之』條注二。李習之即李翱（七七二—八三六）也，唐代儒家思想家，其説雜糅儒、釋，曾師從藥山惟儼（七五一—八三四）。烏窠即烏窠道林（七四一—八二四），唐代牛頭宗僧人。楊大年即楊億，其與廣慧元璉之交往，參看本書第一四『侍郎楊億』條。李和文即李遵勗（九八八—一〇三八），其師爲慈照蘊聰（九六五—一〇三二），北宋臨濟宗僧。照覺即東林常總（一〇二五—一〇九一），宋代臨濟宗僧，曾駐錫廬山東林寺，與蘇軾往還密切。黄庭堅與晦堂祖心（一〇二五—一一〇〇）之交游，見《釋氏稽古略》卷四『哲宗』條下。『無盡之師兜率』則謂張商英與兜率從悦（一〇四四—一〇九一）也。

［一七］即報恩光孝禪寺，弘治《温州府志》卷一六『寺觀・永嘉縣』條下：『報恩光孝禪寺。在城内海壇山南，宋時始建，作崇寧萬壽寺，政和改天寧萬壽，紹興改今名。有華岩、妙峰二閣，有貝葉生香閣。』按，詔天下郡國建崇寧萬壽寺，

在宋徽宗崇寧二年（一一〇三），故此寺亦當建於是時。

［一八］西禪浄，即福州西禪寺此庵守浄，大慧宗杲之法嗣。福唐，即今福清，屬福州。《淳熙三山志》卷三四『候官縣』條下：『西禪寺。永欽里，號怡山，一名城山，寺壓其上，古號信首，即王霸所居。隋末廢圮，咸通八年，觀察使李景温招長沙爲（潙）山僧大安來居，起廢而新之。十年，改名清禪，尋又改延壽。十四年，賜紫方袍，號延聖大師，命劍南寫開元藏經給之。後唐長興中，閩王廷（延）鈞奏名長慶……淮兵焚毁，獨佛殿、經藏、法堂、西僧堂僅存。皇朝天聖間，營葺始就，周垣九百丈，爲屋三千楹。景祐五年，敕號怡山長慶。政和八年，余少宰深奏爲墳寺，賜額廣因嗣祖。宣和元年，改爲嗣祖黄籙院。建炎元年仍舊……舊産錢一十四貫二百八十九文曾記一十四貫三百四十四文。』可見此寺不僅歷史久遠，而且寺産豐厚，非永嘉光孝寺可比，正符下文『西禪厚、光孝薄』之説。

［一九］惠，底本作『慧』，據高麗本改。

［二〇］《聞道傳》，曉瑩为張九成所作传記，《雲卧紀譚》卷下《雲卧庵主書》：『愚向雖謬用其心，以所聞所見綴成大慧《正續傳》、無垢《聞道傳》、無著《投機傳》，庶幾於後文章宗工如孫尚書仲益作《圓悟傳》、秀紫芝作《歐陽文忠公傳》，而不至如舟峰作《死心傳》之疏脱耳。』

【附録】

《釋氏稽古略》卷四

宋朝散郎知温州張九成，字子韶，號無垢居士，杭州鹽官人。初紹興二年三月，帝策試進士，九成第一。九成謂前輩搢紳所立過人，伊洛名儒所造精妙，皆由悟心，因是參學究竟。初謁大通之嗣寶印禪師楚明，見佛日杲禪師於徑山，明悟心要，窮元盡性。至是辛酉年，佛日重其悟入，特爲上堂，引神臂弓以言之。是時軍國邊事，方議神臂弓之用。右相秦檜以爲譏議朝政，五月民佛日，竄衡州，貶九成南安軍。九成謫居十四年，寓横浦僧舍，談經著書，皆學者之未聞。其《心傳録》曰：『六經皆妙法也，然言者道之贅，六經其贅道哉！囿於經則贅矣。』又曰：『世間無非幻，人處幻中，不知萬古紛紛。

喜怒愛惡從何而起？以爲本有，則物不形，以爲本無，不可責之。如木石其間能自覺者，又是認幻爲覺，覺即幻也，無幻則不覺，因覺知幻，覺自不可著，況於喜怒愛惡之情乎？況於功名富貴之塵乎？』瑩仲温《羅湖集》

二八　和庵主[一]

和庵主，姑蘇人也，性高潔，與世邈然。嘗游湖湘，夜宿旦過，時交禪師亦預席[二]，和見其沉厚不語[三]，終夜危坐，心奇之。和顧問曰：『子萬里殊塗，何孤飛邪？』交曰：『昔有一二，今絶之。』和曰：『何爲絶之？』交曰：『一者以捨遺之金施於衆，予曰：學道人眡此當如糞土則可[四]，子雖拾以施人[五]，是未忘利。二者有母貧病，棄之而學道，予曰：學道雖超過佛祖，不孝亦奚爲哉？不孝、爲利者，皆非吾友也。』和敬其賢，遂與之游。和誓曰：『我二人效隱山輩[六]，向孤峰頂上盤結草庵，目視雲漢，爲世外之人，毋墮流俗。』交遂爽盟，住天童。往訪之，和不顧。正言陳叔昪闢書堂爲庵[七]，獨居二十年，倏然無長物，唯二虎侍右。嘗有言曰：『竹筧二三升野水，窗間七五片閑雲。道人活計只如此，留與人間作見聞。』《雪窗記》[八]

【注釋】

[一]和庵主，即知和也，北宋臨濟宗黄龍派禪僧，泐潭應乾（一〇三四—一〇九六）法嗣，嘗住二靈山金襴庵，宣和七年（一一二五）示寂。傳見《嘉泰普燈録》卷一〇、《佛祖統紀》卷四六。

[二]交禪師，疑爲天童普交（一〇四八—一一二四），幼學天台教義，後投泐潭應乾門下。《五燈會元》卷一八、《天童寺志》卷三有傳。

［三］沉，《叢書》本作「沈」，同。

［四］則，高麗本作「即」。

［五］子，《卍續藏》本作「予」，誤。

［六］隱山，即潭州龍山和尚，馬祖道一法嗣，一生隱居於龍山（亦名隱山），見《景德傳燈録》卷八及《石門文字禪》卷二一《重修龍王寺記》。

［七］正言陳叔昇，當爲陳禾，字秀實，明州鄞縣人，曾任左正言，傳見《宋史》卷三六三。然「叔昇」不知何謂，疑爲「秀實」之形誤。

［八］高麗本「雪窗記」後有一「出」字。《雪窗記》，未詳何人、何時所作，本書「詹叔義上財賦表」條、「淳禪師」條皆出於其書，另，第九十二「大慧禪師」條謂出自《雪窗雜記》，「宏智覺禪師」條謂「雪窗志其事」，所言可能爲同一書。

【附録】

《佛祖統紀》卷四六

（宣和）七年四月，四明東湖二靈山知和庵主亡。師晚事南岳辯師嗣東林總禪師，因游方至四明郡。以名刹邀之，力距（拒）不受。問其故，曰：「近世住山者多以賄得，吾耻之，弗爲也。」正言陳禾與之游，自雪竇招居二靈山金襴庵，三十年不出山。問道者以未至其居爲之耻。嘗有一虎爲侍，師既亡，虎卧死於燼餘之地。三年，有僧自蜀來，問：「海尊者何在？」人言：「此但和公耳。」蜀僧曰：「正其人也。」見其塔曰：「此非吉地。」歲餘，勸土人爲結石龕易葬之，見骨身舍利盈溢，光燿林表。

二九　曹山章禪師［一］

曹山章禪師，泉州人，得秘旨於洞山价和尚［二］。初受請，止撫之曹山，道法大振，學者雲委。僧問：

『國内按劍者是誰？』山云：『曹山。』僧云：『擬殺何人？』山曰：『但有一切總殺。』曰：『忽逢本父母作麽生？』山曰：『揀甚麽？』[三]曰：『争奈自己何？』[四]山曰：『誰奈我何？』曰：『爲什麽不殺？』[五]曰：『勿下手處。』復有紙衣道者自洞山來[六]，章問：『如何是紙衣下事？』曰：『一裘才挂體，萬事悉皆如。』[七]章曰：『如何是紙衣下用？』道者近前，叉手脱去。章笑曰：『汝只解恁麽去，且不解恁麽來。』[八]僧忽開眼曰：『一靈真性，不假胞胎時如何？』章曰：『未是妙。』僧曰：『如何是妙？』曰：『不借借。』其僧下堂中而化。時洪州鍾氏屢請不起，但書《大梅山居》一首答之[九]。天復辛酉季夏夜，問知事：『今日是幾？』對曰：『六月十五。』章曰：『平生行脚，只管九十日爲一夏，明日辰時，吾行脚矣。』及時，焚香告寂。《僧寶傳》[一〇]

【注釋】

[一] 曹山章，即曹山本寂（八四〇—九〇一）也，甫田黄氏，洞山良价禪師法嗣，師徒之法脉合稱『曹洞宗』。因其俗名躭章，故有是稱。傳見《宋高僧傳》卷一三、《禪林僧寶傳》卷一。

[二] 洞山价，即洞山良价（八〇七—八六九），俗姓俞，會稽人，歷參南泉普願、雲岩曇晟，後弘法於江西洞山，倡『五位君臣』説，與其弟子曹山本寂共爲曹洞宗之祖。《宋高僧傳》卷一二有傳。

[三] 高麗本無『山』字。

[四] 奈，高麗本作『乃』。然後句『誰奈我何』，高麗本亦作『奈』，故此處高麗本誤。

[五] 殺，高麗本作『煞』，同。

[六] 紙衣，《量處輕重儀》卷二：『五外道之服。律本云：一切外道衣不得著，謂一切草衣、皮衣、樹皮衣、葉衣、鳥毛牛馬毛等衣。今亦有著紙衣者，此即是樹皮衣。亦有大德高望著青色千秋樹皮袈裟者，亦同外道衣也。』

[七] 悉，高麗本作「實」。

[八] 兩處「恁麽」，高麗本前者作「伊磨」，後者作「伊麽」。按，「伊麽」與「恁麽」意義相近，但海東較爲習用，如《高麗國普照禪師修心訣》、姜碩德《東文選》、奇宇萬《松沙集》等皆有用例。

[九] 《禪林僧寶傳》卷一：「南州帥南平鍾王雅聞章有道，盡禮致之，不赴，但書偈付使者曰：摧殘枯木倚寒林，幾度逢春不變心。樵客見之猶不采，郢人何事苦搜尋。」

[一〇] 即惠洪所撰《禪林僧寶傳》也，然本條在原文《撫州曹山本寂禪師》的基礎上改動較大，删削了《寶鏡三昧》、五位顯訣、三種滲漏等内容及大部分機鋒問答，僅保留了關於其行迹的記載，見附録。

【附録】

《宋高僧傳》卷一三《梁撫州曹山本寂傳》

釋本寂，姓黄氏，泉州蒲田（即莆田）人也。其邑唐季多衣冠士子僑寓，儒風振起，號小稷下焉。寂少染魯風，率多强學，自爾淳粹獨凝，道性天發。年惟十九，二親始聽出家，入福州雲名山，年二十五登於戒足，凡諸舉措，若老苾芻。咸通之初，禪宗興盛，風起於大潙也。至如石頭、藥山，其名寖頓。會洞山憫物，高其石頭，往來請益，學同洙泗。寂處衆如愚，發言若訥。後被請住臨川曹山，參問之者堂盈室滿，其所詶對，邀射匪停，特爲毳客標準。故排五位以銓量區域，無不盡其分齊也。復注《對寒山子詩》，流行寓内，蓋以寂素修舉業之優也，文辭遒麗，號富有法才焉。尋示疾，終於山，春秋六十二，僧臘三十七，弟子奉龕窆而樹塔。後南岳玄泰著塔銘云。

《禪林僧寶傳》卷一《撫州曹山本寂禪師青原六世》

禪師諱躭章，泉州莆田黄氏子。幼而奇逸，爲書生。不甘處俗，年十九棄家，入福州靈石山。六年乃剃髮受具。咸通初，至高安，謁悟本禪師价公，依止十餘年。价以爲類己，堪任大法，於是名冠叢林。將辭去，价曰：「三更當來，授汝曲折。』時矮師叔者知之，蒲伏繩床下。价不知也，中夜授章，先雲岩所付《寶鏡三昧》、五位顯訣、三種滲漏畢，再拜趨出。矮師叔引頸呼曰：『洞山禪入我手矣！』价大驚曰：『盗法倒屙，無及矣！』後皆如所言。《寶鏡三昧》，其詞曰：如是之法，佛祖密付。汝今得之，其善保護。銀碗盛雪，明月藏鷺。類之弗齊，混則知處。意不在言，來機亦赴。動成窠臼，差落顧佇。背觸俱非，如大火聚。但形文彩，即屬染污。夜半正明，天曉不露。爲物作則，用拔諸苦。雖非有爲，不是無語。如臨寶鏡，形影相睹。汝不是渠，渠正是汝。如世嬰兒，五相完具。不去不來，不起不住。婆婆和和，有句無句。終必得物，語未正故。重離六爻，遍正回互。疊而爲三，變盡成五。如荎草味，如金剛杵。正中妙挾，敲唱雙舉。通宗通塗，挾帶挾路。錯然則吉，不可犯忤。天真而妙，不屬迷悟。因緣時節，寂然昭著。細入無間，大絶方所。毫忽之差，不應律吕。今有頓漸，緣立宗趣。宗趣分矣，即是規矩。宗通趣極，真常流注。外寂中摇，係駒伏鼠。先聖悲之，爲法檀度。隨其顛倒，以緇爲素。顛倒想滅，肯心自許。要合古轍，請觀前古。佛道垂成，十劫觀樹。如虎之缺，如馬之馵。以有下劣，寶几珍御。以有驚异，黧奴白牯。羿以巧力，射中百步。箭鋒相直，巧力何預？木人方歌，石兒起舞。非情識到，寧容思慮。臣奉於君，子順於父。不順非孝，不奉非輔。潜行密用，如愚若魯。但能相續，名主中主。《五位君臣偈》，其詞曰：正中遍，三更初夜月明前，莫怪相逢不相識，隱隱猶懷昔日嫌。遍中正，失曉老婆逢古鏡，分明覿面更無真，休更迷頭猶認影。正中來，無中有路出塵埃，但能不觸當今諱，也勝前朝斷舌才。遍中至，兩刃交鋒要迴避，好手還同火裏蓮，宛然自有衝天氣。兼中到，不落有無誰敢和，人人盡欲出常流，折合終歸炭裏坐。三種滲漏，其詞曰：一見滲漏，謂機不離位，墮在毒海。二情滲漏，謂智常向背，見處偏枯。三語滲漏，謂體妙失宗，機昧終始。學者濁智流轉，不出此三種。《綱要偈》三首，其一名《敲倡俱行》，偈曰：　金針雙鎖備，挾路隱全該。寶印當空妙，重重錦縫開。其二名《金鎖玄路》，偈曰：　交互明中暗，功齊轉覺難。力窮尋進退，金鎖網鞔鞔。其三名《理事不涉》，偈曰：　理事俱不涉，回照絶幽微。背風無巧拙，電火爍難追。

黎明，章出山，造曹溪，禮祖塔。自螺川還止臨川，有佳山水，因定居焉，以志慕六祖，乃名山爲曹。示衆曰：僧家在此等衣綫下，理須會通向上事，莫作等閑。若也承當處分明，即轉他諸聖，向自己背後，方得自由。若也轉不得，直饒學得十成，却須向他背後叉手，説什麽大話。若轉得自己，則一切粗重境來，皆作得主宰。假如泥裏倒地，亦作得主宰。如有僧問藥山曰：「三乘教中，還有祖意也無？」答曰：「有。」曰：「既有，達磨又來作麽？」答曰：「只爲有，所以來。」豈非作得主宰，轉得歸自己乎？如經曰：大通智勝佛，十劫坐道場。佛法不現前，不得成佛道。言劫者，滯也，謂之十成，亦曰斷滲漏也，只是十道頭絶矣。不忘大果，故云守住躭著，名爲取次承當，不分貴賤。我常見叢林好論一般兩般，還能成立得事麽？此等但是説向去事路布。汝不見南泉曰：饒汝十成，猶較王老師一綫道也，大難。事到此，直須子細始得，明白自在，不論天堂地獄，餓鬼畜生，但是一切處不移易。元是舊時人，只是不行舊時路。若有忻心，還成滯著。若脱得，揀什麽？古德云：只恐不得輪迴。汝道作麽生？只如今人説個凈潔處，愛説向去事，此病最難治。若是世間粗重事，却是輕，凈潔病爲重，只如佛味祖味，盡爲滯著。先師曰：擬心是犯戒，若也得味是破齋。且唤什麽作味？只是佛味祖味。纔有忻心，便是犯戒。若也如今説破齋破戒，即今三羯磨時，早破了也。若是粗重貪瞋癡，雖難斷，却是輕，若也無爲無事凈潔，此乃重，無以加也。祖師出世，亦只爲這個。亦不獨爲汝，今時莫作等閑，黧奴白牯修行却快，不是有禪有道，如汝種種馳求，覓佛覓祖，乃至菩提涅槃，幾時休歇成辦乎？皆是生滅心，所以不如黧奴白牯，兀兀無知，不知佛，不知祖，乃至菩提涅槃，及以善惡因果，但饑來吃草，渴來飲水，若能恁麽，不愁不成辦。不見道計較不成，是以知有，乃能披毛戴角，牽犂拽耒，得此便宜，始較些子。不見彌勒、阿閦及諸妙喜等世界，被他向上人唤作無慚愧。懈怠菩薩，亦曰變易生死，尚恐是小懈怠，在本分事，合作麽生？大須子細始得。人人有一坐具地佛出世，慢他不得。恁麽體會修行，莫趁快利。欲知此事，饒今成佛成祖去，也只這是；便墮三塗地獄六道去，也只這是。雖然没用處，要且離他不得，須與他作主宰始得。若作得主宰，即是不變易，若作主宰不得，便是變易也。不見永嘉云：莽莽蕩蕩招殃禍。問：如何是莽莽蕩蕩招殃禍？曰：只這個總是。問曰：如何免得？曰：知有即得，用免作麽？但是菩提涅槃，煩惱無明等，總是不要免，乃至世間粗重之事，但知有便得，不要免，免即同變易去也。乃至成佛成祖，菩提涅槃，此等殃禍爲不小，因什麽如此？只爲變易。若不變易，直須觸處自由始得。

香嚴閑禪師會中有僧，問：『如何是道？』閑曰：『枯木裏龍吟。』又問：『如何是道中人？』閑曰：『髑髏裏眼睛。』

其僧不領，辭至石霜，問諸禪師曰：『如何是枯木裏龍吟？』諸曰：『猶帶喜在。』又問：『如何是髑髏裏眼睛？』諸曰：『猶帶識在。』又不領，乃問章曰：『如何是枯木裏龍吟？』章曰：『血脉不斷。』又問：『如何是髑髏裏眼睛。』章曰：『乾不盡。』又問：『有得聞者否？』章曰：『盡大地未有一人不聞。』又問：『未審是何章句？』章曰：『不知是何章句，聞者皆喪。』乃作偈曰：枯木龍吟真見道，髑髏無識眼初明。喜識盡時消息盡，當人那辨濁中清。

有僧以紙爲衣，號爲紙衣道者。自洞山來，章問：『如何是紙衣下事？』僧曰：『一裘才掛體，萬事悉皆如。』又問：『如何是紙衣下用？』其僧前而拱立，曰：『諾。』即脱去。章笑曰：『汝但解恁麽去，不解恁麽來。』僧忽開眼曰：『一靈真性，不假胞胎時如何？』章曰：『未是妙。』僧曰：『如何是妙？』章曰：『不借借。』其僧退坐於堂中而化。章作偈曰：覺性圓明無相身，莫將知見妄疏親。念异便於玄體昧，心差不與道爲鄰。情分萬法沉前境，識鑒多端喪本真。若向句中全曉會，了然無事昔時人。

僧問五位君臣旨訣，章曰：『正位即空界，本來無物。遍位即色界，有萬形像。遍中至者，捨事入理。正中來者，背理就事。兼帶者，冥應衆緣，不隨諸有，非染非净，非正非遍，故曰虚玄大道，無著真宗。從上先德，推此一位，最妙最玄，要當審詳辨明。君爲正位，臣是遍位，臣向君是遍中正，君視臣是正中遍，君臣道合，是兼帶語。』問：『如何是君？』曰：『妙德尊寰宇，高明朗太虚。』問：『如何是臣？』曰：『靈機宏聖道，真智利群生。』問：『如何是臣向君？』曰：『不墮諸异趣，凝情望聖容。』問：『如何是君視臣？』曰：『妙容雖不動，光燭不無遍。』問：『如何是君臣道合？』曰：『混然無内外，和融上下平。』又曰：『以君臣遍正言者，不欲犯中故，臣稱君不敢斥言是也。此吾法之宗要。』作偈曰：學者先須識自宗，莫將真際雜頑空。妙明體盡知傷觸，力在逢緣不借中。出語直教燒不著，潛行須與古人同。無身有事超岐路，無事無身落始終。又曰：『凡情聖見是金鎖玄路，直須回互。夫取正命食者，須具三種墮，一者披毛戴角，二者不斷聲色，三者不受食。』有稠布衲者問曰：『披毛戴角是什麽墮？』章曰：『是類墮。』問：『不斷聲色是什麽墮？』曰：『是隨墮。』問：『不受食是什麽墮？』曰：『是尊貴墮。夫冥合初心，而知有是類墮。知有而不礙六塵是隨墮，維摩曰：外道六師是汝之師，彼師所墮，汝亦隨墮，乃可取食。食者正命食也，食者亦是就六根門頭，見覺聞知，只不被他染污，將爲墮，且不是同也。』

章讀杜順、傅大士所作法身偈，曰：『我意不欲與麽道。』門弟子請別作之。既作偈，又注釋之，其詞曰：渠本不是我非我，我本不是渠非渠。渠無我即死仰汝取活，我無渠即余不別有。渠如我是佛要且不是佛，我如渠即驢二俱不立。不食空王俸若遇御飯，直須吐却，何假雁傳書不通信？我説横身唱爲信唱，君看背上毛不與你相似。乍如謡白雪將謂是白雪，猶恐是巴歌。

南州帥南平鍾王雅聞章有道，盡禮致之，不赴，但書偈付使者曰：摧殘枯木倚寒林，幾度逢春不變心。樵客見之猶不采，郢人何事苦搜尋？天復辛酉夏夜，問知事：『今日是幾何日月？』對曰：『六月十五。』章曰：『曹山平生行脚到處，只管九十日爲一夏。明日辰時，吾行脚去。』及時，焚香宴坐而化，閱世六十有二，坐三十有七夏。門弟子葬全身於山之西阿，塔曰福圓。

贊曰：《寶鏡三昧》，其詞要妙，雲岩以受洞山，疑藥山所作也。先德懼屬流布，多珍秘之，但五位偈、三種滲漏之語，見於禪書。大觀二年冬，顯謨閣待制朱彦世英赴官錢塘，過信州白華岩，得於老僧。明年，持其先公服，予往慰之，出以授予曰：『子當爲發揚之。』因疏其溝封，以付同學，使法中龍象，神而明之，盡微細法執，興洞上之宗，亦世英護法之志也。

三〇　法雲秀禪師[一]

法雲秀禪師，秦州人，前生與魯和尚厚善，一日謂曰：『我死後相尋我於竹鋪坡前。』其家生兒，魯往視之，兒爲一笑。三歲，願隨魯出家[二]。生有异相，軒昂萬僧中，凜然如畫，嘗以怒罵爲佛事。時司馬温公方登庸[三]，以吾法太盛，欲經營之，秀曰：『相公聰明，人類英傑，非從佛法中來，何由致此？而一旦遽忘佛囑乎？』公意回。又李伯時工畫馬[四]，不減韓幹[五]，秀呵之曰：『汝士大夫以畫名，况畫馬乎？期人誇以爲得妙，他日妙入馬腹中矣。』伯時於是絕筆。又魯直好作艷詞[六]，人争傳之，秀曰：『翰墨之妙，甘施於此？』」魯直笑曰：「『又當置我於馬腹中邪？』」秀曰：「『汝以艷語淫動天下人心，不止馬腹，正恐墮泥犁中。』」[七]《語録》

【注釋】

[一] 法雲秀，即圓通法秀（一〇二七—一〇九〇）也，俗姓辛，初習《華嚴》，後從天衣義懷（九八九—一〇六〇）悟入禪宗，歷住廬山棲賢、真州長蘆、東京法雲。《釋氏稽古略》卷四、《禪林僧寶傳》卷二六有傳。

[二]《禪林僧寶傳》卷二六《法雲圓通秀禪師》：「禪師名法秀，秦州隴城人，生辛氏。母夢有僧癯甚，鬚髮盡白，託宿曰：『我麥積山僧也。』覺而有娠。先是麥積山有僧，亡其名，日誦《法華》，與應乾寺魯和尚者善。嘗欲從魯游方。魯老之，既去，緒語曰：『他日當尋我竹鋪坡前，鐵彊嶺下。』俄有兒生其所，魯聞之，往觀焉，兒爲一笑。三歲，願隨魯皈，遂冒魯姓。」

[三] 司馬温公，即司馬光（一〇一九—一〇八六），字君實，陝州夏縣人。寶元元年（一〇三八）登進士第，累官至尚書左仆射兼門下侍郎，卒贈温國公。《宋史》卷三三六有傳。

[四] 李公麟（一〇四九—一一〇六），北宋畫家，字伯時，號龍眠居士，熙寧間進士，歷任南康、泗州等地官員，後入京爲删定官、朝奉郎等。李氏於繪畫上廣師多家而自成一格，尤擅畫馬，亦長於宗教畫。傳見《宋史》卷四四四。

[五] 韓幹，唐代畫家，擅長人物、花竹等，尤工鞍馬，官至太府寺丞。

[六] 詞，高麗本作『辞』，同。

[七] 泥犁，高麗本作『泥黎』，同，皆謂地獄也。

【附録】

《佛祖統紀》卷四六

法雲秀禪師謂魯直曰：『君作艷歌，蕩人婬心，使逾禮越禁，其罪非止墮惡道而已。』魯直自此不復作。李伯時善畫馬，師戒之曰：『爲士夫以畫行已可耻，况又作馬？』伯時曰：『無乃墮惡道乎？』師曰：『君思其神駿，念之不忘，异日必入馬腹。』伯時愕然，乃多畫觀音以洗其過。

三一　孤山圓法師[一]

孤山圓法師，以奇才奧學翼贊經論，盈於千萬。高卧西湖之濱，權勢不得屈，貴驕不得傲，世俗不得友。是時文穆王公至錢塘[二]，郡僧悉迎關外，慈雲遣邀孤山同往，圓以疾辭，笑謂使者曰：『爲我致意慈雲，錢塘駐却一僧子。』聞者嘆美。圓每多脾疾，床上敷筆硯，半起半卧，著述不倦。一日告衆曰：『吾年四十有九[三]，已知住世不久，若死，毋擇地厚葬，以加罪我也，汝宜陶器合而葬之。』及終，自屬祭語云：『謹以湖山雲月之奠，祭於中庸子之靈：汝本法界之元常兮，寶圓之妙性兮，尚無動静之眹兮[四]，豈有去來之迹兮？洎乎七竅鑿而混沌死兮，六根分而精明散兮。遂使汝見自心而與外境异兮，執生存與死滅兩兮。擾乎不可止也，昏昏乎不可照也[五]。吾嘗欲復混沌歸精明兮，乃於非幻法中假作幻説，且非幻尚無，幻法豈有哉？汝中庸子亦以微領其旨。汝既受於幻生，必當受於幻死[六]。故吾託幻軀，有幻病，口占幻詞，使幻弟子，執幻筆，成幻文，以預祭汝幻中庸子，且欲令無窮人知諸法如幻也。夫如是，則如幻三昧在焉。嗚呼！三昧亦幻也。尚享。』趺坐而逝。《閑居編》

【注釋】

[一] 孤山圓，即孤山智圓（九七六—一〇二二），北宋天台宗僧，錢塘人，俗姓錢，號中庸子，幼學儒，善詩文，後依源清習天台教觀。智圓作爲山外派的代表之一，曾與知禮展開論争。然不喜交游，離群索居，隱於西湖孤山瑪瑙院，有《閑居編》傳世。《釋門正統》卷五、《佛祖統紀》卷一〇、《佛祖歷代通載》卷一八有傳。

[二] 文穆王公，即王欽若（九六二—一〇二五）也，字定國，臨江軍新喻人（今江西新余），淳化三年（九九二）進士，爲真宗所重，官至參知政事，曾與楊億等人編纂《册府元龜》，卒謚文穆。傳見《宋史》卷二八三。

[三]《釋門正統》《佛祖統紀》《佛祖歷代通載》皆謂智圓卒於乾興元年（一〇二二）二月，享壽四十七。又《閑居編》卷一八《生死無好惡論》：『抑又吾年四十有七矣，比夫顔子，不曰天壽乎？』文末有小注：『乾興改元之歲正月五日，予中庸子有疾弗瘳，乃口占斯文，命門人雲卿者筆之。』可知此説不謬，故文中『年四十有九』誤。

[四] 眹，高麗本、《卍續藏本》《叢書》本作『朕』。按，二字皆有『徵兆』之意，然《閑居編》卷一七《中庸子自祭文》亦作『眹』，故從底本。

[五] 照，高麗本作『炤』，同。

[六]《叢書》本『受』後無『於』字。

【附録】

《閑居編》卷一七《中庸子自祭文》二月十七日述，十九日寂滅

維某年某月，謹以雲山風月爲奠，祭於中庸子之靈：惟靈，汝本法界之元常兮，寶圓之妙性兮，尚無動静之眹兮，豈有去來之迹兮？洎乎七竅鑿而混沌死兮，六根分而精明散兮。遂使汝見自心而與外境异兮，執生存與死滅兩兮。擾擾乎不可止也，昏昏乎不可照也，吾嘗欲使汝復混沌混沌之語出於《莊子》，但用彼語，不用彼意，言近理遠，不可均也歸精明兮，乃於非幻法中假作幻説，且非幻尚無，而幻法豈有哉？汝中庸子亦以微領其旨，汝既受乎幻生，必當受於幻死，故吾託幻軀，有幻病，口占

幻辭，使幻弟子，執幻筆，成幻文，以預祭汝幻中庸子，且欲令無窮人知諸法如幻也夫，如是則如幻三昧在焉。嗚呼！三昧亦如幻也。尚饗。

《閑居編》卷一九《中庸子傳下》

予嘗謂門人曰：『吾没後，無厚葬以罪我，無擇地建塔以誣我，無謁有位求銘記以虛美我。汝宜以陶器二，合而瘞之，立石標前，志其年月名字而已。』

三二　東坡先生

東坡曰：『先妣方娠，夢僧至門，瘠而眇。軾十餘歲，時時夢身是僧。又子由與真淨文、壽聖聰二師在高安[一]，夜間同叙見戒禪師之夢[二]，則戒之後身無疑。』坡與真淨書曰：前生既是法契，願痛加磨勵，使還舊觀。坡往金山，值佛印入室[三]，印云：『者裏無端明坐處。』[四]坡云：『借師四大作禪床。』印云：『老僧有一問，若答得，即與四大爲禪床，若答不得，請留下玉帶。』坡即解腰間玉帶置案上云：『請師問。』印云：『老僧四大本空，五陰非有，端明向甚處坐？』坡無語。印召侍者留下玉帶，永鎮山門，印以衲裙酬之。坡賦二絶句云：病骨難堪玉帶圍，鈍根仍落箭鋒機。會當乞食歌姬院，裴相國衣衲裙乞食閨房中[五]，換得雲山舊衲衣。又曰：此帶閱人如傳舍，流傳到我亦悠哉。錦袍錯落渾相稱，乞與佯狂老萬回唐則天賜錦袍玉帶與萬回和尚[六]。出《注坡詩》[七]

【注釋】

［一］二師即真浄克文（一〇二五—一一〇二）、逍遥省聰（一〇四二—一〇九六）也，前者俗姓鄭，陝府閿鄉（今河南靈寶境）人，初游京洛，習賢首、慈恩，後參黄龍慧南得悟，王安石捨宅居之，爲請『真浄大師』號。傳見《嘉泰普燈録》卷四、《續傳燈録》卷一五。省聰爲綿州（今四川綿陽）人，俗姓王，於圓照宗本門下開悟，後居高安（今江西宜春），《續傳燈録》卷一四有傳。

［二］戒禪師，即師戒也，北宋雲門宗僧，文偃再傳弟子，住蘄州五祖山，《天聖廣燈録》卷二一載其機鋒。

［三］佛印，即佛印了元（一〇三二—一〇九八），俗姓林，字覺老，江西人，工詩能書，且長於言辯，與蘇軾、黄庭堅等過從甚密。《禪林僧寶傳》卷二九、《釋氏稽古略》卷四有傳。

［四］者裏，猶『這裏』。端明，指蘇軾，因其曾任翰林學士兼侍讀端明殿學士，故稱。

［五］姬，《卍續藏》本、《叢書》本作『婢』，誤。高麗本無小字注釋。《北夢瑣言》卷六：『唐裴相公休，留心釋氏，精於禪律，師圭峰密禪師，得達摩頓門。密師《注法界觀》《禪詮》，皆相國撰序。常被毳衲，於歌妓院持鉢乞食，自言曰：「不爲俗情所染，可以説法爲人。」』

［六］衲，《叢書》本作『衲』。按，四庫本《東坡詩集注》與底本同。高麗本無小字注釋。《佛祖統紀》卷四〇：『法雲公萬回坐亡，贈司徒、虢國公，敕葬西京香積寺。回當則天朝，延入禁中，賜錦衣，令宫人給侍。』

［七］出注坡詩，高麗本作『出坡集』。《注坡詩》，當指南宋王十朋所撰《東坡詩集注》，凡三十二卷，收於《景印文淵閣四庫全書》第一一〇九册。

【附録】

《佛祖統紀》卷四六

軾弟轍謫高安瑞州時，洞山雲庵與聰禪師一夕同夢與子由出城迓五祖戒禪師。已而子瞻至，三人出城候之，語所夢，軾曰：『八九歲時時夢身是僧，往來陜右。又先妣孕時，夢眇目僧求託宿。』雲庵驚曰：『戒公陜右人，一目眇，逆數其終，已五十年。』而子瞻時四十九。自是常稱戒和上。

三三　奘三藏

奘三藏法師，年二十七，往西域求法。自秦、蘭、凉三州而行，至瓜州出玉門關，關外有候望者居之[一]。漸至沙河[二]，惡鬼异類不可勝數，始念觀音，猶未遠去，及誦《心經》，發聲皆散。至兢伽河畔[三]，遇群賊，賊相謂曰：『此沙門形貌端美，若以祭神，得非吉也？』令上壇，欲揮刀，法師語曰：『吾已知不免，願待少時，令我安心取滅。』師乃想念慈氏，願得生彼，聞諸妙法，成就通慧，還來下生，先度此人，令修勝行。想念未畢，驚雷掣電，飄風折木。賊大懼，謝罪而散。《本傳》[四]

【注釋】

[一] 候望者，指軍中的偵察兵。《大唐大慈恩寺三藏法師傳》卷一：『或有報云：「從此北行五十餘里，有瓠𤬍河，下廣上狹，洄波甚急，深不可渡。上置玉門關，路必由之，即西境之襟喉也。關外西北又有五烽，候望者居之，各相去百里，中無水草。」』

[二] 沙河，《大唐大慈恩寺三藏法師傳》卷一：『從是已去，即莫賀延磧，長八百餘里，古曰沙河，上無飛鳥，下無走獸，復無水草。』

[三] 兢伽河，《大唐大慈恩寺三藏法師傳》作『殑伽河』，即恒河之音譯也。

[四] 即《大唐大慈恩寺三藏法師傳》，本條乃撮取卷一、卷三的部分内容而成，見附録。

《大唐大慈恩寺三藏法師傳》卷一

時國政尚新，疆埸未遠，禁約百姓，不許出蕃。時李大亮爲涼州都督，既奉嚴敕，防禁特切。有人報亮云：『有僧從長安來，欲向西國，不知何意？』亮懼，追法師問來由。法師報云：『欲西求法。』亮聞之，逼還京。彼有惠威法師，河西之領袖，神悟聰哲，既重法師辭理，復聞求法之志，深生隨喜，密遣二弟子，一曰惠琳，二曰道整，竊送向西。自是不敢公出，乃晝伏夜行，遂至瓜州。時刺史獨孤達聞法師至，甚歡，供事殷厚。法師因訪西路，或有報云：『從此北行五十餘里，有瓠蘆河，下廣上狹，洄波甚急，深不可渡。上置玉門關，路必由之，即西境之襟喉也。關外西北又有五烽，候望者居之，各相去百里，中無水草。五烽之外，即莫賀延磧，伊吾國境。』聞之愁憒，所乘之馬又死，不知計出，沉默經月餘。未發之間，涼州訪牒又至，云：『有僧字玄奘，欲入西蕃，所在州縣宜嚴候捉。』州吏李昌，崇信之士，心疑法師，遂密將牒呈云：『師不是此耶？』法師遲疑未報。昌曰：『師須實語。必是，弟子爲圖之。』法師乃具實而答。昌聞，深贊希有，曰：『師實能爾者，爲師毀却文書。』即於前裂壞之。仍云：『師須早去。』自是益增憂悶。所從二小僧，道整先向燉煌，唯惠琳在，知其不堪遠涉，亦放還。遂貿易得馬一匹，但苦無人相引。即於所停寺彌勒像前啟請，願得一人相引渡關。

……

入烽，烽官相問，答：『欲往天竺，路由於此，第一烽王祥校尉故遣相過。』彼聞，歡喜留宿，更施大皮囊及馬、麥相送，云：『師不須向第五烽，彼人疏率，恐生异圖。可於此去百里許，有野馬泉，更取水。』從是已去，即莫賀延磧，長八百餘里，古曰沙河，上無飛鳥，下無走獸，復無水草。』是時顧影唯一，但念觀音菩薩及《般若心經》。初，法師在蜀，見一病人，身瘡臭穢，衣服破污，愍將向寺，施與衣服飲食之直。病者慚愧，乃授法師此經，因常誦習。至沙河間，逢諸惡鬼，奇狀异類，遶人前後，雖念觀音不能令去，及誦此經，發聲皆散，在危獲濟，實所憑焉。

《大唐大慈恩寺三藏法師傳》卷三

法師自阿逾陀國禮聖迹，順殑伽河與八十餘人同船東下，欲向阿耶穆佉國。行可百餘里，其河兩岸皆是阿輸迦林，非常深茂。於林中兩岸各有十餘船賊，鼓棹迎流，一時而出。船中驚擾，投河者數人，賊遂擁船向岸，令諸人解脱衣服，搜求珍寶。然彼群賊素事突伽天神，每於秋中覓一人質狀端美，殺取肉血用以祠之，以祈嘉福。見法師儀容偉麗，體骨當之，相顧而喜曰：『我等祭神時欲將過，不能得人，今此沙門形貌淑美，殺用祠之，豈非吉也！』法師報：『以奘穢陋之身，得充祠祭，實非敢惜。但以遠來，意者欲禮菩提樹像耆闍崛山，并請問經法，此心未遂，檀越殺之，恐非吉也。』船上諸人皆共同請，亦有願以身代，賊皆不許。於是賊帥遣人取水，於花林中除地設壇，和泥塗掃，令兩人拔刀牽法師上壇，欲即揮刃。法師顔無有懼，賊皆驚异。既知不免，語賊：『願賜少時，莫相逼惱，使我安心歡喜取滅。』法師乃專心睹史多宫，念慈氏菩薩，願得生彼，恭敬供養，受《瑜伽師地論》，聽聞妙法，成就通慧，還來下生，教化此人，令修勝行，捨諸惡業，及廣宣諸法，利安一切。於是禮十方佛，正念而坐，注心慈氏，無復异緣。於心想中，若似登蘇迷盧山，越一二三天，見睹史多宫慈氏菩薩處妙寶臺，天衆圍繞。此時身心歡喜，亦不知在壇，不憶有賊。同伴諸人發聲號哭。須臾之間，黑風四起，折樹飛沙，河流涌浪，船舫漂覆，賊徒大駭，問同伴曰：『沙門從何處來？名字何等？』報曰：『從支那國來，求法者此也。諸君若殺，得無量罪。且觀風波之狀，天神已瞋，宜急懺悔。』賊懼，相率懺謝，稽首歸依。時亦不覺，賊以手觸，爾乃開目，謂賊曰：『時至耶？』賊曰：『不敢害師，願受懺悔。』法師受其禮謝，爲説殺盗邪祠諸不善業，未來當受無間之苦，何爲電光朝露少時之身，作阿僧企耶長時苦種！賊等叩頭謝曰：『某等妄想顛倒，爲所不應爲，事所不應事。若不逢師福德感動冥祇，何以得聞啟誨？請從今日已去，即斷此業，願師證明。』於是遞相勸告，收諸劫具，總投河流，所奪衣資，各還本主，并受五戒，風波還静。賊衆歡喜，頂禮辭别。同伴敬嘆，轉异於常。遠近聞者，莫不嗟怪。非求法殷重，何以致兹？

三四　相國裴休[一]

相國裴休，河東人，守新安日[二]，屬運禪師初於黃檗山捨衆入大安精舍[三]，混迹勞侶。公入寺，因觀壁畫，乃問主事：『是何圖相？』答曰：『高僧真儀。』公曰：『真儀可觀，高僧何在？』主事無對。公曰：『此間有禪人否？』答曰：『近有一僧投寺執役，頗似禪者。』公命至，睹之，欣然曰：『休適有一問，諸德吝詞，今請上人代酬一語。』運曰：『請相公問。』遂舉前問，運朗聲曰：『裴休。』公應諾，運曰：『在甚麽處？』公當下知旨，如獲髻珠。公曰：『吾師真善知識，示人剋的，若是，何汨没於此邪？』自是申弟子禮，復請住黃檗[四]。公既通徹祖心，復博綜教相，諸方禪學咸謂裴相不浪出黃檗之門。《傳燈》

【注釋】

[一] 裴休（七九一—八六四），字公美，舉進士，後遷同中書門下平章事，歷任諸地節度使，與圭峰宗密、黃檗希運友善。傳見《舊唐書》卷一七七。本條取自《景德傳燈録》卷一二。

[二] 新安，郡名，轄今安徽黃山黟縣、江西婺源、浙江建德、淳安一帶。《景德傳燈録》卷一二：『裴休，字公美，河東聞喜人也。守新安日，屬運禪師初於黃檗山捨衆入大安精舍……至遷鎮宣城，還思瞻禮，亦創精藍，迎請居之。』下有小注：『唐新安郡即歙州也。《唐史》裴相本傳無出守明説，雖未必不經爲歙州太守，然觀其《傳心法要序》，即知其初識運公於洪州，再見之於宣州，皆迎請而來，非邂逅也。今本章述所問壁畫高僧之處，必爲差誤。苟或果在歙州，則序中安得不言耶？』可知《傳燈》作者雖詳載其事，但後人亦認爲個中必有舛誤。

[三] 運禪師，即黃檗希運（？—八五〇），閩人，百丈懷海弟子，《宋高僧傳》卷二〇、《景德傳燈録》卷九有傳。黃檗

山，同治《新昌縣志》卷三：『黄檗山。四十都，縣西七十里，山之絶頂有寺，曰鷲峰，唐宣宗龍潛時游方至此，嘗與黄檗禪師觀瀑布，因共聯句。宋時敕改報恩光孝寺。』新昌即今江西宜豐也。大安精舍，康熙《南昌郡乘》卷九：『大安寺。在城北，初名東寺，有鐵香爐，高六尺許，識云「赤烏元年造」。晋時西域僧安世高，本安息王太子，避位來止於此，遂名大安寺一云晋隆安二年，鎮西將軍謝尚施宅爲之。唐武德間，改爲宣明寺，大中間又改普濟寺，明初重建，復今額。』

[四] 高麗本『黄檗』後多一『山』字。

【附録】

裴休《傳心法要序》

有大禪師，法諱希運，住洪州高安縣黄檗山鷲峰下，乃曹溪六祖之嫡孫，西堂百丈之法姪。獨佩最上乘離文字之印，唯傳一心，更無別法。心體亦空，萬緣俱寂，如大日輪升虚空中，光明照曜，净無纖埃。證之者無新舊，無淺深，説之者不立義解，不立宗主，不開户牖，直下便是，動念即乖，然後爲本佛。故其言簡，其理直，其道峻，其行孤，四方學徒，望山而趨，睹相而悟，往來海衆常千餘人。予會昌二年廉於鍾陵，自山迎至州，憩龍興寺，旦夕問道。大中二年，廉於宛陵，復去禮迎至所部，安居開元寺，旦夕受法。退而紀之，十得一二，佩爲心印，不敢發揚。今恐入神，精義不聞於未來，遂出之，授門下僧大舟法建，歸舊山之廣唐寺，問長老法衆，與往日常所親聞，同异如何也。唐大中十一年十一月初八日序。

三五　劉遺民[一]

劉遺民，名程之，彭城人，漢楚元王之後，祖考爲晋顯官。事母以孝聞，丞相桓玄、太尉謝安嘉其賢，欲薦於朝，公辭之。謁廬山遠公，厥後雷次宗、周續之同來栖遠[二]。遠曰：『諸公之來，盍爲净土之游乎？』遂命公作誓辭，以識盛事。社賢百餘人，十八人爲最，公又拔乎其萃者。公凡念佛時，見彌陁佛身紫金色以臨其室[三]。公愧幸悲泣曰：『安得如來爲我手摩其頭，衣覆其體乎？』俄而佛爲摩頂，且引袈裟以覆之。他日又見身入七寶大池，其池蓮華青白相間，其水澄澈，無有畔岸，中有一人指池水曰：『八功德水，汝可飲之。』公飲水，甘美，及寤，猶覺异香發於毛孔。公曰：『此吾净土之緣至矣，誰爲六和之衆，與我證邪？』[四]少頃緇徒咸集，公對尊像爇香再拜[五]，祝曰：『我以釋迦遺教，故能知有阿彌陀佛[六]。此香先當供養釋迦如來，次供阿彌陀佛，至於十方佛菩薩衆，願令一切有情，俱生净土。』願畢，乃三扣齒，長跪而卒。《廬山集》[七]

【注釋】

[一] 劉遺民（三五二—四一〇），東晋居士，名程之，字仲思，曾任府參軍，後去職，悠游於廬山慧遠門下，精修禪净，與周續之、陶潜并稱爲『潯陽三隱』。《龍舒增廣净土文》卷五、《佛祖統紀》卷二六有傳。

[二] 雷次宗（三八六—四四八），字仲倫，南昌人，明詩禮，傾心净土，文帝召至京師，爲立館學，常爲太子、諸王講禮。傳見《宋書》卷九三。周續之（三七七—四二三），字道祖，雁門人，少業儒，通經緯，及長，虔信佛法，入慧遠門下。《宋書》卷九三有傳。

[三] 陁，《卍續藏》本、《叢書》本作『陀』，下同。

[四] 六和之衆，《圓覺經類解》卷四：『徒衆即六和之衆也，六和衆者，一身和，二口和，三意和，四戒和，五利和，六見和。』

[五] 爇，《卍續藏》本、《叢書》本作『爇』。

[六] 陀，高麗本作『陁』，下同。

[七]《廬山集》，慧遠所撰，《樂邦文類》卷三《蓮社始祖廬山遠法師傳》：『師有雜文二十卷，號《廬山集》，靈芝元照律師作序，板刊紹興府庫，識者敬焉。』此書南宋時猶存，今已佚，劉遺民條見於《佛祖統紀》卷二六。

【附録】

《佛祖統紀》卷二六

劉程之，字仲思，彭城人，漢楚元王之後。妙善老莊，旁通百氏。少孤，事母以孝聞，自負其才，不預時俗。初解褐爲府參軍，謝安、劉裕嘉其賢，相推薦，皆力辭。性好佛理，乃之廬山傾心自託。遠公曰：『官禄巍巍，欲何不爲？』答曰：『君臣相疑，吾何爲之？』劉裕以其不屈，乃旌其號曰『遺民』。及雷次宗、周續之、宗炳、張詮、畢潁之等同來廬山，遠公謂曰：『諸君之來，豈宜忌净土之游乎？』程之乃鑱石爲誓文，以志其事文見《廬山集》。遂於西林澗北别立禪坊，養志安貧，精研玄理，兼持禁戒。宗、張等咸難仰之。嘗貽書關中，與什、肇揚搉經義，著《念佛三昧詩》，以見專念坐禪之意。始涉半載，即於定中見佛光照地，皆作金色。居十五年，於正念佛中見阿彌陀佛玉豪光照，垂手慰接。程之曰：『安得如來爲我摩頂，覆我以衣？』俄而佛爲摩頂，引袈裟以披之。他日念佛，又見入七寶池，蓮青白，其水湛湛，有人項有圓光，胸出卍子卍音萬，是佛具萬德之相，指池水曰：『八功德水，汝可飲之。』程之飲水甘美，及寤，猶覺异香發於毛孔，乃自慰曰：『吾净土之緣至矣。』復請僧轉《法華經》近數百遍。後時廬阜諸僧畢集，程之對像焚香再拜而祝曰：『我以釋迦遺教，故知有阿彌陀佛，此香先當供養釋迦牟尼如來，次供阿彌陀佛，復次供《妙法華經》，所以得生净土，由此經功德。願令一切有情俱生净土。』即與衆别，卧床上，面西合手氣絶。敕子雍積土爲墳，勿用棺槨，時義熙六年也，春秋五十九。《廬山集》載感應事迹甚詳。

三六　王日休居士[一]

王日休居士，龍舒人，性行端靖。少補國學，俄嘆曰：『西方之歸爲究竟爾！』[二]從是布衣蔬食，日課千拜，以嚴净報。或曰：『公既志念純一，復何事苦行邪？』答曰：『經不云乎：非少福德因緣，得生彼國。若不專心苦到，安能决定往生？』居士在家持戒甚嚴，坐必宴寂，卧必冠帶，面目奕奕有光，望之者信其爲有道之士也。居士將順世，遍别親故，且勉進净業。至夜，厲聲稱佛名[三]，倡言『佛來接我』，屹然立化。《怡雲》并聶允迪記[四]

【注釋】

[一] 王日休（一一〇五—一一七三），字虚中，龍舒（今安徽舒城）人，初業儒，後專修净土，并輯校净土經典，著有《龍舒净土文》。《樂邦文類》卷三有傳。

[二] 歸，高麗本作『皈』，二字可通。

[三] 厲，《叢書》本作『勵』。按，『厲聲』與『勵聲』皆有『高聲』義，故同。

[四] 《怡雲》，未詳何書，《人天寶鑒》共引五處，其中三處稱爲《怡雲録》，《怡雲集》與《怡雲》各一處，皆載禪、教高僧之言行。聶允迪記，當指聶允迪爲《龍舒增廣净土文》所撰跋語，存於是書卷一一。

【附録】

《龍舒增廣净土文》卷一一《盱江聶允迪跋》

居士平昔以净土之説懇切勸人，嘗盤桓於鄉里。允迪於是時年方二十餘，適預計偕東上，且未知有佛法，弗獲識公面。迨犬馬之齒至三十，連嬰灾患，殊覺人生沉淪於煩惱大苦海中，渺無邊岸，遂一意祖襲居士之説，爲超脱計。如是者纔三數年，居士遂立化於廬陵郡。郡之人皆繪像以事之，蓋乾道癸巳之正月也。後五年丁酉歲，先兄知府兵部，被檄較試廬陵，得所刻本以歸。允迪恐此一段奇事久之湮没，無以傳遠，遂刻諸石，置城北報恩寺之阿彌殿。今此願施居士所著《净土文》一萬帙，輒復以居士慈相及丞相周益公而下贊述附於卷首，皆襲廬陵刻本也。庶幾見者聞者增益信心，勉强精進，則西方净土誠不難到。嘉泰癸亥，文林郎新監湖廣總領所襄陽府户部大軍倉盱江聶允迪合十指爪稽首謹跋。

允迪舊常見初機參禪人，但知歸敬禪宗，至言西方净土，則指爲著相，力肆排斥。殊不知釋迦如來爲一大事因緣出現於世，是欲令衆生了悟生死、脱離輪迴苦趣耳。參禪一法，固爲了悟生死而設，修浄土一法，亦是令衆生了悟生死也。參禪有省，則現世了悟生死，得生浄土，則見阿彌陀佛，而後了悟生死，況便證無生忍，居不退轉地，直至成佛而後已。初機參學人何苦獨取禪宗一法，而力排浄土之説耶？大善知識未嘗不以此勸人，今略采二三説，附於《龍舒浄土文》之末，以辨明之。

三七　静上坐[一]

静上坐，初參玄沙得旨[二]，後居天台，三十餘年不下山[三]，博綜三學，操行孤立。禪者問曰：『坐時心念紛飛，願師示誨。』静曰：『汝當心念紛飛時，却將紛飛之心以究紛飛之處，究之無處，則紛飛之念何存？返究究心，則能究之心安在？又能照之智本空，所緣之境亦寂。寂而非寂者，蓋無能寂之人也，照而非照者，蓋無所照之境也。境智俱寂，心慮安然。此乃還源之要道也。』

【注釋】

[一] 静上坐，五代禪僧，生卒年不詳，曾駐錫於天台國清寺，《景德傳燈録》卷二一、《補續高僧傳》卷六有傳。

[二] 玄沙，即玄沙師備（八三五—九〇八）也，俗姓謝，福州閩縣人，年三十方出家，投芙蓉山靈訓禪師，後依雪峰義存，持律精嚴，人稱『備頭陀』。傳見《宋高僧傳》卷一三、《景德傳燈録》卷一八。

[三] 餘，高麗本作『余』，同。

【附録】

《景德傳燈録》卷二一

天台山國清寺師靜上座，始遇玄沙和尚示衆云：『汝諸人但能一生如喪考妣，吾保汝究得徹去。』師乃躡前語而問曰：『只如教中不得，以所知心測度如來無上知見，又作麽生？』玄沙曰：『汝道究得徹底所知心，還測度得及否？』師從此信入。後居天台，三十餘載不下山，博綜三學，操行孤立，禪寂之餘，常閲龍藏。遐邇欽重，時謂大靜上座。嘗有人問曰：『弟子每當夜坐，心念紛飛，未明攝伏之方，願垂示誨。』師答曰：『如或夜間安坐，心念紛飛，却將紛飛之心以究紛飛之處，究之無處，則紛飛之念何存？返究究心，則能究之心安在？又能照之智本空，所緣之境亦寂，寂而非寂者，蓋無能寂之人也，照而非照者，蓋無所照之境也。境智俱寂，心慮安然，外不尋枝，內不住定，二途俱泯，一性怡然。此乃還源之要道也。』師因睹教中幻義，乃述一偈問諸學流，偈曰：若道法皆如幻有，造諸過惡應無咎。云何所作業不妄，而藉佛慈興接誘。時有小靜上座答曰：幻人興幻幻輪圍，幻業能招幻所治。不了幻生諸幻苦，覺知如幻幻無爲。二靜上座并終於本山，今國清寺遺蹤在焉。

三八　道士吴契初[一]

道士吴契初，號之朱陽人，爲河清令[二]，以部使者所劾，隱於嵩山，尋遇石泰先生[三]。吴問曰：『虛無之道，可得聞乎？』[四]石曰：『先覺有五無漏法：眼不視，魂在肝；耳不聞，精在腎；舌不聲，神在心；鼻不香，魄在肺；四肢不動，意在脾。五者相與混融，化爲一氣，聚於三關，名曰鉛汞[五]。但身中求之，不必求於他也。』[六]吴禀受訣，久之功成。偶游西岳，邂逅紫陽先生[七]，謂曰：『子之所得固可佳，若不明性道，徒勞無益。』吴曰：『予能追二氣於黄道，會三性於元宮，對境無心，如如不動，復何性道之說邪？』[八]紫陽以《圓覺經》示之曰：『此是釋氏心宗，宜熟味之。他日知所趨嚮，信吾不食言也。』吴乃信受，一日誦至『由寂静故，十方世界、諸如來心於中顯現，如鏡中像』，俄感嘆曰：『從前閉門作活，今日掉臂行大道。』由是遍歷禪會咨決，之後謁單州東禪悰和尚[九]。吴問曰：『佛性堂堂，顯見住相[一〇]，有情難見，若悟本來無我，我面何如佛面？學人悟則悟已，爲甚不見佛面？』東禪拈拄杖打出。吴方開門，豁然有契，頌曰：『驀然覷破祖師機，開眼還同合眼時。從此聖凡俱喪盡[一一]，大千元不隔毫釐。』《仙苑遺事》[一二]

【注釋】

[一] 底本目録作『道士吴契』，據正文補。吴契初，未詳何人，當爲活躍於北宋中後期的道士。

[二] 朱陽，《太平寰宇記》卷六：『朱陽縣，西南七十里，舊五鄉，今四鄉，本漢盧氏縣地。按《十三州記》，盧氏有朱陽山，因别立縣，後魏太和十四年蠻人樊磨背梁歸魏，魏於今盧氏縣南百五十里立朱陽郡，以樊磨爲太守。孝昌二年省郡，大統二年又立，屬東義州，仍於此所置朱陽以屬焉。後周保定二年省郡，大象二年移縣於盧氏縣西南鄢渠谷中。隋開皇四年移理洛水北，大業二年移於芹池，即今縣也。皇朝乾德六年恒農縣，太平興國七年再置。』在今陝西寶雞東。河清縣，《太平寰宇記》卷五：『河清縣，北六十里，元三鄉，本左氏所謂晋陰地。漢爲平陰縣，屬河南郡。按《郡國縣道記》云，唐武德二年黄君漢鎮柏崖，遂於北岸東置大基縣，八年省，先天元年，以諱改名河清縣，貞觀中縣界黄河清，因以爲名，後廢，至考功郎中王本立奏再置，復盤河南府，大順元年因干戈毁壞，移在柏崖院地權置。皇朝開寶元年移在白波。』故宋代河清縣在今河南洛陽附近。

[三] 石泰（一〇二二—一一五八），宋代道士，張伯端弟子，傳見《歷世真仙體道通鑒》卷四九。

[四] 高麗本無『吴』字。

[五] 高麗本無『曰』字。

［六］此説亦見《周易參同契發揮》卷二：『管括微密者，眼含其光，耳凝其韻，鼻調其息，舌緘其氣，疊足端坐，潛神内守，不可一毫外用其心也。蓋眼既不視，魂自歸肝；耳既不聽，精自歸腎；舌既不聲，神自歸心；鼻既不香，魄自歸肺；四肢既不動，意自歸脾。然後魂在肝而不從眼漏，魄在肺而不從鼻漏，神在心而不從口漏，精在腎而不從耳漏，意在脾而不從四肢孔竅漏。五者皆無漏矣，則精、神、魂、魄、意相與混融，化爲一氣，而聚於丹田也。』

［七］紫陽先生，即張伯端（九八四—一〇八二）也，字平叔，號紫陽，傳見《歷世真仙體道通鑒》卷四九。另見本書第五一『真人張平叔』條。

［八］二氣，指陰、陽二氣；黄道，即黑、紅、黄三道，爲人身藥物運行之路；三性，元精、元氣、元神也；元宫，又作『玄宫』，即中丹田也，在心窩部位。此句爲道教修行之法門，於道藏中常見，如《吕祖志》卷六《敲爻歌》：『此時黄道會陰陽，三性元宫無漏泄。』張伯端《悟真篇·序》：『夫鍊金液還丹者，則難遇易成，須要洞曉陰陽，深達造化，方能追二氣於黄道，會三性於元宫。』

［九］單州，在今山東單縣。東禪悰和尚，《景德傳燈録》卷二〇『樂普山元安禪師法嗣』下有『單州東禪和尚』，然有名無傳，事迹不詳。樂普元安（八三五—八九九），夾山善會禪師（八〇五—八八一）法嗣，歷住樂普山、蘇溪，《景德傳燈録》卷一六有傳。

［一〇］見，高麗本作『現』，同。

［一一］凡，《叢書》本作『凢』。

［一二］《仙苑遺事》，未詳何人所撰，《佛祖統紀》卷一『道門諸書』條下著録，但無其他信息，當爲記載道門逸事的作品。《人天寶鑒》共收兩條，另一條爲『真人吕洞賓』，載吕洞賓於黄龍晦機言下開悟之事。

【附録】

《歷世真仙體道通鑒》卷四九《石泰》

石泰，常州人，字得之，號杏林，一號翠玄子。遇張紫陽，得金丹之道。初，紫陽得道於劉海蟾，海蟾曰：『异日有爲汝脱韁解鎖者，當以此道授之，餘皆不許。』其後紫陽三傳非人，三遭禍患，誓不敢妄傳，乃作《悟真篇》行於世，曰：『使宿有仙風道骨之人，讀之自悟，則是天之所授，非人之輒傳矣。』中罹鳳州太守怒，按以事，坐黥竄。經由邠境，會大雪，與護送者俱飲酒村肆。杏林適肆中，既揖而坐，見邀同席。杏林笑顧：「爲此衆客方歡，彼客未成飲，盍來相就？」於是會飲。酒酣，問其故，具以告。杏林念之曰：『邠守，故人也，樂善忘勢，不遠千里，能迂玉趾，有因緣可免此行。』紫陽懇請護送者許之，諾，相與於邠。杏林爲之先，容一見，獲免。紫陽德之，曰：『此恩不報，豈人也哉？子平生學道，無所得聞，今將丹法用傳於子。』杏林拜謝，仰受付囑，苦志修煉。道成，作《還元篇》行於世。壽一百三十七，於宋高宗紹興二十八年八月十五日尸解。作頌云：雷破泥丸穴，真身駕火龍。不知誰下手，打破太虛空。後二年，易介復見杏林於羅浮山。

三九　大隋真禪師[一]

大隋真禪師，梓州鹽亭王氏子。族本簪纓[二]，妙齡夙悟，决志尋師。遂南下見藥山道吾[三]，次謁大潙[四]，服勤衆務，食不至充，卧不求暖，清苦鍊行，履操不群，大潙常器之。潙一日問曰：『子在此不曾問一轉話？』真曰：『教某甲向甚麽處下口？』潙云：『何不道如何是佛？』真便作手掩潙山口勢。潙嘆曰：『子真得其髓矣！』爾後聿旋西蜀，嘗於要涂煎茶普施三年[五]。偶游後山，見一古院號『大隋』，山中有一樹，圍四丈餘[六]，南開一門，不假斤斧，宛成一庵。師乃居之，時人目曰『木禪庵』[七]。獨居十餘年，聲聞遐著，蜀王三召不從[八]，慕師孤風，無由一見，遣内侍齎師號、寺額等賜，師不受，凡三度送至，師確意却之[九]。王再遣使出敕云：『此回禪師準前不受，當誅卿也。』使者再往懇拜云：『禪師若更不受，某必受戮。』師乃受之。

師示衆曰：『老僧不爲名利來此，須要得個人，不可青山白雲中趁爾是非，將來之世捨一報身，草也無吃。諸禪德，老僧行脚時到諸方，多是一千，少是三百[一〇]，衆在其中經冬過夏，未省時中空過，向潙山會裏做飯七年[一一]，洞山會中做柴頭三年[一二]，重處即便先去，只是了得自己時中，干他人甚麽事？如諸佛菩薩，皆是積劫勤苦方得成就。似諸闍梨，還曾捨得甚麽身命，作得甚麽勤苦，便道我會出世間法？世間法尚不會，遇些子境界[一三]，便自張眉努目，消容不得，説什解脱法。長連床上坐，不摇十指，吃他信施了，合眼合口，道我修行感果。如是，非獨謾自己，亦謾諸聖。既在三衣下，直須親近知識，了辦大事，不可又入輪回六趣去也。若是得自在底人，論甚麽鑊湯爐炭、驢胎馬腹，於中如吃美食相似。若未得如是，便實受此報，一失人身，再求欲似今日，萬中無一。不見古德問僧「何者爲最苦」，僧云「受地獄者爲最苦」，古德云「此未是苦，出家不明理爲最苦爾」。古人恁麽説話，血滴滴地，當自銘心，時時警策，莫令後悔。』《語録》

【注釋】

[一] 大隋真，即大隋法真（八三四—九一九），唐末五代僧，俗姓王，梓州（今四川三台）人，初於慧義寺出家，後游學南方，歷參名山而得悟，歸蜀後駐錫於彭州大隋山，居之十餘年。傳見《祖堂集》卷一九、《景德傳燈録》卷一一，《古尊宿語録》卷三五載其《語録》及《行狀》，此條即綜合《語録》《行狀》而成。

[二] 簪纓，官吏的冠飾，此處代指官宦。《筠州洞山悟本禪師語録》卷一：『積代簪纓，暫時落薄。』

[三] 道吾，即道吾圓智（七六九—八三五），俗姓張，豫章（今江西）人，藥山惟儼弟子，因住潭州道吾山而得名。

《祖堂集》卷五、《景德傳燈録》卷一四有傳。

［四］大潙，即潙山靈祐（七七一—八五三），俗姓趙，福建長溪人，爲百丈懷海弟子，止於潭州大潙山，傳法數十年，與其弟子仰山慧寂一同被尊爲潙仰宗的祖師。《宋高僧傳》卷一一、《景德傳燈録》卷九有傳，另見本書第四六『潙山祐禪師』條。

［五］涂，《叢書》本釋爲『涂水』，即堂邑（今江蘇六合）之滁河。實際上，『要涂』當爲『要道』之意，《古尊宿語録》此處即作『路傍』。

［六］餘，高麗本作『余』，下同。

［七］目，寛文本、《卍續藏》本、《叢書》本作『自』。按，『自』不可通，《古尊宿語録》亦作『目』，故當從底本。

［八］蜀王，當爲前蜀後主王衍（八九九—九二六），光天元年（九一八）繼位，後唐莊宗李存勖攻蜀，投降被殺。

［九］確，高麗本作『碻』，《正字通・石部》：『碻，與「確」音義通。』確意，即决意也。

［一〇］三百，《叢書》本作『二百』，《古尊宿語録》作『七百五百』。

［一一］高麗本『飯』後多一『頭』字，『飯頭』與下文『柴頭』相對成言，當是。

［一二］柴頭，叢林職事之一，負責管理柴薪。

［一三］些子，早期白話，即些須、一點之意，《大慧普覺禪師語録》卷四：『既不許默照，爲甚麽却須面壁？不見白雲師翁有言：多處添些子，少處減些子。』

【附録】

《古尊宿語録》卷三五《大隨開山神照禪師行狀》

師諱法真，貌古有威，眉垂覆睫。嘗聞老宿輩皆稱爲定光佛示迹，於劍南梓州鹽亭縣王氏家生。族本簪纓，妙齡夙悟，决志尋師於慧義寺，今護聖寺竹林院是也。師圓具後，遂游南方，初見藥山道吾、雲岩先洞，次至嶺外大潙和尚會下。數載食不至充，卧不求暖，清苦鍊行，履操不群。大潙一見，乃深器之。一日，大潙問曰：『闍黎在老僧此中，不曾問一轉話？』師云：『教某甲向什麽處下口？』潙云：『何不道如何是佛？』師便作手勢掩潙口。潙嘆曰：『子真得其髓。』從此名傳嶺外，聲振寰中。爾後聿旋西蜀，寄錫於天彭堋口山龍懷寺，路傍煎茶，普施三年。忽一日往後山，見一古院，號大隨山，群峰矗秀，澗水清泠，中有一樹，圍四丈餘，根蟠劫石，勢聳雲霄，南開一門，裏面虚通，不假斤斧，自然一庵。師乃居之，比夫迦葉三峰、維摩丈室不遠矣，時人皆目之爲木禪庵。師居十有餘年，影不出山，迹不出俗，道德彌著，聲聞遐彰。知者四方不遠千里，櫛足函丈，朝參暮請，虚往實歸。時蜀王崇重師名，凡三詔，不從。王慕師孤風，無由一見，遂於光天元年十月十五日，遣内侍齎紫衣、師號、寺額等賜師。師不受。凡三度送至，師確意却之。王愈欽師德，再遣使出敕云：『寡人心願，此回禪師如准前不受，乃卿之罪也，回必誅卿。』天使奉聖旨再往師處，師亦不受。天使懃懇拜禮告云：『禪師此回若更不受君命，某必受戮。願師慈悲，免某禍患。』師不獲已受之。師既受已，使復告師，求回表謝恩。師云：『老僧自住山來無紙墨，汝隨我口傳語大王：須善保，治家治國，事無遍傾。領取傳言，無令忘失。欲求相見，是何年月。』使依師言，回闕奏王。王深悦，再令天使詣山中長生侍奉師，師亦不受，復云：『老僧不爲名利，須得個人作什麽？』天使忙然，師且權留之。師於乾德元年己卯七月十五日齋前辭衆，端坐而化。俗壽八十六，僧臘六十六。時王聞之，哀慕師心，不勝慘怛，急宣中書令王宗壽齎香燭備具等到山致祭。敕葬歸塔，神异頗多，不可具述。

四〇　廣慧璉禪師[一]

廣慧璉禪師示衆[二]，多勸人疏財利、薄口體[三]，又云：『若欲學道，先須貧苦鍊行，若不爾者，欲得道成，無有是處。』及璉示寂，召衆曰：『老僧尋常只教爾疏財利、薄口體，道業無有不辦，何故？一切罪業，皆因財寶所生，一切垢染，皆因口體而起。老僧一生不蓄財，不别衆食，非是老僧分外底事，乃佛有戒：辭親出家，識心達本，解無爲法，去世資財，乞求取足，日中一食，樹下一宿[四]。此是佛之明訓，安可背違？我若要足衣食、覓自在，何不爲俗，隨所任運？又何須假佛形服、破滅法門作甚麼？既爲釋子，當行釋行，不可道我有福有緣，縱意造業，帶累師僧父母同入地獄。今時有般知識，自眼不正，開口欲斷人命根，觸著便懷毒蛇心行，見利見名，如蠅子見血一般，永無放捨。者般底也道我會禪會道，行棒行喝，苦哉！汝輩行脚，切須著眼。珍重！』言訖而逝。《舟峰録》

【注釋】

[一] 廣慧璉，即廣慧元璉（九五一—一〇三六），見第一四『侍郎楊億』條注三。

[二] 璉，《卍續藏》本、《叢書》本作『連』，誤。

[三] 口體，即口腹也，《孟子·離婁上》：『此所謂養口體者也，若曾子則可謂養志也。』

[四]《四十二章經》：『佛言：「除鬚髮，爲沙門，受道法，去世資財，乞求取足，日中一食，樹下一宿，慎不再矣！使人愚弊者，愛與欲也。」』

【附録】

《補續高僧傳》卷六

元璉禪師，泉州陳氏子，褊顱廣顙，瞻視凝遠，望見令人意消。參首山，山問：『近離何處？』璉曰：『漢上。』山豎起拳曰：『漢上還有這個麽？』曰：『這是甚麽碗鳴聲？』山曰：『瞎。』璉曰：『恰是。』拍一拍便出。他日又見，於『火把子』話下大悟，云：『某甲不疑天下老和尚舌頭也。』後出世汝州廣慧院。華嚴隆爲嗣法上首，楊龜山大年亦出師位下，有寄内翰李公書，叙師承本末云。

四一　光教安禪師

光教安禪師[一]，永嘉人，翁氏，少莊重，不喜喧囂，父异之，令出家。往台之雲峰，結茅而居，長坐不卧，一食終日，不衣繒纊[二]，唯壞衲以度寒暑。尋謁韶國師，師問曰：『三界無法，何處求心？四大本空，佛依何住？爾向甚處見老僧？』安曰：『今日捉敗和尚。』師曰：『是甚麼？』安掀倒香臺而出，師器之。安一日閱《華嚴》，至『於身無所取，於修無所著，於法無所住，過去已滅，未來未至，見在空寂』，到此豁然入定。經旬餘，方從定起，身心爽利，頓發玄秘。安以華嚴李長者《釋論》旨趣宏奧[三]，因將合經，成一百二十卷，盛行於世。忠懿王嚮師道望，命住越之清泰[四]。安不樂從務，唯宴坐丈室，如入大定。一日，定中見二僧倚殿檻語話，有天神擁衛傾聽。久之，俄有惡鬼唾駡，復掃脚迹[五]。及詢倚檻僧所以，乃初論佛法，後談世諦。安曰：『閑論尚爾，况主法者擊鼓升堂、説無益事邪！』自是終身未嘗談世故。安死，闍維，舌根不壞，柔軟如紅蓮華葉。《傳燈》《通行》

【注釋】

[一]光教安，底本及高麗本、《卍續藏》本、《叢書》本皆作『光孝安』，然底本目録作『光教安』。按，《法華經大竅》卷一、《潙山警策句釋記》卷一、《百丈清規證義記》卷八等亦作『光孝安』，但這些文獻皆爲晚出，而《景德傳燈録》卷二六作『杭州報恩光教寺』。宋代雖曾大規模創建報恩光孝禪寺，但已是紹興九年（一一三九）之事，北宋時僅揚州及杭州有光孝院。安禪師既爲天台德韶（八九一—九七二）法嗣，當生活於五代、北宋之際，當以《景德傳燈録》爲準，則『光教安』名永安（九一一—九七四），傳見《宋高僧傳》卷二八。另，成化《杭州府志》卷五三『寺觀·餘杭縣』條：『光教寺。

在縣北八十里止戈鄉，舊名龍光，梁大同二年僧如清建，宋治平二年改今額，有清習閣。』

［二］繒纊，指用繒帛及絲綿縫製的衣服，元照《釋門章服儀應法記》：『此下次叙東華，道整、道休、南岳、天台，并皆衣布，《南岳傳》云：師行大慈悲，奉菩薩戒，至如繒纊皮革，多由損生，故其徒屬服章率加以布，寒則艾衲，用犯風霜。』

［三］李長者，即李通玄（六三五—七三〇）也，唐代華嚴學者，著有《新華嚴經論》四十卷、《華嚴經會釋論》十四卷、《略釋新華嚴經修行次第决疑論》四卷、《略釋》《釋解迷顯智成悲十明論》等。《宋高僧傳》卷二二有傳。

［四］五代時越州有二清泰院，其一爲《會稽志》卷七『會稽縣』條下：『清修院在縣東南八十里，晋開運三年建，號清泰院，治平六年九月改賜今額。』其二爲《會稽志》卷八『嵊縣』條下：『實性院在縣西二百五十步，唐乾元中建，號清泰院，會昌廢，晋天福七年重建，大中祥符元年改賜今額。』然會稽縣既爲州治，故前者可能性更大。

［五］《梵網經》卷下：『若佛子！信心出家，受佛正戒，故起心毁犯聖戒者，不得受一切檀越供養，亦不得國王地上行，不得飲國王水，五千大鬼常遮其前。鬼言：「大賊。」若入房舍城邑宅中，鬼復常掃其脚迹。一切世人罵言：「佛法中賊。」一切衆生眼不欲見。犯戒之人，畜生無异，木頭無异。若毁正戒者，犯輕垢罪。』

【附録】

《景德傳燈録》卷二六

杭州報恩光教寺第五世住永安禪師，温州永嘉人也，姓翁氏。幼歲依本郡彙征大師出家，後唐天成中隨本師入國。吳越忠懿王命征爲僧正。師尤不喜俗務，擬潛往閩川投訪禪會，屬路岐艱阻，遂迴天台山，結茆而止。尋遇韶國師開示，頓悟本心。乃辭出山，征師聞於忠懿王，初命住越州清泰院，次召居上寺，署正覺空慧禪師。師上堂曰：「十方諸佛，一時雲集，與諸上座證明，諸上座與諸佛一時證明，還信麽？切忌卜度。」僧問：『四衆雲臻，如何舉唱？』師曰：『若到諸方，切莫錯舉。』曰：『非但學人，大衆有賴。』師曰：『禮拜著。』僧問：『五乘三藏，委者頗多。祖意西來，乞師指示。』師曰：

『五乘三藏。』曰：『向上還有事也無？』師曰：『汝却靈利。』問：『如何是大作佛事？』師曰：『嫌什麼？』曰：『恁麼即親承摩頂去也。』師曰：『何處見世尊？』問：『如何是西來意？』師曰：『汝過遮邊立。』僧移步。師曰：『會麼？』曰：『不會。』師示偈曰：汝問西來意，且過遮邊立。昨夜三更時，雨打虛空濕。電影豁然明，不似蚰蜒急。

師開寶七年甲戌夏六月示疾，告衆爲别。時有僧問：『昔日如來正法迦葉親傳，未審和尚玄風百年後如何體會？』師曰：『汝什麼處見迦葉來？』曰：『恁麼即信受奉行，不忘斯旨也。』師曰：『佛法不是遮個道理。』言訖坐亡，壽六十四，臘四十四。既闍維而舌不壞，柔軟如紅蓮葉，今藏於普賢道場中。師以華嚴李長者《釋論》旨趣宏奥，因將合經成百二十卷雕印，遍行天下。

四二　明教嵩禪師[一]

明教嵩禪師，藤州人，得度後嘗戴觀音像，誦其號，日十萬聲，於是世間經書不學而能。得法洞山聰公[二]。慶曆間至錢塘，樂湖山，税駕焉[三]。所居一室，翛然無長物，清坐終日，非修潔行誼者不可造也。師之道妙，學者器近[四]，不能曉悟，師亦不少低其韻，撫徇其機，嘆曰：『安能員鑿以就方枘？聞之聖賢所爲，得志則行其道，否則言而已。言之行由，是爲萬世法。使天下學者識度修明，遠邪林、游正涂，奚必目擊受之，謂己之出邪？』即閉關著書。書成，携之京，因内翰王公素獻之[五]，仁宗又爲書先焉。上讀至『臣爲道不爲名，爲法不爲身』，嘆愛其誠，旌以『明教大師』[六]，賜其書入藏[七]。既送中書，時韓魏公琦覽之[八]，示歐陽文忠公。公方以文章自任，以師表天下，又以護宗，不喜吾道，見其文，謂魏公曰：『不意僧中有此郎，黎明當一識之。』魏公同往見。文忠與語終日，遂大喜。自韓丞相而下，莫不延見尊重之[九]，由是名振海内。遂買舟東下，大覺璉公賦《白雲謠》以將師之行：『白雲人間來，不染飛埃色。遥爍太陽輝，萬態情可極。嗟嗟輕肥子，見擬垂天翼。圖南誠有機，去當六月息。寧知絪縕采，無心任吾適。天宇一何寥，舒卷非留迹。』[一〇]歸老於永安精舍[一一]，示化荼毗，得六根不壞者三，頂骨出舍利，紅白晶潔，狀若大菽[一二]。嗚呼！使其與奪之不公，辯説之不契乎道，則何以臻於是矣？《石門》《行業》[一三]

【注釋】

[一]契嵩（一〇〇七—一〇七二），北宋雲門宗僧，力主禪教合一、儒釋一貫，有《鐔津文集》十九卷行世。

[二]洞山聰，即洞山曉聰也，北宋雲門宗僧人，《補續高僧傳》卷七有傳。

[三]税駕，止息也，《史記·李斯列傳》：『當今人臣之位無居臣上者，可謂富貴極矣。物極則衰，吾未知所税駕也。』司馬貞索引：『税駕，猶解駕，言休息也。』

[四]器近，即根器淺薄也，《鐔津文集序》：『師自東來，始居處無常，晚居餘杭之佛日山，退老於靈峰永安精舍。默視其迹，雖或出處不定，然其所履之道，高妙幽遠，而末路學者器近，不能曉悟，而師終亦不肯少低其韻，以撫循其機。』

[五]王素（一〇〇七—一〇七三），字仲儀，開封人，王旦次子。賜進士出身，歷知定州、成都府、開封府、許州，卒謚『懿敏』。《宋史》卷三二〇有傳。王素所進契嵩之書，據《傳法正宗記》卷一《知開封府王侍讀所奏札子》，乃《輔教編》《定祖圖》《正宗記》三種：『臣今有杭州靈隱寺僧契嵩，經臣陳狀，稱禪門傳法祖宗未甚分明，教門淺學，各執傳記，古今多有諍競。因討論大藏經論，備得禪門祖宗所出本末，因刪繁撮要，撰成《傳法正宗記》一十二卷，并畫《祖圖》一面，以正傳記謬誤，兼舊著《輔教編》印本一部三册，上陛下書一封，并不干求恩澤，乞臣繳進。臣於釋教粗曾留心，觀其筆削著述，固非臆説，頗亦精微。陛下萬機之暇，深得法樂，願賜聖覽。如有可采，乞降付中書看詳，特與編入大藏目録。取進止。』

[六]《傳法正宗記》卷一《中書札子不許辭讓師號》：『杭州靈隱永安蘭若賜紫沙門契嵩狀：今月二十二日，伏蒙頒賜「明教大師」號敕牒一道。伏念契嵩比以本教宗祖不明，法道衰微，不自度量，輒著《傳法正宗記》《輔教編》等上進，乞賜

編入大藏，惟欲扶持其教法。今沐聖朝，特有此旌賜，不唯非其素望，亦乃道德虛薄，實不勝任，不敢當受其黄牒，一道隨狀繳納申聞事。右札付左街僧録司告示：不許更辭讓，准此。嘉祐七年四月五日。辛相押字

［七］《傳法正宗記》卷一《中書札子許收入大藏》：『權知開封府王素奏：杭州靈隱寺僧契嵩，撰成《傳法正宗記》并畫圖，乞編入大藏目録。取進止。《輔教編》三册此是中書重批者，蓋降札子後數日，又奉聖旨，更與《輔教總（编？）》入藏批此。右奉聖旨，《正宗記》一十二卷，宜令傳法院於藏經内收。附札付傳法院，准此。嘉祐七年三月十七日。辛相押字』

［八］韓琦（一〇〇八—一〇七五），字稚圭，號贛叟，安陽人。天聖五年（一〇二七）進士及第，歷授將作監丞、開封府推官、右司諫等。嘉祐三年（一〇五八），拜同中書門下平章事，爲相十載，有令名。神宗時出知相州、大名等地，熙寧八年卒於相州，謚『忠獻』，徽宗時加贈魏郡王。傳見《宋史》卷三一二。

［九］延，高麗本作『迎』。

［一〇］大覺璉公，即大覺懷璉（一〇一〇—一〇九〇）也，北宋雲門宗僧人，傳見《禪林僧寶傳》卷一八、《佛祖歷代通載》卷一八。

［一一］歸，高麗本作『皈』，同。

［一二］大菽，大豆的一種，粒大而圓，《吕氏春秋・審時》：『大菽則圓，小菽則摶以芳。』

［一三］《石門》，即惠洪之《石門文字禪》也，是書卷二三《嘉祐序》載契嵩之行迹，與本文多同。《行業》，當爲陳舜俞所撰之《鐔津明教大師行業記》，收於《鐔津文集》卷一。本則乃由上述二文裁剪、拼接而成。

【附録】

《石門文字禪》卷二三《嘉祐序》

禪師諱契嵩，字仲靈，藤州人也。少從洞山聰禪師游，出世湖山，乃嗣其法。其道微妙，而末法學者器近而不能曉悟，而公亦不肯少低其韻以俯循其機，因嘆曰：『吾安能圓鑿以就方柄哉！聞之聖賢所爲，得志則行其道，否則言而已，言之行

由，是爲萬世法，使天下學者識度修明，遠邪林而游正塗，則奚必目擊而受之，謂己之出邪？』即閉關著書，以攻正祖宗所以來之之迹，爲十二卷，又別定《祖圖》。書成，攜之京師，因内翰王公素獻之，仁宗皇帝又爲書先焉。上讀至『吕（臣？）固爲道不爲名，爲法不爲身』，嘆愛其誠，旌以「明教大師」，賜其書入藏。書既送中書，時魏國韓公琦覽之，以示歐陽文忠公。公方以文章自任，以師表天下，又以護宗，不喜吾道，見其文，謂魏公曰：『不意僧中有此郎邪？黎明當一識之。』公同往見，文忠與語終日，遂大喜，由是公名振海内。遂買舟東下，居永安精舍而歸老焉。公雖於古今内外之書無所不讀，至於安危治亂之略，當世同人少見其比。而痛以律自律其身，其學端誠爲歸宿之地，而慕梁惠約之爲人。以其學校其所爲，未見少差。其考正命分，於賢聖出處之際尤爲詳正，觀學者循奇巧而不知本也，乃作《壇經贊》；亡孝背義，又循養其欲也，乃作《孝篇》十二章；士大夫不顧名實，多是已非他，乃作《輔教編》；學者苟合自輕，不貴尚以修德也，乃題《遠公影堂》，記其所慕也，乃作《茨堂序》；因風俗山川之勝，欲以抛擲其才力以收景趣，乃作《武林志》。至於長詩、贊而已，殆所謂太山之一毫芒耳。公終于湖山，而火化不壞者六物，天下聞其風者爲之首東長想。嗚呼！一匹夫雲行鳥飛天地之間，視萬乘之尊，其天地之遠也，顧巨公貴人，雲泥之异也，而一旦以其所爲之書獻，天子爲之動容，天下靡然向其風，而卒能酬其志，豈非其所自信修誠之效歟？後之學者讀其書，必有掩卷而三嘆者也。元符元年中秋日高安某序。

四三　南山宣律師[一]

終南山宣律師，初生齊朝，名僧護，居越之剡，鎸彌勒像；次生梁，名僧祐；後生隋，名道宣[二]。其祖湖州人，父爲陳吏部尚書，隨駕入長安，生於京兆。母氏夢月貫懷而娠，又梵僧語其母曰：『仁所懷者即梁祐律師[三]，宜令出家，弘宣佛教。』及下髮，剋苦勵志[四]，唯求聖法。嘗戴寶函繞塔行道，願求舍利降於函中，七日果獲感應，由是益精其志，日唯一食，長坐不睡，樂入禪定。貞觀四年，在清官寺行般舟定，感天龍給侍，乏水，示以白泉[五]。於安居日嘗發誠禱：『若坐夏有功，願垂异相。』後庭中果生芝草。師因勞苦發疾，天王授以補心藥方，因告師曰：『今當像末，諸惡比丘廣造伽藍，不修禪慧，亦不讀誦，縱有智者，千有一二。』後在西明寺深夜行道，足跌前階，聖者扶足。師問是誰，答曰：『北天王之子[六]，敕令侍衛。』師曰：『貧道修行，無煩太子。太子威力自在，天竺有可作佛事者却願致之。』太子曰：『我有佛牙，長三寸、闊一寸，寶之久矣，密授與師，宜加保護。』師乃晝藏地穴，夜捧行道，人莫得知，唯弟子綱律師密見其蹤，欲揚之。師曰：『信根淺薄，謂吾妖妄，唯我與子乃可知耳。』師與天神往來甚衆，喜問靈蹤聖軌，隨問隨録，集爲《感通傳記》。乾封二年春二月，有神告曰：『師將報盡，當生彌勒内宫。』并留香一裹[七]，此天上棘林之香，帝釋所焚者。是年冬十月有三日，空中天樂花香，迎請而逝。《别傳》等記

【注釋】

[一] 宣律師，即道宣（五九六—六六七）也，唐代律僧，俗姓錢，少依智首律師受戒，後隱於終南山，纘述戒律，武德中，詔充西明寺上座，并參與玄奘譯經，卒謚『澄照』。《宋高僧傳》卷一四有傳。

[二] 《佛祖統紀》卷五三：『石城山。齊武帝。沙門僧護於剡縣石城山鑿石造彌勒佛，後有僧淑、僧祐相繼鑿成，高十一丈，天神謂宣律師即護、淑、祐後身，世稱爲三生石佛。』

[三] 仁，未詳何意，疑爲『汝』之誤。

[四] 剋，高麗本、《叢書》本作『尅』，二字同。

[五] 《宋高僧傳·唐京兆西明寺道宣傳》：『晦迹於終南倣掌之谷，所居乏水，神人指之，穿地尺餘，其泉迸涌，時號爲白泉寺。猛獸馴伏，每有所依，名華芬芳，奇草蔓延。隨（隋）末徙崇義精舍，載遷豐德寺，嘗因獨坐，護法神告曰：「彼清官村故净業寺，地當寶勢，道可習成。」聞斯卜焉，焚功德香，行般舟定。時有群龍禮謁。』可知行般舟定與神人示泉

爲二事，之間并無因果關係。

［六］高麗本「北」後有「方」字。北天王，即毗沙門也，又稱多聞天王，爲閻浮提洲北方的守護神。

［七］褁，《卍續藏》本作「裊」。按，「褁」爲「裹」之俗字，爲量詞，而「裊」無此意，故誤。

四四　智者顗禪師［一］

智者顗禪師，姓陳，潁川人，生有重瞳，年十五，於長沙像前誓求出家［二］，於禮佛時怳然如夢，見山臨海，山頂有僧招手曰：「汝當居此，汝當終此。」既寤，精誠愈至。年十八，投湘州果願寺法緒出家［三］。逮受具戒，精通律藏，兼修禪定。時慧思禪師［四］，武津人［五］，名行高重。遥餐風德，不啻飢渴。其地乃陳齊兵刃所衝，重法輕生，涉險而去。思曰：「昔日靈山會上同聽《法華》，宿緣所追，今復來矣。」即示普賢道場，説四安樂行［六］。於是昏曉苦到，如教研心。於時勇於求法，貧於資供，切柏代香，捲簾進月，月没則燎之以松柏，盡則繼之以栗［七］。經二七日，誦《法華》至《藥王品》「諸佛同贊是真精進，是名真法供養如來」，到此一句，身心豁然入定，持因静發，照了《法華》，若高暉之臨幽谷，達諸法相，似清風之游太虚。將證白師，師更開演，自心所悟及從師受，四夜進功，功逾百年。思嘆曰：「非爾莫證，非我莫識。所入定者，法華三昧前方便也，所發持者，法華旋陀羅尼也。縱令文字之師千群萬衆，尋汝之辯，不可窮矣！」於説法人中最爲第一。後爲儀同沈君理請住瓦官［八］，未幾，謝遣門人曰：「昔南岳輪下及始濟江東，法鏡屢明，心絃數應。初瓦官四十人共坐，二十人得法，次年百餘人共坐，二十人得法，又次二百餘人共坐，十人得法，其後徒衆轉多，得法轉少，妨我自行，化道可知。吾聞天台地記，稱有仙宮，若息緣兹嶺，啄峰飲澗，展平生之願。」陳太建七年秋入天台，有一老僧引之而進曰：「師欲造寺［九］，山下有基，捨以仰給。』師曰：『正如今日草舍尚難，况辨寺乎？』僧曰：『今非其時，三國成一，有大勢力人當起此寺。寺若成，國即清，當呼爲國清。』有定光禪師，异人也，居山三十載，迹晦道明，易狎難識，有所懸記，多皆顯驗[一〇]。其夕宿定光草庵，光曰：『還憶招手時否？』及觀所住之處，宛如昔夢。因煬帝遣使詔師至石城，乃曰：『吾知命在此，不須進前，輟斤絶絃於今日矣。』聽唱《無量壽》竟，曰：『四十八願莊嚴净土，華池寶樹，易往無人，火車相見，能改悔者，尚復往生，况戒慧熏修，行道力故，實不唐捐[一一]，梵音聲相，實不誑人。』智朗請云：『不審何位？殁此何生？誰可宗仰？』師曰：『吾不領衆，必净六根，爲他損己，只是五品位爾。汝問何生者，吾諸師友侍從觀音，皆來迎我。問誰可宗仰者，豈不聞波羅提木叉是汝之師，四種三昧是汝明導[一二]，教汝捨重擔，教汝降三毒，教汝治四大，教汝解業縛，教汝破魔軍，教汝調禪味，教汝折慢幢，教汝遠邪濟，教汝出無爲坑，教汝離大悲難，唯此大師可作依止。我與汝等因法相遇，以法爲親，傳習佛燈，是爲眷屬，若不爾者，非吾徒也。』言訖如入禪定。《別傳》

【注釋】

[一] 智顗，參看第六『智者顗禪師』條注一。本條據智者弟子灌頂所撰《隋天台智者大師別傳》删削而成，然取捨不當，致文意不順。

[二] 宋代曇照《智者大師別傳注》：『長沙即荆南路長沙郡潭州也，其郡河中有大砂陼甚長，故曰長沙也。彼州寺内佛像之前爾，朝代改更，未知皇朝稱爲何寺。然大師生於荆州，屬荆湖北路，今爲江陵，又改荆門軍。况大師在幼，程途且遠，往往彼有殊勝，特往瞻禮矣。』

[三] 《止觀輔行傳弘决》：『大師時年十八，至襄州果願寺依乎舅氏而出家焉。』則法緒實爲智顗之舅。『襄州』當爲『湘州』之誤，即長沙也。

〔四〕慧，高麗本作『惠』，同。慧思（五一五—五七七），俗姓李，十五出家，謁慧文，得法華三昧。入光州，爲衆説法十餘年，光大二年（五六八）至湖南衡山，後被追爲天台二祖。傳見《續高僧傳》卷一七。

〔五〕武津，《輿地廣記》卷九：『上蔡縣，故蔡國，蔡叔始封地。秦爲上蔡縣，李斯其邑人也。漢屬汝南郡，後漢及晉因之。後魏改爲臨汝，北齊廢之。隋開皇中置，曰武津，大業初復改爲上蔡，屬汝南郡。唐屬蔡州。』

〔六〕四安樂行，即《法華經・安樂品》所載四種獲得安樂之法，即身安樂行、口安樂行、意安樂行、誓願安樂行。

〔七〕高麗本無『以』字。此句頗費解，考《隋天台智者大師别傳》原文，作『切栢爲香，栢盡則繼之以栗；捲簾進月，月没則燎之以松』，則本條引用錯亂。

〔八〕沈，《叢書》本作『沇』，形近致誤。按，沈君理爲梁陳間大臣，傳見《陳書》卷二三。瓦官寺，《金陵梵刹志》卷二一：『中刹鳳凰臺瓦官寺古刹，有二寺，在山上者爲上瓦官寺，在平地者爲下瓦官寺。在都城内中城鳳凰臺，南去所統天界寺五里。晉興寧二年，詔以陶官地施爲瓦官寺，梁時就建瓦官閣。唐昇元改寺曰昇元寺，閣曰昇元閣。宋太平興國改崇勝戒壇。』

〔九〕欲，《卍續藏》本作『飲』，誤。

〔一〇〕高麗本作『皆多現驗』。

〔一一〕唐捐，虚擲也，慧琳《一切經音義》卷二五：『徒郎反，徒也，徒，空也。捐，音以專反，《玉篇》：弃也。』《妙法蓮華經》卷七：『若有衆生，恭敬禮拜觀世音菩薩，福不唐捐，是故衆生皆應受持觀世音菩薩名號。』

〔一二〕導，高麗本作『道』，同。

四五　盧山遠法師〔一〕

盧山遠法師，生於雁門賈氏。嘗請法道安法師，因聽講《般若》有契。師與大尹張秘友善，一日謂曰：『逆境易打，順境難打。逆我意者，只消一個忍字，不片時便過，若遇順境，則諸事順適我意，如磁石見鐵，不覺不知，合爲一處。無情之物尚爾，况全身在塵境中邪？』[二]後游廬阜，以山水清勝，遂安止之。刺史桓伊創東林以居焉[三]，從爾影不出山，幾三十年，唯以浄土克念於勤。初十餘年[四]，澄心系觀，三睹聖相，而師沉厚不言，後二十年，於般若臺從禪定中見彌陀佛身滿虚空，又聞告言：『我以本願力故來安慰汝，汝後七日當生我國。』師始告其徒曰：『吾自居此，幸得三睹聖相，今復再見，吾之往生决矣[五]！汝當自勉。』

《塔銘》

【注釋】

[一] 慧遠（三三四—四一六），東晋僧人，釋道安弟子，後居廬山東林寺，與緇素百餘人結白蓮社，共修浄土，後世尊之爲浄土宗初祖。本條謂出自《塔銘》，然今未見。考其文字，與《樂邦文類》卷三《蓮社始祖廬山遠法師傳》多同，唯增與大尹張秘之言。曇秀謂出塔銘者，多經删削而成，疑當有所本。

[二] 慧遠與張秘之言，除本書外，另見《太上感應篇》卷二一及《大慧普覺禪師語録》卷二九，前者謂此語乃慧遠所説，後者則直引之，似乎將其歸屬於宗杲，未知孰是。但從語言特色來看，不似魏晋時語。

[三] 桓伊，字叔夏，東晋將領，曾任江州刺史，嘗爲慧遠立東林寺。傳見《晋書·桓宣傳附桓伊傳》。

[四] 餘，高麗本作『余』。

[五] 《叢書》本無『之』字。

【附録】

《太上感應篇》卷二一

慧遠禪師語大尹張秘曰：『逆境易打，順境難打。逆我意者，只消一個忍字，不片時間便過了，若遇順境，則諸事順適我意，無你回避處，譬如磁石與針相逢，不覺不知定是合做一處，無情之物尚猶如此，况我有情，全身在情裏作活計者耶？』

《大慧普覺禪師語録》卷二九《答樓樞密》

逆境界易打，順境界難打。逆我意者，只消一個忍字，定省少時便過了，順境界直是無儞回避處，如磁石與鐵相偶，彼此不覺合作一處，無情之物尚爾，況現行無明，全身在裏許作活計者？

四六　潙山祐禪師[一]

潙山祐禪師，福州人，薙髮後往天台國清受戒，寒、拾預修路，曰：『不久有肉身大士來此求戒。』師至，二人隱於路傍深草中，待師過，跳出作虎勢，哮吼而接，師罔措。寒云：『自靈山別後，五生作人主來，今忘之。』[二]後參百丈。一日侍立次，丈云：『汝撥爐中有火否？』師撥云：『無火。』百丈躬起，深撥得少火[三]，舉示之。師發悟，禮謝，陳所解。丈曰：『此乃暫時岐路，經曰「欲見佛性，當觀時節因緣，時節既至，如迷忽悟，如忘忽憶，方省己物不從他得。」』令充典坐[四]。時司馬頭陀自湖南來[五]，謂百丈曰：『長沙西北絶頂，乃奇勝之地，可容千衆。』丈曰：『老僧去之可乎？』頭陀曰：『和尚骨人，彼是肉山，非所宜也。』丈曰：『第一坐可乎？』[六]曰：『非也。』丈曰：『典坐可乎？』[七]曰：『真潙原主人[八]，往彼十餘年，衆方集。』師遂往結庵，橡栗爲食，猿鳥爲侶，影不出山，宴坐終日，如是九年。偶念曰：『吾居久矣，竟無人到，本圖利物，獨居何益？』欲棄庵而去，至谷口，虎豹蛇蟒横於道路。師曰：『吾若於此有緣，汝各散去，不然，從汝啖之。』言訖而散，於是復回。有神見曰：『此山乃迦葉佛時曾爲蘭若[九]，今當復成。常護此山，蓋受佛記爾。』明年，大安領衆[一〇]，輔成法社。《寺碑》

【注釋】

[一] 潙山祐，即潙山靈祐（七七一—八五三），見本書「大隋真禪師」條注四。此條謂出於《寺碑》，然今未見。

[二] 靈祐見寒山、拾得之事，諸書皆不載，唯《宋高僧傳·唐大潙山靈祐傳》及之，但亦與本文不同，見附録。

[三] 少，高麗本全書皆作「小」，可通。

[四] 坐，高麗本、《卍續藏》本、《叢書》本作「座」。按，「典座」爲叢林職事之一，掌管大衆齋粥，亦作「典坐」。

[五] 陀，高麗本作「陁」，下同。司馬頭陀，唐代异人，生平不詳，《景德傳燈録》卷九注文：「司馬頭陀參禪外，蘊人倫之鑒，兼窮地理，諸方剏院多取决焉。」《敕修百丈清規》卷八：「有司馬頭陀者，善爲宫宅地形之術，睹其山勢斗拔，與夫岡巒首尾之起伏，知爲吉壤。所留鈐記有曰：法王居之，天下師表。」

[六] 坐，高麗本作「座」。

[七] 坐，高麗本、《叢書》本作「座」。

[八] 原，高麗本作「山」。

[九] 高麗本無「乃」字。

[一〇] 大安，即長慶大安（七九三—八八三），俗姓陳，福州人。初於黄檗山習律，後造百丈懷海禪師得旨。曾助同參靈祐禪師創居潙山，及祐示寂，衆請住持。後住福州長慶寺，弘闡二十餘載。中和三年，坐化於怡山丈室，壽九十一。《宋高僧傳》卷一二有傳。

【附録】

《宋高僧傳》卷一一《唐大潙山靈祐傳》

釋靈祐，俗姓趙，祖、父俱福州長溪人也。祐丱年戲於前庭，仰見瑞氣祥雲徘徊盤鬱，又如天樂清奏，真身降靈。衢巷諦觀，耆艾莫測。俄有華巔之叟，狀類厲賓之人，謂家老曰：『此群靈衆聖標异。此童佛之真子也，必當重光佛法。』久之，彈指數四而去。祐以椎髻短褐依本郡法恒律師，執勞每倍於役。冠年剃髮，三年具戒。時有錢塘上士義賓，授其律科。及入天台，遇寒山子於途中，乃謂祐曰：『千山萬水，遇潭即止。獲無價寶，賑卹諸子。』祐順途而念，危坐以思，旋造國清寺，遇异人拾得，申繫前意，信若合符。遂詣泐潭，謁大智師，頓了祖意。元和末，隨緣長沙，因過大潙山，遂欲棲止。山與郡郭十舍而遥，夐無人煙，比爲獸窟。乃雜猿猱之間，橡栗充食。浹旬，有山民見之，群信共營梵宇。時襄陽連率李景讓統攝湘潭，願預良緣，乃奏請山門，號同慶寺。後相國裴公相親道合。祐爲遭會昌之澄汰，又遇相國崔公慎由，崇重加禮。以大中癸酉歲正月九日盥漱畢，敷座瞑目而歸滅焉。享年八十三，僧臘五十九。遷葬於山之右梔子園也。四鎮北庭行軍涇原等州節度使右散騎常侍盧簡求爲碑，李商隱題額焉。

四七　净因臻禪師[一]

净因臻禪師，生福之古田，得旨訣於浮山遠公。後謁净因璉公，公命首衆。及璉歸吴，以臻嗣席。神宗嘗詔至慶壽宫[二]，設高坐，恣人問答，左右上下，得未曾有。臻爲人純厚，渠渠靖退[三]，似不能言者，及其辯説，縱横無礙。奉身至約，一布裙二十年不易。魯直太史題其像曰：『老虎無齒，卧龍不吟。千林月黑[四]，六合雲陰。遠山作眉紅杏腮，嫁與春風不用媒。老婆三五少年日，也解東塗西抹來。』《隱山集》[五]

【注釋】

[一] 净因臻，即净因道臻（一〇一四—一〇九三）也，北宋臨濟宗僧，俗姓戴，字伯祥，福建古田人。得悟於浮山法遠門下，駐錫於丹陽因聖寺，後遷東京净因寺。《禪林僧寶傳》卷二六、《釋氏稽古略》卷四有傳。

〔二〕慶壽宮，《宋會要輯稿·方域一》：『次後欽明殿，舊曰天和，明道元年十月改觀文，後改清居，治平三年六月改今名。其西睿思殿、福寧殿，東慶壽宮。慶壽、萃德二殿，太皇太后所居。』

〔三〕渠渠，偈促不安貌，《荀子》卷一：『人無法則倀倀然，有法而無志其義則渠渠然。』楊倞注：『渠讀爲遽，古字渠、遽通，渠渠，不寬泰之貌。』靖退，恭謹謙讓，《虛堂和尚語録》卷一〇：『靖退全收晚節，信緣來應古擣。』

〔四〕林，高麗本作『秋』。按，《禪林僧寶傳》《佛祖歷代通載》《續傳燈録》等皆作『林』，『千秋月黑』亦不可解，故高麗本誤。

〔五〕《隱山集》，未詳何人所撰，本書『分庵主』條亦引自此書，另有『隱山與靈空書』。據《枯崖漫録》卷一：『隱山，泉之晋江人。性褊躁，好貶剥，自謂業（叢？）林一害，瑞世下生。嗣凉峰空退庵，此庵乃其大父云。』不知此『隱山』與《隱山集》是否有關。

【附録】

《釋氏稽古略》卷四

（元豐二年）冬十月二十日，慈聖光獻太皇大后曹氏崩，宣净因禪師道臻入慶壽宫升座説法。僧問：『慈聖仙游，定歸何處？』師曰：『水流元在海，月落不離天。』宫庭無不加敬，禰之曰善。帝悦，賜與甚厚。及神宗上仙，哲宗詔師福寧殿登高座説法。詔曰：禪師道臻素有德行，可賜號净照禪師。

四八　證悟智法師〔一〕

證悟智法師，台之林氏子，少聰敏，書過目成誦，雖醫方卜筮，亦皆通曉。一日游講舍，聞説《觀經》，傾聽良久，嘆曰：『落日之處，吾有故鄉〔二〕，今聞此，若得家書。』於是祝髮，誓勤祖教。依白蓮仙法師問具變之道[三]，仙指燈籠曰：『離性絶非，本自空寂，理則具矣；六凡四聖，所見不同，變則在焉。』智不契，後因掃地誦《法華》，至『知法常無性，佛種從緣起』，意遂豁然契悟。仙見之曰：『且喜大事决了，《法華》止觀，此爲喉襟，汝能省悟，誠造微入妙。』自是游心昭曠[四]，多以此示人。每涉五日始一寢，餘則涵泳道要，惟恐不及。一坐東山二十四年[五]，兩山學徒與之論辯，無敢當者。師嘗患後進囿名相、膠筆録，或者至以一宗之傳爲文字之學，异宗鄙之，殊不領略，因勉其徒曰：『豈不思吾佛云是真精進，只者一句便有向上機緣，何不覿面激揚斯事乎？』後被命上竺，時丞相秦公問：『止觀一法邪？二法邪？』[六]師曰：『一法也。譬之於水，湛而清者止也，可鑒鬚髮者觀也，水則一耳。又猶兵也，不得已而用之，以衆生重昏巨散之病，用止觀之藥救其心性，歸爲全一之體。俾法界寂然名止，寂而常照名觀，若專其所止[七]，則何所觀？如公垂紳正笏，燕坐廟堂，不動干戈，中興海宇[八]，亦若是而已。』公喜曰：『非師，安知佛法之妙！』《塔銘》

【注釋】

[一] 底本題爲『證悟智禪師』，但正文作『證悟智法師』，且證悟圓智（？—一一五八）爲天台宗僧人，故據改。圓智俗姓林，天台黄岩人，真教智仙法嗣，歷住祥符、白蓮、上天竺等寺。傳見《松隱集》卷三五《天竺證悟智公塔銘》《佛祖統紀》卷一六等，《嘉泰普燈録》卷二四另載其與此庵景元禪師（一〇九四—一一四六）之機鋒問答，見附録。本條即以《天竺證悟智公塔銘》删節而成。

[二] 故，高麗本作『古』。

[三] 白蓮仙，即真教智仙，俗姓李，浙江仙居人，嗣安國元惠法席，常修净土。《佛祖統紀》卷一五有傳。依，《叢書》本作『休』，當爲形誤。具變，具即理具，先天具有之真如本性；變即變造，謂本有之性隨因緣顯現而造萬千諸象。此爲天

台宗的重要義理。

［四］曠，高麗本作『廣』，誤。昭曠，開朗豁達也。

［五］東山，即東掖山，在台州。《赤城志》卷一九『臨海』條下：『東掖山在縣東北四十五里，以其處天台左掖，故名。』

［六］秦公，即秦檜（一〇九〇—一一五五）也。據《佛祖統紀》，圓智入主上天竺在紹興二十三年（一一五三），其時秦檜仍據相位。

［七］止，高麗本作『全』；《卍續藏》本作『上』，形近致誤。

［八］中，高麗本作『重』，皆可通。

【附録】

《嘉泰普燈録》卷二四《臨安府上天竺證悟圓智講師》

台城人，族林氏。年二十四剃染，依白蓮仙法師。入室，問具變之道。仙指行燈曰：『如此燈者，離性絶非，本自空寂，理則具矣；六凡四聖，所見不同，變則在焉。』智不契，後因掃地誦《法華》，至『知法常無性，佛種從緣起』，始諭旨。白仙，仙然之。自領徒以來，嘗患本宗學者囿於名相，膠於筆録，至以天台之傳爲文字之學，南宗鄙之，乃謁護國此庵元禪師。夜語次，智舉東坡宿東林偈云：『也不不易，到此田地。』庵曰：『尚未見路徑，何言到耶？』云：『只如他道，溪聲便是廣長舌，山色豈非清净身。若不到此田地，如何有這個消息？』曰：『是門外漢耳。』云：『和尚不吝，可爲説破。』曰：『却只從這裏猛著精彩覰捕看，若覰捕得他破，則亦知本命元辰落著處。』智通夕不寐，及曉鐘鳴，去其秘畜，以前偈別曰：『東坡居士大饒舌，聲色關中欲透身。溪若是聲山是色，無山無水好愁人。』持以告此庵。庵曰：『向汝道是門外漢。』智禮謝。未幾，有化馬祖殿瓦者，求語發揚，智書曰：寄語江西老古錐，從教日炙與風吹。兒孫不是無料理，要見冰消瓦解時。此庵見之，笑曰：『須是這闍梨始得。』

四九　東山能行人[一]

東山能行人，教觀明白，以熏修爲志，一入懺室，寒暑不變者四十年，由是行人之名聞於江浙。能未嘗自謂修行者，則曰：『智者六時禮佛，四時坐禪[二]，云修行之常儀，况我何有焉？』草庵因法師嘗與同修[三]，接膝而坐，見其端謹，不委不倚。或有疾，唯數日不食，亦不廢禪誦，而疾自愈。能爲人剛潔，惡聞名利，凡得施物，即散於衆，毫髮不留，所存者唯破衲壞絮而已，夏則以篋束之梁梠，冬則取以禦寒。每入山飼虎，虎無害意，或風雨昏夜，宴坐丘冢[四]，身心安静，無有怖畏。院有山神[五]，靈化一方，常所交接，或香積不給，知事必告於能，能即禱之，來日施者填門而至。僧問其故，施者曰：『昨夜巡門報云常住空虛，特奉供爾。』《行狀》

【注釋】

[一] 能行人，名姓未詳，南宋天台宗僧，嘉興人，圓覺藴慈法嗣。傳見《佛祖統紀》卷一五，與本條多同，當皆本於《行狀》。東山爲台州東掖山，最著名的寺院有兩座，一爲白蓮，一爲能仁，能行人駐錫於後者。

[二] 坐，高麗本作『安』。關於『六時禮佛，四時坐禪』，《國清百録》卷一《立制法第一》：『第二依堂之僧。本以四時坐禪，六時禮佛，此爲恒務。禪禮十時，一不可缺，其別行僧行法竟，三日外即應依衆十時，若禮佛不及一時，罰三禮對衆懺，若全失一時，罰十禮對衆懺，若全失六時，罰一次維那。四時坐禪亦如是，除疾礙、先白知事則不罰。第三六時禮佛。大僧應被入衆衣，衣無鱗隴，若縵衣悉不得。三下鐘早集，敷坐，執香鑪互跪，未唱誦不得誦，未隨意不散語話。叩頭彈指、頓曳屣履、起伏參差，悉罰十禮對衆懺。』

［三］草庵因，即草庵道因（一〇九〇—一一六七），俗姓薛，字德固，四明人，嘗從寶雲祖韶習天台教觀，歷主永明、寶雲、延慶等刹，著《草庵録》十卷。傳見《佛祖統紀》卷二一。

［四］高麗本無『宴』字。

［五］高麗本無『院』字。

【附録】

《佛祖統紀》卷一五

行人能師，嘉禾人。少學能仁，入懺室四十載。六時行道，雖病不廢，唯不食數日，其病自愈。行人之名遂聞江浙。年既老，讀文如初學。草庵戲之曰：『未忘筌耶？』師曰：『筌何所忘？』庵大慚。嘗暑中曬衣，嘆曰：『慷慨丈夫，反同臧獲。』於是散去餘長，唯留一弊絮袍，夏則束粱相間。夏日入林施蚊，一日逢二虎，以身就之，虎俯首而去。山神興供一方，常與交接，香積有乏，知事來告，則力拒之，明旦施自至。皆曰：『昨夜行人巡門相報。』始知山神荷師以往。圓覺有能仁之命，師與文首座然指以請。及其至，晝夜請益，大有開悟。

五〇　汾陽昭禪師[一]

汾陽昭禪師，太原人，器識沉邃，少緣飾，有大志，於一切文字不由師訓，自然通曉。幼孤，厭世出家，參名宿七十餘人，皆妙得其家風。所至少留，不喜觀覽，或譏其不韻，昭嘆曰：『先德行脚，正以聖心未通，驅馳抉擇，豈緣山水之玩乎？』後參首山，問：『百丈卷席，意旨如何？』山曰：『龍袖拂開全體見。』[二]昭曰：『師意如何？』『象王行處絶狐蹤。』[三]昭遂大悟，曰：『萬古碧潭空界月，再三撈漉始應知。』[四]禮拜歸衆。時葉縣省和尚作首坐[五]，問曰：『見何道理，便爾自肯？』昭曰：『正是我放身命處。』後長沙太守張公以四名刹請昭擇居，昭曰：『我長行粥飯僧爾，傳佛心宗，非細職也。』前後八請，堅不答。後以太子院迎之[六]，閉關高卧。石門聰禪師排闥而入[七]，讓之曰：『佛法大事，靖退小節[八]。汝有力荷擔大法者，今何時而欲安眠哉？』昭矍然起曰：『非公不聞此語，趣辦嚴吾行矣。』[九]既至，宴坐一榻，影不出山者三十年[一〇]。師以汾州苦寒，欲罷夜參，感异比丘請法。龍德府尹李公以承天迎之，使三返，不赴。使者當受罰[一一]，復至曰：『必欲得師俱往，不然有罰，師當念之。』昭曰：『當先後之，何必俱邪？』昭令備饌，且促裝曰：『吾行矣。』停箸而化。《僧寶傳》[一二]

【注釋】

[一] 汾陽善昭（九四六—一〇二三），俗姓俞，太原人，首山省念禪師法嗣，有語録三卷傳世，傳見《景德傳燈録》卷一三、《佛祖歷代通載》卷一八等。

[二] 見，高麗本作『現』。

[三] 高麗本『象』字前有『山曰』二字，當從。

[四] 撈，他本皆作『勞』。按，撈漉，即於水中探物也，《佛説佛名經》卷五：『或以擸搵抗撥枚戟弓弩，彈射飛鳥走獸之類，或以罛網罾釣，撈漉水性魚鼈、黿鼉、蝦蜆、蠃蜯、濕居之屬。』又梅堯臣《宣州雜詩》之十：『小鱗隨水至，三月滿江邊。少婦自撈摝，遠人無棄捐。』據高麗本改。

[五] 坐，高麗本、《叢書》本、《卍續藏》本作『座』，二字可通。葉縣省和尚，即葉縣歸省，北宋僧，冀州人，姓賈氏，初於易州保壽院出家受具，後參首山省念得悟，隨侍數年。大中祥符二年（一〇〇九），住葉縣廣教禪院。傳見《天聖廣燈録》卷一六、《宗統編年》卷一九等。

〔六〕太子院，《山西通志》卷一六九『汾陽縣』條下：『天寧寺，在東郭西北隅，相傳郭林宗故宅，唐始建寺，名大中，宋名太子院。嘉靖八年修。釋善昭、道一大闡宗風。元至順三年修。明洪武十四年大加修建，更今名。置僧正司，釋了覺寂化寺中，建塔，尚存。妙總徒印寶於法興院升坐説偈而逝。内有萬佛樓，參政宋岳重修，郡人王緝書，孔天孕記。』

〔七〕石門藴聰（九六五—一〇三二），號慈照，首山省念禪師法嗣，歷住襄州石門山、谷隱山太平興國禪寺等，有《鳳岩集》傳世。傳見《天聖廣燈録》卷一七《先慈照聰禪師塔銘》。

〔八〕靖退，高麗本作『静退』。按，『靖退』爲恭謹謙讓意，『静退』爲閑静退居意，故當以高麗本爲是。

〔九〕辨，《叢書》本作『辦』，誤。

〔一〇〕三十，高麗本作『二十』，誤。

〔一一〕高麗本無『當』字。按，《禪林僧寶傳》作『使三反，不赴，使者受罰。復至曰：「必欲得師俱往，不然，有死而已。」』則不應有『當』字。然本條改寫作『必欲得師俱往，不然有罰』，則是時尚未受罰也，似以有『當』字爲上。

〔一二〕即惠洪《禪林僧寶傳》，是書卷三有《汾州太子昭禪師》，即本條之所據。雖多所删削，然亦有補充，如善昭得悟後，有人質疑，原文僅作『問者』，未詳其人，而《人天寶鑒》則指明爲同參省念之葉縣歸省，較原文爲詳。

【附録】

《禪林僧寶傳》卷三《汾州太子昭禪師》

禪師諱善昭，生俞氏，太原人也。器識沉邃，少緣飾，有大智，於一切文字，不由師訓，自然通曉。年十四，父母相繼而亡，孤苦厭世相，剃髮受具，杖策游方。所至少留，不喜觀覽，或譏其不韻，昭嘆之曰：『是何言之陋哉！從上先德行脚，正以聖心未通，驅馳抉擇耳，不緣山水也。』昭歷諸方，見老宿者七十有一人，皆妙得其家風。尤喜論曹洞。石門徹禪師者，蓋其派之魁奇者，昭作五位偈示之曰：『五位參尋切要知，纖毫纔動即差違。金剛透匣誰能曉，唯有那吒第一機。舉目便令三界静，振鈴還使九天歸。正中妙挾通回互，擬議鋒鋩失却威。』徹拊手稱善。然昭終疑，臨濟兒孫，別有奇處，最後至首山，問：『百丈卷簟，意旨如何？』曰：『龍袖拂開全體現。』昭曰：『師意如何？』曰：『象王行處絶狐蹤。』於是大悟。言下拜起而曰：『萬古碧潭空界月，再三撈摝始應知。』有問者曰：『見何道理，便爾自肯？』曰：『正是我放身命處。』服勤甚久，辭去，游湘衡間。長沙太守張公茂宗，以四名刹請昭擇之而居。昭笑，一夕遯去。北抵襄沔，寓止白馬。太守劉公昌言，聞之造謁，以見晚爲嘆。時洞山、公隱皆虚席，衆議歸昭，太守請擇之。昭以手耶揄曰：『我長行粥飯僧，傳佛心宗，非細職也。』前後八請，堅卧不答。淳化四年，首山殁，西河道俗千餘人，協心削牘，遣沙門契聰，迎請住持汾州太平寺太子院。昭閉關高枕。聰排闥而入，讓之曰：『佛法大事，静退小節。風穴懼應讖，憂宗旨墜滅，幸而有先師，先師已棄世，汝有力荷擔如來大法者，今何時而欲安眠哉！』昭矍起握聰手曰：『非公不聞此語，趣辦嚴吾行矣。』既至，宴坐一榻，足不越閫者三十年。天下道俗慕仰不敢名，同曰汾州。并汾地苦寒，昭罷夜參。有异比丘振錫而至，謂昭曰：『會中有大士六人，奈何不説法？』言訖升空而去。昭密記以偈曰：『胡僧金錫光，請法到汾陽。六人成大器，勸請爲敷揚。』時楚圓守芝號上首，叢林知名。龍德府尹李侯與昭有舊，虚承天寺致之。使三反，不赴，使者受罰。復至曰：『必欲得師俱往，不然，有死而已。』昭笑曰：『老病業已不出院，借往當先後之，何必俱耶？』使者曰：『師諾，則先後唯所擇。』昭令饌設，且俶裝曰：『吾先行矣。』停箸而化。閲世七十有八，坐六十五夏。

五一　真人張平叔[一]

真人張平叔，雅好清虚，在丹丘之廛遇頂冰貧子[二]，出龍馬所負之數[三]，遂領厥旨，久之功成[四]，且曰：『吾形雖固，而本覺之性曾未之究。』遂探内典，至《楞嚴》有省，著《悟真篇》[五]，又作禪宗歌頌，叙中引《楞嚴》十種仙壽千萬歲，不修正覺，報盡還生，散入諸趣之語[六]。又曰：『爲此道者，當心體太虚，内外如一[七]，若立一塵，即成滲漏，此不可言傳之妙。曉得《金剛》《圓覺》二經，則金丹之義自明，

何必分別老釋之异同哉？』[八]則知平叔乃求出離生死之法，必歸仗於佛爲究竟爾[九]。《群仙珠玉》[一〇]

【注釋】

[一]張平叔，即張伯端（九八四—一〇八二）也，北宋道士，字平叔，號紫陽，倡三教合一。錢謙益《楞嚴經疏解蒙鈔》卷一〇亦徵引此條，謂出自《人天寶鑒》，文字稍异，用以參校。

[二]冰，《叢書》本、《卍續藏》本作『汝』。子，《楞嚴經疏解蒙鈔》卷一〇作『士』。丹丘，即台州也，洪頤煊《台州札記》卷一『丹邱』條：『孫綽《游天台山賦》：仍羽人於丹邱，尋不死之福庭。《神异記》：余姚虞洪入山采茗，遇一道士，牽三青羊，引洪至瀑布山，曰：「吾丹邱子也。」孟浩然《將適天台》詩：羽人在丹邱，吾亦從此逝。皆不言所在。《吴越備史》：王名俶，開運四年（九四七）三月出鎮丹丘。丹丘即台州。曾宏父《鹿鳴宴》詩：三郡看魁天下士，丹丘未必墜家聲。皆以「丹丘」如「赤城」，爲台州一郡之總名。』廛，城區也。頂冰貧子，其人不詳，待考。

[三]龍馬所負之數，即先天八卦之形也，《尚書古文疏證》卷七：『自僞孔傳有河圖八卦，伏羲王天下，龍馬出河，遂則其文以畫八卦，謂之河圖。』

[四]功成，高麗本作『成功』。

[五]《悟真篇》，張伯端所作之内丹法訣，由詩、詞、歌頌組成，包括律詩八十一首、《西江月》十二首及歌頌詩曲雜言三十二首。此書注釋頗多，如翁葆光等《紫陽真人悟真篇注疏》、薛道光等《悟真篇三注》、夏元鼎《紫陽真人悟真篇講義》等，皆收於《正統道藏》。

[六]即《楞嚴經》卷八所列舉『別修妄念，存想固形』的十種仙人，包括地行仙、飛行仙、游行仙、空行仙等，雖能『壽千萬歲』，但『報盡還來，散入諸趣』。

[七]如一，高麗本作『一如』。

[八]自『此不可言傳之妙』至『何必分別老釋之异同哉』一句，或謂白玉蟾所説也，《修真十書雜著指玄篇》卷四白玉

蟾所作之《修仙辨惑論》：『夫此不可言傳之妙也，人誰知之？人誰行之？若曉得《金剛》《圓覺》二經，則金丹之義自明，何必分别老釋之异同哉？』《金丹直指》：『紫清白真人云：若曉《金剛》《圓覺》二經，則金丹之義自明，何必分别老釋之异同也。』未知孰是。

［九］歸，高麗本作『皈』。

［一〇］疑爲白玉蟾所撰之《群仙珠玉集》，《直齋書録解題》卷一二著録，一卷，今已佚。

【附録】

《歷世真仙體道通鑒》卷四九《張用成》

張伯端，天台人也。少無所不學，浪迹雲水。晚傳混元之道而未備，孜孜訪問，遍歷四方。宋神宗熙寧二年，陸龍圖公詵鎮益都，乃依以游蜀。遂遇劉海蟾，授金液還丹火候之訣，乃改名用成，字平叔，號紫陽。修煉功成，作《悟真篇》，行於世。嘗有一僧，修戒定慧，自以爲得最上乘禪旨，能入定出神，數百里間頃刻輒到。一日與紫陽相遇，雅志契合。紫陽曰：『禪師今日能與同游遠方乎？』僧曰：『可也。』紫陽曰：『唯命是聽。』僧曰：『願同往楊州（即「扬州」也）觀瓊花。』紫陽曰：『諾。』於是紫陽與僧處一净室，相對瞑目趺坐，皆出神游。紫陽纔至其地，僧已先至，遶花三匝。紫陽曰：『今日與禪師至此，各折一花爲記。』僧與紫陽各折一花歸。少頃，紫陽與僧欠伸而覺，紫陽云：『禪師瓊花何在？』僧袖手皆空，紫陽於手中拈出瓊花，與僧笑玩。紫陽曰：『今世人學禪學仙，如吾二人者亦間見矣。』紫陽遂與僧爲莫逆之交。後弟子問紫陽曰：『彼禪師者，與吾師同此神游，何以有折花之异？』紫陽曰：『我金丹大道，性命兼修，是故聚則成形，散則成氣，所至之地，真神見形，謂之陽神。彼之所修，欲速見功，不復修命，直修性宗，故所至之地，人見無復形影，謂之陰神。』弟子曰：『唯。』紫陽常云：『道家以命宗立教，故詳言命而略言性。釋氏以性宗立教，故詳言性而略言命。性命本不相離，道釋本無二致。彼釋迦生於西土，亦得金丹之道，性命兼修，是爲最上乘法，故號曰金仙。傅大士詩云：六年雪嶺爲何因，只爲調和氣與神。一百刻中爲一息，方知大道是全身。鍾離正陽亦云：達磨面壁九年，方超内院；世尊冥心六載，始出凡籠。以此知釋迦性命兼修分曉，其定中出陰神，乃二乘坐禪之法。奈何其神屬陰，宅舍難固，不免常用遷徙。一念差誤則透靈，別殼异胎，安能成佛？是即我教第五等鬼仙也。其鬼仙者，五仙之下一也。陰中超脱，神像不明，鬼關無姓，三山無名，雖不入輪迴，又難返蓬瀛，終無所歸，止於投胎奪舍而已。其修持之人，始也不悟大道，而欲於速成，形如槁木，心若死灰，神識内守，一志不散。定中以出陰神，乃清靈之鬼，非純陽之仙。以其一志，陰靈不散，故曰鬼仙。雖曰仙，其實鬼也，故神仙不取。釋迦亦云：惟以佛乘得滅度，無有餘乘。又曰：世間無有二乘得滅度，惟一佛乘得滅度爾。釋迦之不取二乘，即我教之不取鬼仙也。奈何人之根器分量不同，所以釋氏説三乘之法，道家分五等仙、三千六百傍門法也。鍾離真人云：妙法三千六百門，學人各執一爲根。豈知些子神仙訣，不在三千六百門。此正釋迦所謂惟一佛乘得滅度之意也。』一云：英宗治平中，龍圖陸公帥桂林，取紫陽帳下典機事，公移他鎮，皆以自隨，最後公薨於成都，紫陽轉徙秦隴。久之，事扶風馬默處厚於河東。處厚被召，臨行，紫陽以《悟真篇》授之，曰：『平生所學，盡在是矣，願公流布此書，當有因書而會意者。』後處厚出爲廣南漕，紫陽復從之游。於元豐五年三月十五日，趺坐而化，住世九十九歲。有尸解頌云：四大欲散，浮雲已空。一靈妙有，法界圓通。一好禪弟子用火燒化，得舍利千百，大者如芡實焉，色皆紺碧。群弟子至，遂指謂曰：『此道書所謂舍利耀金姿也。』後七年，劉奉真遇紫陽於王屋山，留詩一章而去。徽宗政和中，紫陽一日通名姓，謁黄公冕仲尚書於延平。黄公素傳容成之道，且酷嗜爐火，年加耄矣，語不契而去。繼後，寓書於黄，叙述甚异。其孫銓見其書，秘不盡言。其中大略，紫陽自謂昔與黄皆紫微天宫，號九皇真人，因誤校勘劫運之籍，遂謫於人間。今垣中可見者，六星而已，潛耀者三，用成、冕仲洎維楊子先生也。用成爲紫陽真人，冕仲曰紫元，于公曰紫華。一時被謫官吏，皆已復於清都矣。今用成又證仙品，獨冕仲沉淪於宦海，凡當爲人十世，今九世矣。來世苟復迷妄合塵，别淪异趣，無復升遷之期。紫陽故叙仙契，力欲推拔，而黄公竟不契以殁，惟目（自？）號紫元翁而已。九皇不載於天宫，即微星也。度弟子不一，其弟子白龍洞劉道人，名奉真，白日飛升，即建康府劉斗子也。

五二　真人呂洞賓

真人呂洞賓，河陽蒲故人[一]，生於唐天寶間，世爲顯官，累舉進士不第，因游華山，遇鍾離權[二]，乃晋之郎將，避亂學養命法。將度呂公，首以財施之。一日，呂侍行，鍾拾一塊石，以藥塗之，即成黃金。鍾遺之曰：『前涂將粥之。』[三]呂問曰：『此仍壞乎？』鍾曰：『五百年壞。』呂擲之曰：『他日誤人去。』鍾復試之以色，命呂入山采藥，化一小廬，有美婦歡迎之曰：『夫故久矣，今遇君子，願不我棄。』婦欲執手而近，呂以手托開云：『毋以革囊穢於我矣。』言訖，其婦不見，即鍾離也。於是授以金丹之術及天仙劍法，遂得游行自在。詩曰：『朝游南越暮蒼梧，袖裏青蛇膽氣粗。三日岳陽人不識，朗吟飛過洞庭湖。』謁龍牙和尚[四]，問佛法大意，牙與偈曰：『何事朝愁與暮愁，少年不學老還羞。明珠不是驪龍惜，自是時人不解求。』因過鄂州黃龍山，見紫氣盤旋，疑有异人所止，遂入。值機禪師上堂[五]，師知有异人潛迹坐下，即厲聲曰：『衆有竊法者。』呂毅然問曰：『一粒粟中藏世界，半升鐺内煮山州[六]。且道此旨如何？』師曰：『守屍鬼。』呂曰：『争奈囊中有長生不死藥何？』師曰：『饒經八萬劫，終是落空亡。』呂不憤而去。至夜，飛劍脅之。師已前知，以法衣蒙頭坐於方丈，劍遶數帀，師以手指之，劍即墮地。呂謝罪。師因詰曰：『半升鐺内即不問，如何是一粒粟中藏世界？』呂於言下有省，乃述偈曰：『拗却瓢兒碎却琴，如今不戀水中金。自從一見黃龍後，始覺從前錯用心。』《仙苑遺事》[七]

【注釋】

[一] 蒲故，《叢書》本、《卍續藏》本作『滿故』。據《歷世真仙體道通鑑》卷四五《呂嵒傳》，呂嵒爲『西京河南府蒲

坂縣永樂鎮人，即今河東河中府也』，故疑『蒲故』當爲『蒲坂』。

［二］鍾離權，姓鍾離，名權，後改名覺，字寂道，俗謂八仙之一，曾點化呂洞賓，傳見《歷世真仙體道通鑒》卷三一。

［三］涂，高麗本作『途』，同。粥，高麗本作『鬻』，二字可通。

［四］龍牙和尚，即龍牙居遁（八三五—九二三），俗姓郭，臨川人，參洞山良价得法，住龍牙山妙濟禪院。傳見《宋高僧傳》卷一三、《景德傳燈録》卷一七。龍牙贈呂洞賓之偈，另見於《禪門諸祖師偈頌》。

［五］機禪師，即黃龍晦機，俗姓張，清河人，玄泉山彦之法嗣，活動於五代時期。

［六］半，高麗本作『二』，然此條後文仍作『半』，故誤。州，高麗本作『川』，當是。

［七］《仙苑遺事》、《佛祖統紀》卷一著録此書，卷四二『景宗』條下又引此書，然撰者、卷帙皆不詳。

【附録】

《歷世真仙體道通鑒》卷四五《呂岩》

先生呂岩，字洞賓，號純陽子。世傳以爲東平人，一云西京河南府蒲坂縣永樂鎮人，即今河東河中府也。曾祖延之，仕唐，終浙東節度使。祖渭，第進士，德宗貞元中官至禮部侍郎，晚爲潭州刺史。有四子，曰温，字化光，官至衢州刺史。曰恭，嶺南府判官。曰儉，爲御史。曰讓，歷太子右庶子，或曰終於海州刺史。先生乃讓之子也。貞元十二年丙子四月十四日，生於林檎樹下。少聰敏，日誦萬言。至文宗開成二年丁巳，擢舉進士。擢第時，年四十二歲，龍姿鳳目，鬢髮疏秀，金水之相。頂華陽巾，衣逍遥服，貌似張良，又似太史公之狀。後因游廬山，遇异人，得長生訣。一云武宗會昌中，兩舉進士不第，因於長安道中，擬游華山。酒肆憩息，俄有一人，長髯碧眼，自西而來，亦憩此肆，遂與共炊。髯者親爨，先生因就日負暄，不覺睡著，夢舉進士，登科第，歷任顯官。奏對稱旨，遂除翰苑，入臺閣，擢侍從。俄拜執政。居朝三十餘年。偶上殿應對差誤，被罪。謫官，南遷江表。路值風雪，僕馬俱瘁。一身無聊，方自嘆息，忽然夢覺，髯者飯猶未熟，倏然笑曰：『黃粮猶未熟，一夢到華胥。』先生驚曰：『公安知我有夢耶？』髯者曰：『公適來之夢，富貴不足喜，貧賤不足憂，大抵窮通榮辱，壽夭得喪，往古來今，皆如一夢。富貴則爲好夢，貧賤則爲惡夢。壽長則爲好夢，夭折則爲惡夢。如公適來之夢，誠好夢也。一失到底，轉爲惡夢，公備知之矣。貴即虛名，富猶孽火，金珠外物，子孫他人，一息不來，四大不顧，把甚物爲堅固。」即復題詩壁間，先生大悟，因拜曰：『公真异人也，敢問貴姓，居何鄉邦？』髯者曰：『吾乃天下都散漢鍾離權也，居終南山。公若省悟，可從吾去。』先生於是棄儒業而從游，師事之而得道。復於僖宗廣明元年，遇崔公，傳入藥鏡，即知修行性命，不差毫髮。後多游湘潭岳鄂之間，人莫之識。嘗題岳陽樓詩云：『朝游北岳暮蒼梧，袖裏青蛇膽氣粗。三入岳陽人不識，朗吟飛過洞庭湖。』外多有詩文留世，略見《真常集》。又著丹訣，演正論，述劍集，各有玄旨，以遺後學。後南游巴陵，西還關中，沖升於紫極山。一云歷江州，登黃鶴樓，以五月二十日午刻升天而去，不知何年。其自作傳云：『吾乃京兆人，唐末累舉進士不第，因游華山，遇鍾離子，傳授延命之術，尋遇苦竹真人，傳授日月交并之法。再遇鍾離，盡獲金丹之妙。吾得年五十，道始成。第一度郭上竈，第二度趙仙姑，法名何。二人性通利，吾授之以歸根復命法。吾惟是風清月白，神仙會遇之時，嘗游兩浙、京汴、譙郡，身長五尺二寸，面黃白，鼻聳直，左眼下有一痣，如人間使者笏頭大。常著白襴衫，繫皂縚，變化不可度，世言吾賣墨飛劍取人頭，吾聞哂之。實有三劍，一斷煩惱，二斷貪嗔，三斷色欲，是吾之劍法也。世有傳吾之神，不若傳吾之法。傳吾之法，不若傳吾之行。何以見爲？人若反是，雖攜手接武，終不成道。』先生自沖升之後，時降人間，化度有緣。學仙之士，出入隱顯，不可測識。其先後游戲人間事迹，詳載諸書。宋徽宗宣和元年七月二十八日敕封告詞云：『朕嘉與斯民，偕之大道。凡厥仙隱，有載册書，司存來析，寵褒必下。吕仙翁匿景藏采，遠邊遐方，逮建福庭，適當茇舍，嘆兹符契，錫以號名。神明不亡，尚鑒休渥。可特封妙通真人。』及太元至元六年正月，褒贈純陽演正警化真君。

臣道一曰：吕岩棄利斥名，逍遥物外，神示道化，疏絶塵凡。觀其詩云：『三入岳陽人不識，朗吟飛過洞庭湖。』聞其風者悦之。《道德經》曰：『知我者希，則我者貴。』真吕岩之謂也。

《補續高僧傳》卷六《黃龍機・明招謙傳》

先是，吕岩真人洞賓，京川人。唐末三舉不第，偶於長安酒肆遇鍾離權，授以延命術，自爾人莫之究。嘗游廬山歸宗，書鐘樓壁曰：『一日清閑自在身，六神和合報平安。丹田有寶休尋道，對境無心莫問禪。』未幾，道經黃龍山，睹紫雲成蓋，疑有异人，乃入謁，值師擊鼓升堂。師見，意必吕公也，欲誘而進，厲聲曰：『座旁有竊法者。』吕毅然出問：『一粒粟中藏世界，半升鐺内煮山川。此意如何？』師指曰：『這守尸鬼。』吕曰：『争奈囊有長生不死藥？』師曰：『饒君八萬劫，終是落空亡。』吕薄訝，飛劍脅之，不能入，遂再拜求指歸。師詰曰：『半升鐺内煮山川即不問，如何是一粒粟中藏世界？』吕言下頓契，作偈曰：『棄却瓢囊摵碎琴，如今不戀汞中金。自從一見黃龍後，始覺從前錯用心。』師囑令加護。

五三　給事馮楫居士[一]

給事馮楫居士，少游上庠。一日公試，以《生者德之光論》中魁選，其文用《圓覺經》意發明之。雖在仕涂，不忘佛學，遍參名宿，居龍門，從佛眼經行次[二]，偶童子趨庭，吟曰：『萬象之中獨露身。』[三]佛眼拊公背曰：『好聻。』[四]公於是契入。後帥瀘南，嘗宴坐，有『公事之餘喜坐禪，少曾將脅到床眠』之句。尤篤意净業，所至作繫念勝會，勸發道俗。兵興來，教藏煨燼，不自厚養，所得俸給，專施藏經[五]。有偈略曰：『我賦躭痂癖[六]，有財貯空虛。不作子孫計，不爲車馬逋。不充玩好用，不買聲色娱。置錐無南畝[七]，片瓦無屋廬。所得月俸給，唯將贖梵書。庶使披閱者，咸得入無餘。古佛爲半偈，尚乃捨全軀。是以不惜財，開示諸迷徒。借問惜財人，終日較錙銖。無常忽到地，寧免生死無。』紹興二十三年，公帥長沙，俄報親知，期以七月三日報終。至日，令後廳設高坐，見客如平時，降階望闕肅拜，請漕使攝郡事[八]，著僧衣履，踞高坐，囑諸官史及道俗[九]，各宜進道，扶護教門，遂拈拄杖，按膝而化。蒲大聘志[一〇]

【注釋】

［一］馮楫（？—一一五三），字濟川，四川蓬溪人，號不動居士，政和八年進士，爲正字。紹興七年（一一三七）除給事，後知邛州。性喜參禪，爲佛眼清遠弟子。傳見《四川通志》卷九上、《續傳燈録》卷二九。

［二］佛眼，即佛眼清遠（一〇六七—一一二〇），北宋楊岐派僧，俗姓李，蜀人，十四受具戒，遍游江淮間禪肆，後於五祖法演門下契悟。駐錫舒州龍門，又遷褒禪。有語録八卷行世。傳見《古尊宿語録》卷三四《宋故和州褒山佛眼禪師塔銘》。

［三］象，高麗本作『像』。

［四］聻，音 nǐ，語氣詞，相當於『呢』『哩』，《大慧普覺禪師語録》卷一：『師云：「金不博金，水不洗水聻。」』

［五］專，高麗本作『全』。

［六］躭痂，當與『嗜痂』義同，指奇特的癖好，《宋書·劉邕傳》：『邕所至嗜食瘡痂，以爲味似鰒魚。嘗詣孟靈休，靈休先患灸瘡，瘡痂落床上，因取食之。靈休大驚。答曰：「性之所嗜。」』

［七］置錐，指安身之地也，《大慧普覺禪師語録》卷一二《圓悟和尚》：『這老漢無置錐之地而不貧，有無價之寶而不富。』

［八］漕使，即轉運使也，主掌運輸及財賦，亦兼領監察、治安、刑獄、舉薦等職。

［九］諸官史，高麗本作『官吏』，當是。

［一〇］蒲，《卍續藏》本作『滿』，誤。據《續傳燈録》，其弟子蒲大聘嘗志其事，《續傳燈録》及本條皆以之爲據。

【附録】

《四川通志》卷九上

馮檝，字濟川，蓬溪人，自號不動居士。政和八年進士，爲正字。紹興中知涪州，奏免瀘、叙、長寧招兵之擾。仕至敷文閣直學士、左中奉大夫。

《續傳燈録》卷二九

給事馮楫濟川居士，自壯扣諸名宿，最後居龍門，從佛眼遠禪師再歲。一日，同遠經行法堂，偶童子趨庭，吟曰：『萬象之中獨露身。』遠拊公背曰：『好聻。』公於是契入。紹興丁巳，除給事。會大慧禪師就明慶開堂，慧下座，公挽之曰：『和尚每言於士大夫前曰「此生決不作這蟲豸」，今日因甚却納敗缺？』慧曰：『盡大地是個呆上座，爾向甚處見他？』公擬對，慧便掌。公曰：『是我招得。』越月，特丐祠坐夏徑山，榜其室曰『不動軒』。一日慧升座，舉：

藥山問石頭曰：『三乘十二分教，某甲粗知。承聞南方直指人心，見性成佛，實未明了。伏望慈悲示誨。』頭曰：『恁麼也不得，不恁麼也不得，恁麼不恁麼總不得，爾作麼生？』山罔措。頭曰：『子緣不在此，可往見江西馬大師去。』山至馬祖處，亦如前問，祖曰：『有時教伊揚眉瞬目，有時不教伊揚眉瞬目，有時教伊揚眉瞬目者是，有時教伊揚眉瞬目者不是。』山大悟。

慧拈罷，公隨至方丈曰：『適來和尚所舉底因緣，某理會得了。』慧曰：『爾如何會？』公曰：『恁麼也不得蘇盧娑婆訶，不恁麼也不得悉利娑婆訶，恁麼不恁麼總不得蘇盧悉利娑婆訶。』慧印之以偈曰：『梵語唐言，打成一塊。咄哉俗人，得此三昧。』公後知邛州，所至宴晦無倦。嘗自詠曰：『公事之餘喜坐禪，少曾將脅到床眠。雖然現出宰官相，長老之名四海傳。』至二十三年秋，乞休致，預報親知，期以十月三日報終。至日，令後廳置高座，見客如平時。至辰巳間，降堦望闕肅拜，請漕使攝邛事，著僧衣履踞高座，囑諸官吏及道俗，各宜向道，扶持教門，建立法幢。遂拈拄杖按膝，蜕然而化。漕使請曰：『安撫去住如此自由，何不留一頌以表罕聞？』公張目索筆書曰：『初三十一，中九下七。老人言盡，龜哥眼赤。』竟爾長往。建炎後，名山巨刹教藏多不存，公累以己俸印施，凡一百二十八藏，用祝君壽，以康兆民。門人蒲大聘嘗志其事。有語録、頌古行於世。

五四　趙清獻公[一]

趙清獻公，年四十餘，去聲色，系心祖道。會佛慧泉禪師來居衢之南禪[二]，公日親之，泉未嘗容錯一詞[三]。後典青州，政事之餘，多務禪宴，忽大雷震驚，豁然有契，頌曰：『默坐公堂虛隱几，心源不動湛如水。一聲霹靂頂門開，喚起從前自家底。』[四]泉聞之曰：『趙悅道撞彩爾。』[五]《梅溪集》[六]

【注釋】

[一] 趙清獻公，即趙抃（一〇〇八—一〇八四），字閱道，號知非子，衢州人。景祐元年（一〇三四）進士及第，歷任武安軍節度推官、崇安知縣等職，至和元年（一〇五四）召爲殿中侍御史，再出睦州、梓州、益州、虔州等地，神宗在位時官至右諫議大夫、參知政事，晚年知杭州、青州等。卒謚『清獻』，有《趙清獻公集》十五卷，傳見《宋史》卷三一六。

[二] 慧，高麗本作『惠』。佛慧法泉，俗姓時，隨州人，幼年依龍居山智門院信玘禪師出家，後於雲居曉舜禪師座下得法，歷住大明、千頃、靈岩、蔣山等院，弟子有趙抃、幽谷祐禪師、興國法雲禪師等。南禪，天啓《衢州府志》卷一五『寺觀·西安縣』條：『南禪顯聖寺。城南三里，梁天監間嵩頭陀建，舊名鎮境。至道元年，寺建水陸道場，感夢，熙陵御筆改今名。趙抃在朝，僧廣教來主寺，公送以詩。寺圃西隣大溪，公作亭而扁曰「觀瀾」。寺有瑞石將軍祠，靈應特异。』

[三] 錯，《續傳燈録》《補續高僧傳》等皆作『措』，二字可通。

[四] 此爲節録，原偈共八句，《佛祖綱目》卷三六：『後牧青州，政事之餘，多宴坐。忽大雷震，即契悟，作偈曰：默坐公堂虛隱几，心源不動湛如水。一聲霹靂頂門開，喚起從前自家底。舉頭蒼蒼喜復喜，刹利塵塵無不是。中下之人不得聞，妙用神通而已矣。泉聞，笑曰：「趙悅道撞彩耳。」』

[五] 撞彩，原指游戲或賭博時因運氣而獲得利物，此處指開悟。

〔六〕《梅溪集》，宋王十朋撰，《人天寶鑒》共節録『趙清獻公』『黄太史』『舒王問佛慧』三條，然今本皆未見，當爲佚文。

【附録】

《補續高僧傳》卷一〇《佛慧泉禪師》

法泉，隨州時氏子，住持蔣山寺，經營辛苦，以成就叢林。與蘇東坡爲方外友。坡舟行至金陵，阻風江滸，師迎之至寺。坡云：『如何是智海之燈？』師隨以偈答之曰：『指出明明是甚麽，擧頭鷂子新羅過。從來這碗最稀奇，會問燈人能幾個。』坡欣然以詩答之：『今日江頭天色惡，砲車雲起風欲作。獨望鍾山唤寶公，林間白塔如孤鶴。寶公骨冷喚不聞，却有老泉來唤人。電眸虎齒霹靂舌，爲予吹散千峰雲。南來萬里亦何事，一酌曹溪知水味。他年若畫蔣山圖，仍作泉公唤居士。』師住衢之南禪，趙清獻公抃日親之，師未嘗容措一詞。後典青州，宴坐，聞雷而悟，臨薨遺師書曰：『非師平日警誨，至此必不得力矣。』師悼以偈曰：『仕也邦爲瑞，歸歟世作程。人間金粟去，天上玉樓成。慧劍無纖缺，水壺徹底清。春風瀫水路，孤月照雲明。』師晚年奉詔住大相國智海禪寺，因問衆曰：『赴智海，留蔣山，去就孰是？』衆皆無對。師索筆書偈云：『心是心非徒儗議，得皮得髓謾商量。臨行珍重諸禪侶，門外千山正夕陽。』書畢而逝。

五五　仰山寂禪師〔一〕

仰山寂禪師，韶州葉氏子。薙髮後，夢獲一大珠，光彩射人，覺曰：『此是無上心寶，我得之當明心地。』即游方。謁耽源〔二〕，已契玄旨。後參潙山〔三〕，遂升堂奥，寂問：『如何是真佛住處？』潙曰〔四〕：『以思無思之妙，返思靈焰之無窮。思盡還源，性相常住，事理不二，真佛如如。』寂言下頓悟。暨受密印，領衆住王莽山，化緣未契，至袁州，訪仰山，沿流而上，有二神迎問曰：『深山絶險，師自何來？』師曰：

『吾欲尋一庵地。』神曰：『弟子福慶相遇，願施此山與師居止。』師曰：『君既施我，須具廣大心，不見僧過，則吾受君施矣。』神曰：『諾。』神遂指集雲峰下曰[五]：『莫吉於此。』師乃結茅而居，木食澗飲，危坐終日。未幾，二神見曰：『徒衆將盛，弟子住處不便，當易之。』至夜，風雷暴作，移廟於堵田三十里[六]，古壊神像、巨松皆往[七]，乃會昌三年夏四月也[八]。感异僧乘空而至曰：『特來東土禮文殊，今日却遇小釋迦。』自是潙仰宗風大振於世。師將順寂，神求緒言。師曰：『吾幻泡之身[九]，隨緣興謝，來時無物，去更何求？』神曰：『諸佛滅時，天龍請囑，願毋違我。』師以『得法之師潙山祐禪師正月八日忌齋』爲囑，殆今民人莫敢違[一〇]。《寺記》[一一]

【注釋】

[一] 仰山慧寂（八〇七—八八三），俗姓葉，韶州湞昌人，初依南華寺通禪師落髮，後歷參禪林，於潙山靈祐座下得法，先後駐錫仰山、南昌、東平山等地傳法，與其師合稱『潙仰宗』。中和三年去世，年七十七。有語録一卷傳世，傳見陸希聲《仰山通智大師塔銘》（《全唐文》卷八一三）、《宋高僧傳》卷一二、《祖堂集》卷一八、《景德傳燈録》卷一一等。

[二] 耽源應真，南陽慧忠（六七五—七七五）法嗣，住江西吉州耽源山，以是得名。機鋒事迹散見於《祖堂集》卷三、卷一八及《景德傳燈録》卷五、卷七、卷九等。

[三] 潙山靈祐（七七一—八五三），福州長溪趙氏，幼從本郡法恒律師出家，習戒律，後傾心禪法，參謁懷海禪師，爲上首弟子。於潭州大潙山大開法席，徒衆達上千人。有語録傳世，傳見鄭愚《潭州大潙山同慶寺大圓禪師碑銘并序》（《全唐文》卷八二〇）、《祖堂集》卷一六、《宋高僧傳》卷一一、《景德傳燈録》卷九等。

[四] 高麗本『潙』後多一『山』字。

[五] 高麗本無『神』字。集雲峰，嘉靖《江西通志》卷三二『仰山』條：『在府城南八十里，爲州之鎮，周回數百里，

高聳萬仞，可仰不可登，因名。絶頂有集雲峰，歲旱，人望其峰，雲盛則雨立至。』

［六］堵田，正德《袁州府志》卷一『避賢溪水』條：『府城南六十里，地名堵田，自大仰山發源，歷中村、下尚、古橋，入秀江東注。』

［七］塐，通『塑』，《廣韻・暮韻》：『塐，揑土容。』『古塐』疑當指古時所塑之佛像。

［八］此處未提及二神之身份，然據周必大《太和縣仰山二王行祠記》，當爲袁州龍神孚惠二王：『蓋神能變化無方，佛能攝受有情，其爲道雖不同，精誠可格，則均若乃聰明正直、廣大慈悲，兼而有之，惟袁州孚惠廟二王爲然。王兄弟皆龍也，自晋永嘉宅仰山之獺潭，至唐會昌三年，蓋五百餘載。有僧號小釋迦名恵寂者來自柳州，卜庵此山，二王欽其道行，施山爲寺，而徙廟堵田。今寺以太平興國爲名，其上廟基存焉。』《江西通志》卷一〇八載二神之事迹：『仰山古廟在府治南六十里仰山獺徑潭之側，相傳昔有邑人徐璠者，舟行至大孤山，有二蕭生，云居宜春仰山，遂同載而歸。至浦東告别，期至石橋相訪。後徐至其處，見二龍，乃知爲仰山神。』韓愈任袁州刺史時，曾祈雨於仰山神，見其《袁州祭神文》一文。康熙《袁州府志》卷一三載徙廟之事：『距袁城南五十里，山曰大仰，形勢奇峭。山之顛有潭神，實宅之孚惠二王是也。舊廟在獺逕潭之上，唐會昌初，釋惠寂與神相遇，建寺仰山之陽，一夕雷電，以風徙廟於堵田。』

［九］幻泡，高麗本作『泡幻』。

［一〇］周必大《袁州宜春臺孚惠新祠記》：『初，寂歸老韶州，將謝世，神往訣别，問：「豈無見屬乎？」寂曰：「吾師靈祐禅師以正月八日逝於潙山，宜就是日普設僧供。」神敬諾，自後及期，則肸蠁幽贊，緇素咸聚，歲以爲常。』

［一一］未詳。慧寂初住仰山，尚無寺額，亦無寺記傳世，現存最早者爲宋代樓鑰所撰《仰山太平興國禪寺記》，然文中載二神施山之事較略，故當非《人天寶鑒》之所本。

【附録】

《宋高僧傳》卷一二《唐袁州仰山慧寂傳》

釋慧寂，俗姓葉，韶州須（湞）昌人也。登年十五，懇請出家，父母都不聽允，止。十七再求，堂親猶豫未决。其夜有白光二道，從曹溪發來，直貫其舍，時父母乃悟是子至誠之所感也。寂乃斷左無名指及小指，器藉跪致堂階曰：『答謝劬勞。』如此，父母其不可留，捨之。依南華寺通禪師下削染，年及十八，尚爲息慈。營持道具，行尋知識。先見耽源，數年，良有所得。後參大潙山禪師，提誘哀之，棲泊十四五載，而足跛，時號跛脚驅烏。凡於商攉，多示其相。時韋冑就寂請伽陀，乃將紙畫規圓相，圓圍下注云：『思而知之，落第二頭。云不思而知，落第三首。』乃封呈達。自爾有若干勢以示學人，謂之仰山門風也。海衆摳衣得道者不可勝計，往往有神异之者，倏來忽去，人皆不測。後敕追謚大師曰『智通』，塔號『妙光』矣。今傳《仰山法示成圖相》，行於代也。

五六　道法師[一]

道法師，西京順昌人[二]，宣和詔改德士[三]，師與林靈素抗辯邪正[四]，訴於朝廷，忤旨，流道州[五]。監防卒曰：『此去萬里，宜茹葷酒以助色力。』[六]師曰：『死乃天命，佛禁不可犯。』卒乃敬服。師未氏竄所前一日[七]，郡守夜夢佛像荷枷入城，僚屬亦有同夢者。翌早師至，太守語人曰：『被罪之僧必异人也。』[八]未逾月，郡人患疾者太半，師鑿池祝水，飲者咸愈，於是一方尊事，不啻父師。尋令逐便，道由長沙，邂逅寂音[九]。音以詩遺曰：『道公膽大過身軀，敢逆龍鱗上諫書。只欲袒肩擔佛法，故甘引頸受誅鋤。三年竄逐心無愧，萬里歸來貌不枯。他日教門綱紀者，近聞靴笏趁朝趨[一〇]。』時公卿大夫謂師有文武才略，請加冠冕，補官序[一一]，分領兵權，恢復故疆。師力辭。朝賢知志不可奪，奏請賜『寶覺圓通法濟』之號。紹興改元，宣入，上曰：『先帝爲妖術所惑[一二]，廢卿形服。朕與卿去其黥涅[一三]，可乎？』師曰：『臣雖感聖恩，先皇墨寶[一四]，不忍毁除。』上曰：『者僧到老倔强。』許自便。紹興三年，師與道士劉若謙詣朝廷，正祈禱道場所班次，其札略曰：『緣崇寧間林靈素等叨冒資品，紊亂朝綱，由是道壓佛班。自建炎之來，所有道士官資，已行追毁。既無官廕，當遵祖宗舊制。伏望朝廷明降指揮，特賜改正，頒行天下，以正風俗。』時國政多故，仍寢其説。至十三年，再行整會，僧左道右，永爲定制[一五]。後因旱魃爲虐，奉旨宣入祈禱。師即登坐聲祝，且乞四金瓶各置鮮鯽魚，噀水密祝，即遣四急足放諸江沼，急足未回，雨已霈然。天顔大悦。《塔銘》[一七]

【注釋】

[一] 即寶覺永道（一〇八六—一一四七），順昌毛氏子，早年曾習唯識，政和三年（一一一三）主左街崇先香積禪院，五年錫『寶覺』號。宣和年間，徽宗下詔改僧爲德士，服冠巾。天下無人敢言，唯永道抗詔上表，流放道州。後林靈素事敗，乃返近郡，敕住昭先禪院，賜名法道。建炎初，宗澤請主左街天清寺浦宣教郎，充留守司招論官兼總管，參謀軍事，嘗往淮潁勸募軍糧。後住江州廬山東林太平興龍禪寺，兼廣福院事。建閣供養佛牙舍利，一夕光發屬天。紹興十七年（一一四七）七月入滅，壽六十二，臘四十四。塔於北山九里松，魏國公張浚爲撰塔銘。

[二] 順昌府即潁州（今安徽阜陽），北宋時隸京西北路，因京西北路的治所爲河南府西京（今洛陽），故有是稱。

[三]《佛祖統紀》卷四六：『宣和元年正月，詔曰：自先王之澤竭，而胡教始行於中國，雖其言不同，要其歸與道爲一教，雖不可廢，而猶爲中國禮義害，故不可不革。其以佛爲大覺金仙，服天尊服，菩薩爲大士，僧爲德士，尼爲女德士，服巾冠，執木笏。寺爲宮，院爲觀，住持爲知宮觀事，禁毋得留銅鈸塔像。』

[四] 高麗本無『師』字。

［五］道州，即今湖南永州市道縣、寧遠一帶。

［六］葷，高麗本作「薰」。按，「薰」字雖亦可指代葱、蒜等刺激性氣味，但仍以「葷酒」爲上。

［七］氐，高麗本作「抵」，同。

［八］太守，《叢書》本作「大守」。

［九］寂音，即惠洪也，洪自號寂音尊者。

［一〇］此詩另見於惠洪《石門文字禪》卷一二，題爲《贈道法師》。

［一一］冕，《卍續藏》本作「冤」，形近致誤。

［一二］術，高麗本作「述」，誤。

［一三］高麗本無「朕」字。

［一四］皇，高麗本作「帝」。

［一五］此事見《大宋僧史略》後附之《紹興朝旨改正僧道班文字一集》。

［一六］張浚所撰《塔銘》今已不存，然《釋門正統》乃據之删改而成，見附録。

【附録】

《釋門正統》卷八《永道》朝省旌其護法，札改法道

西京順昌毛氏，幼師承天羅漢安恭。崇寧三年受具，游上都，受《唯識》《百法》二論，過眼成誦。因入聚落，市藥方士惡語相加，乃折以大言，批其頰而去。識者謂其必爲法門梁棟。政和三年，賜椹衣，主左街崇先香積禪院，五年錫「寶覺」號。林靈素幻術罔上，宣和改元正月，詔天下革釋氏教法，寺爲神霄，佛爲金仙，菩薩爲大士，僧號德士，服中（巾？）冠，執木笏。諸山告衆云：權抽肩上之田衣，且捲頂門之螺髻。雖然不改舊時人，且喜一番添姓字。三年八月，京城大水，水族出於市居。靈素治水弗驗，士民益懼。僧伽大士現禁中，就祈禳水，大士振錫登城，稱誦密語，水勢頓殺，以

至竭涸。靈素氣沮，又銜太子節，上惡之，放還温州，道死。復釋氏舊名，諸山謝恩云：歸木笏於裴相公，抽冠簪於傅大士。重圓應真之頂相，再披屈眴之田衣。敕令初行，誰不俯聽，唯師抗詔，黥流道州。防人曰：『途涉萬里，宜茹葷酒助色力。』師曰：『罪大責重，君恩寬貸，尚延殘喘，已爲幸矣。嬰瘴殞身，亦天命也，戒可犯乎？』防人益護。其行將至，師（帥？）夢佛像荷伽入城，僚夢有同者。翌旦師至，師（帥？）曰：『僧必异人。』未幾，軍民多患寒疾求救。師受西天總持三藏明因妙善普濟法師真言軌範，靈答如響，又傳圓頓戒法於圓照大師，故病者飲所咒水，或爲摩頂，無不痊安。求者既多，爲沼甞中以應之。郡有廢寺，擬重建，數月而成。二年，量移近郡，道過湘潭。洪覺範贈詩曰：『道公膽大過身軀，敢逆龍鱗上諫書。直欲袒肩擔佛法，故甘引頸受誅鋤。三年竄逐心無愧，萬里歸來貌不枯。他日教門綱紀者，近聞靴笏趁朝趨。』七年六月，還僧，住昭慶昭先禪院，撥賜右街顯聖寺、釋迦院廨舍，兼領之。建炎初，留守宗澤請主左街天清寺浦宣教郎，充留守司招論官兼總管，使司參謀軍事，爲國加持，護佑軍旅。住淮潁間，勸諸豪右分粮助師，未期，稛載而歸，三軍歡呼。車駕南巡，累召至都堂，陪軍國重議。請加冠冕，領兵權，恢復故疆。辭以詩曰：『昔年爲法致遭黥，天使更衣助甲兵。枷鎖蠻荒經半紀，間關水陸越千程。冰霜不易松筠操，罏炭難移鐵石情。願與瞿曇爲弟子，不堪簪笏篴公歸。』即奏加賜『圓通法濟』號准祖宗制，係試鴻臚卿崇觀，添賜六字，比視官品。四年，明帥請住寶林。夏旱，奉旨禱雨越之圓通，應期滂沛。紹興賜對，上曰：『先帝爲妖術所惑，廢卿形服，朕與卿去其黥涅，可乎？』師曰：『雖感聖恩，然先皇墨寶，不忍毀除。』上曰：『這僧到老倔强。』江州請住東林太平興龍禪寺，兼廣福院事。師嘗讀《大宋僧史略》，見云『每當朝集，僧先道後。其次并立殿庭，僧東道西。獨遇郊天，道左僧右』，蓋本祖宗之制。昨緣崇、觀之後，道士叨冒資品，王仔息（昔）、林靈素之徒紊亂朝綱，由是起例，遽厭（壓？）僧班，乘勢毀壞祖宗舊制。靖康、建炎以來，道士官資，已行追毀，其於班列，自合復仍舊貫。遂與道士劉若謙詣朝廷抗辨（辯），乃以短札申稟，乞降指揮，特賜改正。奉朝旨批降，依修施行。令僧道聚會得正其名分者，皆師力也。五年，奉旨入内禱雨，結壇登座聲咒，以四金瓶各盛鮮鯽，噀水密咒，遣四急足放諸江沼。急足未回，雨已浹洽。特賜金鉢。師常以相國寺珍藏三朝太、真、仁御製所頌唐宣律師天神密授釋迦文佛靈牙，隨身供養。或求舍利，虔禱與之。師欲建閣，於在所祥符寺奉安三千化佛像，大開講席。行化烏鎮，普静寺僧禮足求之，置金盆内，迎出祈禱。合鎮道俗稱禮三日，殊無彰感。訶責其徒，益勵三業，夜半鏗然。師曰：『如來顯現。』視有八粒，滅燭，見盆底光發屬天，移刻乃息。盛以木塔，迄今三月七日建禮塔會。葛待制勝仲疏叙緣起，云『惟兹震旦，獨寶靈牙。昔在京都，奔走人天之供，今留吴會，襲藏兵火之餘。矧古成之，萬家建法筵之三日』云云。率同志重刊《僧史略》，冠以序，於『別立禪居』『傳禪觀法』二門問注云：『禮樂征伐自天子出，則王道興焉，佛寺僧規禀如來制，則正法住矣。』『不遵王化，名曰叛臣，不繼父蹤，呼爲逆子，敢有不循佛説，是謂魔外之徒。所以三世諸佛，法無异説，十方衆聖，受學同文。夫釋迦經，本也，達磨之言，末也，背本逐末，良可悲夫！愚素習衆胥，力根貝葉，遍問西來藏，仍閲古今求法記文，天竺禪定，并禀佛乘，所以入聖位者不絶，蓋依法不依人，務實而行。佛言聖法，真不悮後學也。敢洛同志，學佛修禪，庶幾速離苦津，高登彼岸，無以利口欺人自瞞。《靈府經》云「若欲得道，當依佛語。違而得者，無有是處」，可誣也哉？』十七年七月二十一日，告其徒曰：『法門扶持，更在諸公，吾當行矣。』端坐而化。偈曰：『萬法本空，一真絶妄。如彼太虚，元同谷響。』荼毗已，寶護塔於九里松。

五七　晦庵光禪師[一]

晦庵光禪師，閩之長樂人。出嶺謁圓悟、佛心諸名宿[二]，會大慧寓廣因[三]，光往從之。光一日侍行，問曰：『某到者裏不能得徹[四]，病在甚處？』慧曰：『汝病最癖，世醫拱手，何也？別人死了活不得，汝今活了未曾死。要到大安樂田地，須是死一回始得。』光益疑之，入室，問曰：『吃粥了也？洗鉢盂了也？去却藥忌，道將一句來。』光曰：『裂破。』慧震威喝云：『爾又來説禪。』光大悟。慧楇鼓告衆曰[五]：『兔毛拈得笑哈哈[六]，一擊萬重關鎖開。慶快平生在今日，孰云千里賺吾來。』光以頌呈曰：『一拶當機怒雷吼[七]，驚起須彌藏北斗[八]。洪波浩渺浪滔天，拈得鼻孔失却口。』《語録》等[九]

【注釋】

[一] 即晦庵彌光（?—一一五五），福建長樂人，俗姓李，幼依幽岩文慧禪師落髮，歷謁圓悟克勤、黄檗祥、高庵善悟（一〇七四—一一三二）、佛心諱才等，後於大慧宗杲座下開悟，本條所記即此事也。歷住鼓山、教忠、龜山、雲門庵等，傳見《嘉泰普燈録》卷一八、《大明高僧傳》卷六、《續傳燈録》卷三二等。

[二] 佛心諱才，福州長溪人，靈源惟清禪師（?—一一一七）法嗣，初住舒州太平，次遷黄龍，《嘉泰普燈録》卷一〇、《續傳燈録》卷二三有傳。

[三] 慧，高麗本作『惠』，下同。《大慧普覺禪師年譜》：『（紹興四年甲寅）師四十六歲……三月，至長樂，館於廣因寺。』

[四] 高麗本無『得』字。

[五] 鼓，底本作『皷』，誤，據高麗本、《卍續藏》本、《叢書》本改。

[六] 咍，音 hāi，笑也。

[七] 拶，音 zā，迫也。此爲禪林習語，指禪僧以機鋒應答相切磋，以勘驗悟道之深淺。

[八] 『驚起須彌』，禪林習語，謂機鋒不僅能使人開悟，甚至能把廣大堅固的須彌山驚走。《禪宗頌古聯珠通集》卷二〇：『普化趯倒飯床，臨濟大張其口，放出踞地金毛，驚得須彌倒走。』『北斗裏藏身』亦禪林習語，謂禪家之妙用，如藏身於北斗星中，了無痕迹。《雲門匡真禪師廣録》卷上：『問：「如何是透法身句?」師云：「北斗裏藏身。」』

[九] 《續古尊宿語録》卷五收録《龜山晦庵光狀元和尚語》，保存了晦庵彌光的若干法語，但無本條之内容，故當非全帙。

【附録】

《嘉泰普燈録》卷一八《泉州教忠晦庵彌光禪師》

閩之長樂人，族李氏。兒時寡言笑，聞梵唄則喜。十五依幽岩文慧禪師，十八圓頂，猶喜閲群書。一日，曰：『既剃髮染衣，當期悟徹，豈醉於俗典耶？』遂出嶺，謁圓悟禪師於雲居。次參黄檗祥、高庵悟，機語皆契。以淮楚盜起，歸謁佛心。會大慧寓廣因，往從之。慧謂曰：『汝在佛心處所得者，試舉一二看。』師舉佛心上堂，拈普化公案云：『佛心即不然，總不恁麽來時如何？』劈脊便打，從教遍界分身。慧曰：『汝意如何？』云：『某不肯他，後頭下個注脚。』慧曰：『此正是以病爲法。』師毅然無信可意。慧曰：『汝但揣摩看。』師竟以爲不然。經旬，因記海印信禪師拈曰：『雷聲浩大，雨點全無。』始無滯，趨告慧。慧以舉道者見瑯瑯并賢沙未徹語詰之，師對已，慧笑曰：『雖進得一步，只是不著所在。如人斫樹，根下一刀，則命根斷矣。汝向枝上斫，其能斷命根乎？今諸方浩浩説禪者，見處總如此，何益於事？其榻岐正傳，三四人而已。』師愠而去。翌日，慧問：『汝還疑否？』云：『無可疑者。』曰：『只如古人相見，未開口時，已知虚實。或聞其語，便識淺深。此理如何？』師悚然汗下，莫知所詣，慧令究有句無句。慧過雲門庵，師侍行。一夕，問曰：『某到這裏，不能得徹，病在甚處？』慧曰：『汝病最癖，世醫拱手，何也？別人死了活不得，汝今活了未曾死。要到大安樂田地，須是死一回始得。』師疑之愈深。後入室，慧問：『吃粥了也？洗鉢盂了也？去却藥忌，道將一句來。』云：『裂破。』慧震威喝曰：『你又説禪也。』師大悟。慧撾鼓告衆曰：『龜毛拈得笑哈怡（哈），一擊萬重關鎖開。慶快平生在今日，孰云千里賺吾來。』師亦以頌呈之曰：『一拶當機怒雷吼，驚起須彌藏北斗。洪波浩渺浪滔天，拈得鼻孔失却口。』邵武黄端夫創庵，乞師住持。留二年，東歸，分座於鼓山。參政李公邴以教忠迎開法，閲十年，移龜山。上堂曰：『有句無句，如藤倚樹，放憨作麽？及至樹倒藤枯，句歸何處？情知汝等諸人卒討頭鼻不著，爲甚麽如此？只爲分明極，翻令所得遲。』上堂：『夢幻空華，何勞把捉。得失是非，一時放却。』擲拂子曰：『山僧今日已是放下了也，汝等諸人又作麽生？』復曰：『侍者，收取拂子。』上堂，卓拄杖，喝一喝，曰：『不是坐來頻勸酒，自從別後見君稀。』便下座。上堂：『一物不將來，兩肩擔不起。直下便承當，坐在屎窖裏。還有獨脱出來底麽？設有，也是黄龍精。』僧問：『文殊爲甚麽出女子定不得？』曰：『山僧今日困。』

云：『罔明爲甚麽却出得？』曰：『令人疑著。』云：『恁麽則擘開華岳千峰秀，放出黄河一派清。』曰：『一任卜度。』問：『如何是向上事？』曰：『七十三八十四。』師住龜山歲餘，以疾歸雲門庵。紹興乙亥二月八日，剃沐更衣，告衆，右脅而逝。十五日，闍維，獲設利（即『舍利』）五色。門人慧空頂歸教忠，六月八日，建塔於山之陽。

五八　沙門波若

沙門波若，高麗人[一]。開皇間詣佛隴求智者禪法[二]，未幾即有所證。智者謂曰：『汝於此有緣，宜須閑居静處，成辦妙行[三]。今天台華頂去寺六七里，是吾昔日頭陀之所[四]，汝可往彼，學道進行，必有深益，勿慮衣食。』波若遵訓往彼，曉夜行道，不曾睡卧，影不出山，十有六年。一日忽下山告諸友曰：『波若知命將盡，特出山與大衆别爾。』即回華頂而卒。天台石刻

【注釋】

[一] 此處非爲王氏高麗，當爲高句麗之省稱。

[二] 佛隴，天台山八峰之一，位於西南方向，天台宗的祖庭國清寺即坐落於此山南麓。下文的華頂亦爲八峰之一，然佛隴距華頂不止文中所謂『六七里』。恐當以《續高僧傳》『六七十里』爲準。

[三] 辦，《叢書》本作『辨』，誤。

[四] 陀，高麗本作『陁』。

【附録】

《續高僧傳》卷一七

台山又有沙門波若者，俗姓高，句麗人也。陳世歸國，在金陵聽講，深解義味。開皇并陳，游方學業，十六入天臺北面智者求授禪法。其人利根上智，即有所證，謂曰：『汝於此有緣，宜須閑居静處，成備妙行，今天台山最高峰名爲華頂，去寺將六七十里，是吾昔頭陀之所。彼山祇是大乘根性，汝可往彼學道進行，必有深益，不須愁慮衣食。』其即遵旨，以開皇十八年往彼山所，曉夜行道，不敢睡卧，影不出山，十有六載。大業九年二月，忽然自下，初到佛壟上寺，净人見三白衣擔衣鉢從，須臾不見。至於國清下寺，仍密向善友同意云：『波若自知壽命將盡非久，今故出與大衆别耳。』不盈數日，無疾端坐，正念而卒於國清，春秋五十有二。送龕山所，出寺大門，迴輿示别，眼即便開，至山仍閉。是時也，莫問官私道俗，咸皆嘆仰，俱發道心。

《釋門正統》卷二《高麗波若師》

開皇十六年，求禪法於佛隴，未幾證悟。智者謂曰：『汝於此有緣，須閑居静處，成辦妙行。華頂峰去此六七里，是吾昔日頭陀之所，往彼學道進行，必有深益，勿慮衣食。』道訓以來，影不出山，十有六歲。大業九年二月，忽至佛隴國清，密告善友：『壽命將盡，來别大衆。』數日無疾而卒。龕出寺門，回旋示别，眼即便開，至山仍閉。睹者咸發道心。

五九　正言陳了翁[一]

正言陳了翁，南劍州人。妙年登上第，性閑雅，與物無競，見人之短未嘗面折，但微示意，警之而已。公初尚《雜華》，頗有所詣，及會明智法師[二]，扣天台宗旨，明智示以『止觀上根，不思議境，以性奪修，成無作行』，忽有契悟。晚年謫居海上，未嘗有不滿意，唯刻念西歸[三]。嘗作《延慶净土院記》，其略曰：

『如來之叙九品，以至誠爲上上。智者之造十論，破疑心之具縛。縛解情忘，識散智見，則彌陀净境不假他求[四]，若臨明鏡自見面像。』又曰：『譬如清净滿月[五]，影見諸水，月體無二，攝流散而等所歸，會十方而總於一。亦如十鏡環繞，中然一燈[六]，燈體交參，東西莫辨，而方有定位，西不自西，各隨相融，境將誰執？安以在廛執方之見，測度如來無礙之境乎？』[七]因法師曰：『了翁言净土，可謂深賾佛祖之壺奥矣。』《草庵録》[八]

【注釋】

[一]陳瓘（一〇六〇—一一二四），字瑩中，號了齋，一號了翁、華嚴居士，福建沙縣人。元豐二年（一〇七九）探花，任湖州掌書記。歷轉越州通判、右正言、左司諫等，因忤蔡京，不斷流徙四方，被編管於建州、袁州、廉州、通州、台州等地，宣和六年卒於楚州。著有《了齋集》四十二卷、《了翁易説》十七卷等，《宋史》卷三四五有傳。陳瓘留意佛學，於南禪、台宗、華嚴、净土皆有所悟，爲宋代著名居士。

[二]明智中立（一〇四六—一一一四），明州鄞人，俗姓陳，初師事廣智尚賢，學天台教觀，後依尚賢弟子延慶寺神智鑒文，歷住南湖、寶雲禪院、延慶寺等，事迹具見《嵩山文集》卷二〇《宋故明州延慶明智法師碑銘》。

[三]歸，高麗本作『皈』，下同。

[四]陀，高麗本作『陁』。

[五]譬，高麗本作『比』。

[六]然，高麗本作『燃』，同。

[七]廛，市中之民居，在廛，謂世俗也。此文另見於《樂邦文類》卷三，文末亦附《草庵録》之評語，可參看。

[八]《草庵録》，《釋氏稽古略》卷四：『（乾道三年）四月十七日，明州延慶教寺法師草庵名道因入滅，壽七十八，夏六十一……高宗紹興丙寅，退居城南草庵，以生平所得道妙著《草庵録》十卷，其言文而真，江湖誦之。』今已不傳。另，

《名公法喜志》卷四『陳忠肅』條與本條内容相近，但文字出入較多，應有其他來源。

【附録】

《佛祖統紀》卷一五

陳瓘，字瑩中，南劍人，自號了翁。幼登甲科，官至正言。親亡之日，廬墓三年，天降甘露，有芝草生於冢上。嘗留意禪宗，頗有省發，觀《華嚴》，了法界之旨。因上疏論宰相章惇，謫四明。日與明智會，因問天台宗旨，明智舉止觀不思議境，示以性奪修成無作行之義，公曰：『乃知此宗性本現成。』又問：『現前色身如何觀察？』明智曰：『法本不生，今則無滅。』公曰：『世人言，其死如歸，不知如歸，乃失家者。』自是深達境智之妙，作《三千有門頌》以示明智，智可之文見《名文光教志》。晚年刻意西歸，爲明智作《觀堂净土院記》，發揮寂光净土之旨，宗門韙其説石刻南湖觀堂。公既貶，諸子皆白衣，未嘗懷不滿意。宣和六年冬，無疾别家人而逝。紹興中，贈諫議大夫，謚忠肅。

《名公法喜志》卷四『陳忠肅』條

陳瓘，字瑩中，南劍人。少年登上第，性閑雅，與物無競，見人之短未嘗面折，但微示意，警之而已。嘗爲右司諫，極論蔡京、蔡卞，連謫通、台、楚三州。立朝骨鯁，有古人風烈，卒謚忠肅，自號了翁。公初尚《雜華》，頗有所詣。及會明智法師，叩天台宗旨，明智示以『止觀上根，不思議境，以性奪修，成無作行』，忽有契悟。其謫居海上，未嘗有不滿意，惟尅念西歸，會作《延慶寺净土院記》。又嘗謁靈源清公，執聞見以求解會，清公曰：『執解爲宗，何日偶諧？』公乃開悟，寄師偈曰：

書堂兀兀萬幾休，日暖風柔草木幽。誰識二千年底事，如今只在眼睛頭。

六〇　石壁寺紹、靖二法師[一]

石壁寺去杭越二十里[二]，走龍山而西，窅然入幽谷，有溪流岩石之美，雖其氣象清淑，而世未始知之。

自紹大德、靖法師居之，而其名方播，亦地以人而著也。靖、紹皆錢塘人，同依壽禪師出家，通練律部。時韶國師其道大振，靖、紹往從之。國師見且器之，即使往學三觀法於螺溪寂法師[三]，於是偕往事寂，講求大義。居未幾，所學已就，靖、紹復回石壁以會講衆，前後五十年，守其山林之操，未始苟游鄉墅閭里，處身修潔，吴中宿學名僧皆推其高人。明教曰：『出家於壽公，學法於寂公，見知於韶公，三皆奇節异行不測人也，天下豈可多得？二師皆遇而親炙之，假令得一見[四]，已自甚善，况因人而得法！二師之美多矣。』《塔表》[五]

【注釋】

[一] 底本目録原作『石壁寺韶、靖二法師』，據正文改。

[二] 乾隆《杭州府志》卷一四：『石壁山。去杭二十里，走龍山而西，窅然入深谷，爲石壁寺，有溪流岩石之美。《鐔津文集》釋契嵩《入石壁山詩》：身似浮雲年似流，人間擾攘只宜休。老來已習青蘿子，隱去應追帛道猷。直入亂山應計路，定看落葉始知秋。他時谷口人相遇，莫問裁詩謝五侯。按《咸淳志》有石壁山，云與龍駒山、法華山并在欽賢鄉，東抵西堰橋。依文乃是西溪路山，別詳於後，此山據道里近五雲山，與彼不同。』

[三] 即螺溪義寂（九一九—九八七），五代、北宋之際天台宗僧人，俗姓胡，永嘉人，十二歲於温州開元寺出家，後從高論清竦習《止觀》，清竦圓寂後開法於螺溪道場，師號『净光』，曾力勸吴越王遣使至高麗、日本搜求天台典籍。有《螺溪振祖集》一卷傳世，行迹具見集中所録《净光法師行業碑》及《净光法師塔銘》。

[四] 令，底本、高麗本作『全』，據《叢書》本、《卍續藏》本及《杭州石壁山保勝寺故紹大德塔表》改。

[五] 即契嵩所撰之《杭州石壁山保勝寺故紹大德塔表》，收於《鐔津文集》卷一三，見附録。

【附録】

《鐔津文集》卷一三《杭州石壁山保勝寺故紹大德塔表》

石壁寺去杭越三十里，走龍山而西，窅然入幽谷，有溪流岩石之美。雖其氣象清淑，而世未始知之。自紹大德與其兄行靖法師居之，而其名方播，亦地以人而著也。大德諱行紹，杭之錢唐人也，本姓沈氏。初其母夢得异僧舍利吞之，因而有娠。及生，其性淳美，不類孺子，不喜肉食，嗜聞佛事。方十二歲，趨智覺禪師延壽求爲其徒，父母從之。及得戒，通練律部。當是時，韶國師居天台山，其道大振，大德乃攝衣從之。國師見且器之，即使往學三觀法於螺溪羲（義）寂法師，因與其兄行靖皆事寂法師，講求大義。居未幾，而所學已就，還杭，即葺其舊寺，尋亦讓其寺與靖法師，以會講衆。靖法師與大德皆師智覺出家，而大德爲法兄，靖師爲俗兄。靖法師以素德自發，先此六十年，雖吴中宿學名僧，皆推其高人，當時故爲學者所歸。及靖法師遷講他寺，而大德復往居石壁。其前後五十年，守其山林之操，未始苟游於鄉墅閭里，處身修潔，識者稱其清約。一旦示感輕疾，至其三日之夕，囑累其徒，始衆會茶，授器已，即坐盡。至是其壽已八十歲，僧臘六十八歲。垂二十年，余始來石壁，會其弟子簡長，因聞其風。長亦介潔能守其先範，遂與其同學之弟簡微，固以大德塔志見託。吾嘗謂之曰：『教所謂人生難遇者數端，而善知識尤難。世書曰：「善人，吾不得而見之矣，得見有常者，斯可矣。」賢善誠難其會也。若師出家於壽公，學法於寂公，見知於國師韶公。韶公，不測人也，奇節异德，道行藹然，而壽、寂二公亦吾徒之有道者也，天下豈可多得？若師皆遇而親炙之。假令得一見之，已甚善也，况因人而得法邪？若此師之美多矣。復兄弟於靖師，同其務學親道，栖養於山林，又平生之美可書也。其塔在寺之西圃，故筆而表之。是歲皇祐癸巳三月之十一日也。

六一　海月辯都師[一]

海月辯都師，雲間人[二]，生有异，父母令入普照出家[三]，得法明智[四]。智老，命代講八年，遂領寺事。翰林沈時卿以威猛治杭[五]，僧徒見者多懼，師獨從容如平日。公异之，俾涖僧職，遷至都僧正。時東坡作倅，喜其道行高峻，發言璀璨，嘗序之曰：『錢塘佛僧之盛蓋甲天下，道德才智之士與夫妄庸巧僞之人雜處其間，號爲難齊，故僧職正副之外，別補都僧正一員，簿帳案牒，奔走將迎之勞，專責副正已下，而都師總領要略，實以行解表衆而已。』[六]師容止端靖，不畜長物，有盗夜入其室，脱衣與之，使從支徑遁去。居無何，倦於酬酢，歸隱草堂，但六事隨身而已[七]。將順寂，先遺言須東坡至方可闔棺。四日[八]，東坡始氏山中[九]，見其端坐如生，頂尚温，遂作三絶哭之云：『欲尋遺迹强沾裳，本自無生可得亡。今夜生公講堂月，滿庭依舊冷如霜。』『生死猶如臂屈伸，情鍾我輩一酸辛。樂天不是蓬萊客，憑仗西方作主人。』『欲訪浮雲起滅因，無緣却見夢中身。安心好住王文度，此理何須更問人。』[一〇]《塔銘》

【注釋】

[一]海月慧辯（一〇一四—一〇七三），天台宗僧人，明智祖韶法嗣，開法於天竺寺。事迹見《釋門正統》卷五、《佛祖統紀》卷一一、蘇轍《天竺海月法師塔碑》等。都師，即都僧正也。

[二]即松江華亭（今上海），西晋文學家陸雲（字士龍）家於此，因自稱『雲間陸士龍』，故華亭一名雲間。

[三]普照寺，在松江府，《至元嘉禾志》卷一〇：『普照寺，在府西二百八十步。考證：唐乾元中建，名大明寺，宋祥符間改今額。寺有陸將軍祠，世傳地本陸氏園亭，因祠焉。固未可信。《嘉禾詩文》謂陸機舍宅爲寺，亦妄矣。機死於晋大安二年，寺建於唐乾元年間，豈得爲舍宅乎？恐子孫舍宅，亦未詳，《晋史》《世説》叙録機之子蔚復同父遇害於洛中，又機故宅在華亭谷東昆山下，非今邑中也。寺有地方天王祠，吴越王加封護國，石刻存焉。沈存中《筆談》載雷震天王寺，屋柱倒，書曰『高洞楊雅一十六人火令章』凡一十一字，内『令、章』兩字特奇勁，似唐人書體，今石刻尚有，即此寺天王堂也。寺東北隅有善住教院，傳賢首宗，西北隅有梵修院。』

[四]明智祖韶，姓劉氏，北宋天台僧，爲慈雲遵式之法嗣，《佛祖統紀》卷一一有傳。

[五]沈遘（一〇二五—一〇六七），字文通，浙江錢塘人，弱冠登第，歷任江寧通判、集賢校理、起居舍人等，嘉祐七

年（一〇六二）徙知杭州，事迹具見王安石《内翰沈公墓志銘》。

[六] 此序即《海月辯公真贊一首并引》，見《蘇文忠公全集·東坡後集》卷二〇。

[七] 事，《卍續藏》本作『身』。六事，即比丘日常所用之六物，《律學發軔》卷下：『一僧伽胝，此云複衣。二嗢呾囉僧伽，此云上衣。三安呾婆娑，此云内衣。四波呾囉，此云鉢。五尼師但那，此云坐具。六鉢里羅囉伐拏，此云濾水羅。比丘以此六物隨身，不可暫離。』

[八] 高麗本作『四月四日』。

[九] 氏，高麗本作『抵』。

[一〇] 另見《蘇文忠公全集·東坡集》卷五《弔天竺海月辯師三首》。

【附録】

《欒城後集》卷二四《天竺海月法師塔碑一首》

餘杭天竺有二大士，一曰海月，一曰辯才，皆事明智韶法師，以講説作佛事，而心悟最上乘，不爲講説所縛。吴越多禪衆，聞其言者，皆曰『説教如是，是亦禪也』，故吴越之人歸之與佛菩薩無异。熙寧中，予兄子瞻通守餘杭，從二公游，敬之如師友。海月之将寂也，使人邀子瞻入山，以事不時往，師遺言須其至乃闔棺。既寂四日而子瞻至，發棺視之，膚理如生，心頂温然，驚嘆出涕。後十有六年，子瞻守餘杭，復從辯才游，及其滅也，子瞻守淮南，其徒請爲塔銘，子瞻以屬予。又十三年，予與子瞻皆自嶺外得歸，而子瞻終於毗陵。餘杭參寥師弔予潁川，既而泣曰：『辯才既以子瞻故得銘于公，海月獨未有銘，公以子瞻，其亦勿辭。』予亦泣許之。

公名惠辯，字訥翁，姓富氏，秀之華亭人也。幼不好弄，其父奇之，以施普照寺。年十有九，受具足戒，從韶於天竺，受天台教，習西方觀。復事三衢浮石矩法師，皆盡其學。韶之将老也，命公代之講者八年，學者宗之。及其老，遂領寺事。翰林沈文通治杭，以威猛御物，僧徒嚴憚之，見者惶駭失據，公獨從容如平日，文通异之，遂以涖僧職，卒至都僧正。凡講授二十五年，往來千人，得法者甚衆。西方觀成，與同社人造塔及閣。公容止端静，不畜長物，有盜夜入其室，脱衣與之，導之出門，使從支徑逃去。熙寧六年十月有疾，十七日，旦起盥濯，與衆别，焚香跏趺而逝，年六十，臘四十一。公初入天竺，及澗，有老人冠帶，傴僂逾梁迎之，入門而失。始代師講，夢章安尊者以金篦擊其口曰：『汝勤於誨人，當得辯恵。』嘗苦脾痛，久而不愈，夢天神以金盤盛水，使師瞑目而洗其腸，浣已復内，覺而痛止。公没之歲，吴越大旱，禱於天竺觀音像，不應。公以疾晝寢，夢老人白衣烏帽，告曰：『明日日中必雨。』問其人，曰：『山神也。』如期而雨。公學行高妙，報在西方，其以感通者不可勝言，而聞於人者如此。今住天竺德賢師實公之高弟，以銘授之，俾刻之石，銘曰：佛本説一乘，無二亦無三。空洞無一物，應物無不住。欲以是教人，人或不能信。以其不信故，故示以方便。方便皆是幻，惟恵爲真實。有方便恵解，無方便恵縛。有恵方便解，無恵方便縛。惟恵惟方便，更相爲縛解。縛脱解亦除，然後至佛乘。智者古智人，具恵與方便。示人西方觀，其實則是幻。由幻而得佛，於以度衆生。會歸於一乘，何者非佛法？海月辯才師，智者之孫曾。由教而得禪，皆僧中第一。我不識其面，知其心中事。作銘書塔石，二公知其然。

六二　高麗義天僧統[一]

高麗僧統義天，棄王位出家[二]，問法中國。首至四明，郡將命延慶明智、三學法隣二師爲館伴[三]，至杭州謁照律師[四]，願從律學。照爲説戒法，令習儀範，授以三衣、盂鉢、錫杖，仍有偈曰：『爲汝裁成應法衣，更將盂錫助威儀。君看宿覺歌中道，不是標形虚事持。』[五]朝廷復詔楊次公館伴[六]，所經諸刹迎餞如王臣禮。至金山，獨佛印床坐納其大展[七]，次公驚問其故，印曰：『義天亦一异國僧爾，衆姓出家，同名釋子，安問貴種？若屈道隨俗，先失一隻眼，何以示華夏師法乎？』朝廷以元爲知大體[八]。《僧傳》等[九]

【注釋】

［一］義天（一〇五五—一一〇一），高麗文宗之第四子，俗姓王，名煦。十一歲於靈通寺出家，初學賢首，旁通五教，并精研外學，被封爲高麗祐世僧統。義天夙懷入宋求法之願，數請不准，後於宣宗二年（一〇八五）與弟子潜乘商船渡海，抵密州，得償宿願。哲宗命蘇注引伴至京。義天在京遍參名德，月餘，上表請赴杭從净源受業。哲宗命楊傑爲館伴，先後參訪佛印了元、慧林宗本、净源、慈辯等五十餘人，廣學華嚴、天台、律、禪等。元祐元年（一〇八六）六月，義天攜釋典經書三千餘卷歸國，受到高麗皇族熱烈歡迎。開創國清寺，宣揚華嚴、天台、南山之旨，并奏請於興王寺設置教藏司，以珍藏宋、遼、日本之佛書，又於興王寺主持雕造續刻《高麗藏》。肅宗六年（一一〇一）十月，示寂於總持寺，壽四十七，臘三十六。著作有《新編諸宗教藏總録》《圓宗文類》《釋苑詞林》《大覺國師文集》等。

［二］棄，《叢書》本作「捨」。

［三］明智中立（一〇四六—一一一四），北宋天台宗僧，事迹見第五九「正言陳了翁」條注二。慧照法隣，中立之弟子，主三學寺，傳見《佛祖統紀》卷一五。館伴，接待、陪同外賓的職務。

［四］即靈芝元照（一〇四八—一一一六）也，見第二五「大智律師」條。

［五］事見《芝園遺編》卷三《爲義天僧統開講要義》。

［六］楊次公，即楊傑（一〇二三—一〇九一）也，字次公，號無爲子，北宋著名居士，事迹詳第六七「楊次公」條。

［七］佛印了元（一〇三二—一〇九八），饒州林氏，初於寶積寺出家，後於開先善暹座下得法，工詩書，富辯才，歷住金山、大仰、雲居等剎，與蘇軾、黄庭堅等爲方外友。《禪林僧寶傳》卷二九有傳。大展，即敷坐具三度禮拜，爲禪僧對尊宿所行之禮。

［八］元，底本作「无」，據高麗本、寛文本、《叢書》本、《卍續藏》本改。

［九］當爲惠洪之《禪林僧寶傳》，見附録。

【附録】

《禪林僧寶傳》卷二九《雲居佛印元禪師》（節録）

高麗僧統義天，航海至明州。傳云：義天棄王者位出家。上疏乞遍歷叢林，問法受道。有詔朝奉郎楊傑次公館伴，所經吴中諸刹皆迎餞如王臣禮。至金山，元床坐，納其大展。次公驚問故，元曰：『義天亦异國僧耳，僧至叢林，規繩如是，不可易也。衆姓出家，同名釋子，自非買崔盧，以門閥相高，安問貴種？』次公曰：『卑之少徇時宜，求异諸方，亦豈覺老心哉？』元曰：『不然，屈道隨俗，諸方先失一隻眼，何以示華夏師法乎？』朝廷聞之，以元爲知大體。

六三　天竺悟法師[一]

天竺悟法師，錢塘人。每誦咒時，身出舍利，所供像亦如之。天聖三年，慈雲欲以智者教觀求入大藏，文穆王公擬達天聽[二]。悟曰：『此非常之事，小子將助之。』乃繪千手像，誦大悲密語，誓曰：『事果遂，當焚此軀。』未幾公薨。悟益加精勵[三]，晝夜不廢。越歲，乃克如志。悟遂答前誓，薪盡屍在[四]，袈裟覆體，儼然如生，衆咸异之。慈雲再積香木焚乃方壞，舍利無數，三歲之後，信者尚獲。慈雲作贊刻石曰：『悟也吾徒，荷法捐軀。其焰赫赫，其樂愉愉。逮火將滅，儼如跏趺。逮骨後碎，璨若圓珠。信古應有，今也則無。芳年三十，真哉丈夫！』《金園》[五]

【注釋】

[一] 即思悟，俗姓徐，錢塘人，幼於欣慈院出家，後隨侍慈雲遵式，發願助天台教典入藏，事遂，自焚而化。

[二] 王欽若（九六二—一〇二五），字定國，臨江軍新喻人，淳化三年（九九二）進士，歷任秘書省校書郎、太常丞、

參知政事等。曾主編《册府元龜》，卒謚『文穆』。《宋史》卷二八三有傳。據本條記載，遵式奏請智者教觀入藏，當在天聖三年（一〇二五），得旨蒙允則在次年。《佛祖歷代通載》卷一八亦持此見：『天聖四年，賜天台教部入藏。』然《佛祖統紀》卷四五則記載此事在天聖元年（一〇二三）：『（天聖）元年……敕内侍楊懷古降香入天竺靈山，爲國祈福。慈雲式法師復以天台教文入藏爲請，懷古爲奏上知。……二年，詔賜天台教文入藏，及賜白金百兩，飯靈山千衆。慈雲撰《教藏隨函目録》，述諸部著作大義。』據遵式《天台教隨函目録并序》：『天禧三年（一〇一九），會相國太原王公欽若出鎮錢唐，因以宿志聞於黄閤，遂許陳奏。事未果行，倏焉薨逝。至天聖紀號，幹當玉宸殿高班黄元吉以兹法利上聞天聽，皇帝、皇太后體堯仁以覆物，奉佛囑以護法，爰擇梵侣，精校於真筌，旋繫竺墳，廣頒於秘藏。』王欽若卒於天聖三年十一月，而天台教典入藏乃其卒後之事，故當在天聖三、四年間，《佛祖統紀》誤。

〔三〕勵，高麗本作『厲』，同。《説文解字注箋·厂部》：『因磨厲之義，又爲勉厲、激厲之義。别作勵。』

〔四〕薪，《卍續藏》本作『新』。

〔五〕當指《金園集》，遵式所撰，慧觀重編，三卷，現存。然今本《金園集》并無本條内容，而是收於遵式《天竺别集》卷下，疑曇秀混淆二書。

【附録】

《天竺别集》卷下《宋錢唐天竺寺僧思悟遺身贊并序》

思悟，法生之子也。天聖三年春，屬予以智者教求冢宰王公欽若聞於上天，編次大藏，悟曰：『此非常之事也，自隋至今殆四五百載，前賢未圖，罔或不艱，願將助矣！』乃繪千手像，誦千眼咒，誓曰：『事果，當焚此身。』事未行，王公薨。悟乃益勤，無荒棄蚤莫，明年既遂，八月二十一日，乃答誓，薪盡屍在，鬱多覆體，儼如其生。衆咸异，乃純積香木，予祝載焚之，久乃壞。於戲！悟俗姓徐，父居錢唐，幼舍南新縣欣慈院出家，既受具，宿習萌發，好游講席，聚學辨問，精義入神，信法兼進。每誦咒，身出舍利，所畫像亦如之，日求如市。暨灰場三歲，信者往往尚獲，乃喜之作贊，六年九月九日始刻石，贊曰：

悟也吾徒，荷法捐軀。其焰赫赫，其樂愉愉。逮火將滅，儼如加趺。逮骨後碎，璨如圓珠。信古應有，今也則無。芳年三十，真哉丈夫！

六四　晦堂心禪師[一]

晦堂心禪師，初承南禪師遺命，領住山緣十有三白[二]，於法席正盛時毅然謝事，居西園，以『晦』命其堂，且曰：『吾所辭者世務爾，今欲專行佛法。』於是牓其門曰：告諸禪學，要窮此道，切須自看，無人替代。時中或是看得因緣，自有歡喜入處，却來入室吐露，待爲品評是非深淺。如未發明，但且歇去，道自見前[三]，苦苦馳求，轉增迷悶。此是離言之道，要在自肯，不由他悟，如此發明，方名了達無量劫來生死根本。若見得離言之道，即見一切聲色言語是非，更無別法；若不見離言之道[四]，便將類會目前差別因緣，以爲所得。只恐誤認門庭，目前光影，自不覺知，方成剩法，到頭只是自謾，枉費心力。宜乎晝夜剋己精誠，行住觀察，微細審思，別無用心，自然有個入路，非是朝夕學成事業。若也不能如是參詳，不如看經、禮拜，度此殘生，亦自勝如亂生謗法。若送老之時，敢保成個無事人，更無他累。其餘入室，今去朔望兩度却請訪及。《汀江》[五]

【注釋】

[一] 晦堂祖心（一〇二五—一一〇〇），南雄始興（在今廣東北部）鄔氏，弱冠於龍山寺出家，初參雲峰文悦禪師（九九七—一〇六二），後往依黃龍慧南（一〇〇二—一〇六九），得其法，住黃龍山十數年，弟子死心悟新、靈源惟清、草堂善

清皆爲一時龍象。傳見《續傳燈録》卷一五、《嘉泰普燈録》卷四、黄庭堅撰《黄龍心禪師塔銘》等。

〔二〕三，《羅湖野録》《佛祖綱目》作「二」。《黄龍心禪師塔銘》亦謂「住持黄龍山十二年」，故當以十二年爲是。

〔三〕見，高麗本作「現」，同。

〔四〕「即見一切聲色言語是非更無別法若不見離言之道」句，底本及高麗本無，據他本及《羅湖野録》《佛祖綱目》補。

〔五〕當爲《汀江集》或《汀江筆語》，詳見第九「法昌遇禪師」條注九。

【附録】

《羅湖野録》卷二

黄龍庵主者，初承南禪師遺命，領住山緣十有二白，於法席正盛時毅然謝事，居西園，以「晦」名其堂，且曰：「吾所辭者世務耳，今欲專行佛法也。」於是牓其門曰：「告諸禪學，要窮此道，切須自看，無人替代。時中或是看得因緣，自有歡喜入處，却來入室吐露，待爲品評是非淺深。如未發明，但且歇去，道自現前，苦苦馳求，轉增迷悶。此是離言之道，要在自肯，不由佗（它）悟，如此發明，方名了達無量劫來生死根本。若見得離言之道，即見一切聲色言語是非更無別法；若不見離言之道，便將類會目前差別因緣以爲所得。只恐誤認門庭，目前光影，自不覺知，翻成剩法，到頭只是自謾，枉費心力。宜乎晝夜剋己精誠，行住觀察，微細審思，別無用心，久遠自然有個入路，非是朝夕學成事業。若也不能如是參詳，不如看經、持課，度此殘生，亦自勝如亂生謗法。若送老之時，敢保成個無事人，更無佗（它）累。其餘入室，今去朔望兩度却請訪及。紹興庚申冬，獲斯牓於南蕩空禪師處。空嗣死心，能詳晦堂平居行事，然須學者渴法，乃與開示。以朔望爲準，殆謂是也。

六五　徑山主僧寶印〔一〕

孝宗皇帝詔徑山主僧寶印於選德殿〔二〕。上曰：「三教聖人，本同者個道理。」印奏曰：「譬如虛空，東西南北初無二也。』上曰：『但聖人所立門户各别爾，孔子以中庸設教。』印曰：『非中庸之教，何以安立世間？故《華嚴》云：「不壞世間相而成出世間法。」《法華》云：「治世語言，資生産業，皆與實相不相違背。」』上曰：『今之士夫學孔氏者，多只攻文字，不見夫子之道，不識夫子之心，唯釋迦老子不以文字教人，但直指心源，開示衆生，各令悟入，此爲殊勝。』印曰：『非獨今之學者不見夫子之道，當時十哲，如顔子，號爲具體，盡其平生力量，只道得個瞻之在前，忽然在後，如有所立，卓爾竟捉摸未著。而夫子分明八字打開與諸弟子曰：「二三子以我爲隱乎？吾無隱乎爾。吾無行而不與二三子者，是丘也。」以此而觀，夫子未嘗回避諸弟子，而諸弟子自蹉過也。昔張商英丞相云：「唯吾學佛，然後能知儒。」』上曰：『朕意亦謂如此。』上又問曰：『莊老何如人？』印云：『只作得佛門中小乘聲聞人。蓋小乘厭身如桎梏，棄智如雜毒，化火焚身，入無爲界，正如莊子所謂「形固可使槁木，心固可如死灰」。』於是稱旨。《奏對録》[三]

【注釋】

[一] 底本目録作『徑山主僧法印』，據正文改。别峰寶印（一一一〇—一一九一），四川龍游（今樂山）李氏子，幼於德山院具戒，後依密印安民，并參克勤、宗杲等人，歷住金山、雪竇、徑山等，嘗被孝宗召對，稱旨，賜食及肩輿。事迹具見《續傳燈録》卷三一、《南宋元明禪林僧寶傳》卷五、《補續高僧傳》卷一〇、《峨眉山志》卷五《别峰印禪師塔銘》等。

[二] 選德殿，《咸淳臨安志》卷一：『孝宗皇帝建，以爲射殿。御坐後有大屏，分畫諸道，列監司郡守爲兩行，各標職位姓名，又圖華夷疆域於屏陰，詔學士臣周必大爲記并書。』

[三] 即與皇帝應答之語，許多禪師皆有此類著作，如無準師範、瞎堂慧遠、佛照德光等。寶印之《奏對録》今已不存。

【附録】

《補續高僧傳》卷一〇《別峰印禪師傳附慧紳》

別峰禪師，名寶印，字坦叔。生爲龍游李氏子，世居峨眉之麓。少而奇警，然不喜在家，乃從德山院清遠道人得度。自童時，已博通六經及百家之説，至是，復從《華嚴》《起信》諸名宿，窮源探賾，不高出同學不止。時密印禪師民公，説法於中峰道場，乃挈一笠往從之。一日密印舉：僧問巖頭：『起滅不停時如何？』頭叱曰：『是誰起滅？』師豁然大悟，自是鋒不可觸。密印恨相得之晚，會圓悟自南歸成都昭覺，乃遣師往省，因隨衆入室。圓悟舉從上諸聖以何法接人，師舉起拳，圓悟曰：『此是老僧用者，孰爲從上諸聖用者？』師即揮拳，圓悟亦舉拳相交，大笑而罷。圓悟嘆异之曰：『是子他日必類我師。』留昭覺三年，密印猶在中峰，以堂中第一座致師。師辭，密印大怒曰：『我以法得人，人不我傳，尚何以説法！』爲欲棄衆去，衆皇恐，亟趨昭覺，羅拜懇請。圓悟亦助之請，始行。道望日隆，學者争歸之，雖圓悟、密印不能掩也。久之，南游，歷見諸大禪老，最後扣妙喜於徑山。爲師獨掃一室，堂中皆大驚。妙喜南遷，師亦西歸，始住臨邛鳳皇山，舉香嗣密印。道既盛行，築都不會庵，松竹幽邃，暇日名勝畢集，聞師一言，皆自謂意消。稍或間闊，輒相語曰：『吾輩鄙吝萌矣。』其道德服人如此。俄復下硤，挾金陵，應庵華方住蔣山，館師於上方，白留守張公燾，舉以代己。師聞，即日發去。會陳丞相俊卿來，爲金陵，以保寧延師，俄徙京口金山，學者傾諸方。金山自兵亂後，雖屢葺，莫能成，至是始復大興，如承平時，而有加焉。异時居此山，鮮逾三年者，師獨安坐十五夏。魏惠憲王牧四明，虚雪竇來請，住四年，樂其山林，有終老之意。而名益重，被敕住徑山，淳熙七年五月也。七月至行在所，壽皇降中使召入禁中。以老病足蹇，賜肩輿於東華門内，賜食於觀堂，引對於選德殿。賜坐勞問良渥，師目（因？）舉古宿云：『透得見聞覺知，受用見聞覺知，不墮見聞覺知。』上悦，畢其説乃退。後十餘日，又命開堂於靈隱山，中使齎賜御香，恩禮備至。十年二月，上製《圓覺經注》，遣使馳賜，且命作序。師老，益厭住持事，門人懼其遠游不返，相與築庵於山北俟其歸。光宗在東宫，書『別峰』二大字榜之。十五年冬，奏乞養疾於別峰，得請。明年，光宗受内禪，取向取賜宸翰，識以御寶，復賜焉。紹熙元年冬十一月，忽往見嗣住山智策告別，策問行日，師曰：『水到渠成。』歸取幅紙大書曰：『十二月七日夜鷄鳴時。』如期而化。奉蜕質，返寺之法堂，留七日，顏色精明，鬚髮皆長，頂温如沃湯。是月十四日，葬於別峰之西岡。壽八十有二，臘六十有四。得法弟子實繁，指不能一二屈，有慧綽者，山陰陸氏子，當以蔭得官，辭之，從師祝髮，得記莂，遯迹巗岫，終身不出。師既示寂，上爲敕有司，定謚曰慈辯，塔曰智光，庵曰別峰，極方外之寵。師説法數十年，所至門人集爲《語録》，晚際遇壽皇，被宸翰，咨詢法要，皆對使者具奏，別具行世，此不悉著。

六六　高僧可久[一]

可久高僧，錢塘人，遍游講肆，深得天台旨趣。後居祥符[二]，喜爲古律，造於平惔清苦[三]，東坡以『詩老』呼之。坡因元宵，同僚屬觀燈，坡獨往謁之，見其寂然宴坐，作絶句云：『門前歌鼓鬧紛崩，一室蕭然冷欲冰。不把琉璃閑照物，始知無盡本非燈。久律己甚嚴，長坐一食，四威儀中，法服未嘗去體[四]，儉約自持，一布衲終身不易，或絶粮辟穀，宴坐而已。晚居西湖之濱，翛然一榻[五]，不留餘物，窗外唯紅蕉數本、翠竹數百竿，自號『蕭蕭堂』。將卒，語人曰：『吾死，蕉竹亦死。』後如其言。《怡雲集》[六]

【注釋】

[一] 可久（一〇一三—一〇九三），字佚老，一作逸老，錢塘人，俗姓錢，從浄覺仁岳學天台教，工詩，傳見《佛祖統紀》卷二一及元照撰《杭州祥符寺久闍梨傳》等。

[二] 祥符寺，嘉靖《仁和縣志》卷一一：『大中祥符律寺。在祥符橋，梁大同二年，邑人鮑侃捨宅爲寺，舊名發心，唐貞觀中改衆善，神龍元年改中興，後改龍興，宋大中祥符初改是額。寺基廣袤九里，其子院有千佛、諸天二閣，而戒壇又別有院，有鐵塔一、青石塔二、小石塔二，及錢王所鑿九十九眼井。寺乃靈芝大智律師受經之地。』可久與元照皆曾駐錫於

此，故二人關係密切。

〔三〕惔，《杭州祥符寺久闍梨傳》作「淡」。按，「惔」通「憺」，清静也，雖意亦可通，但論詩風，仍以「淡」字爲長。

〔四〕服，《卍續藏》本作「眼」，誤。

〔五〕翛，《卍續藏》本作「修」，誤。

〔六〕見第三六「王日休居士」條注四。

【附録】

《芝園集》卷一《杭州祥符寺久闍梨傳》

釋可久，字佚老，錢唐錢氏子。少厭俗，遇天聖覃恩得度，嘗從雪溪法師學天台教。喜爲古律詩，大抵造於平淡清苦，比夫然、徹、清塞之流，未相上下。左丞蒲公集《錢唐古今詩》，從師求稿，師曰：「隨得隨去，未始留也。」人亦頗高之。晚年杜門絶迹，送客指門閾爲界。内翰蘇公、樞（樞）密林公，一時名賢，傾蓋相訪，亦未始屈也。予初聞之，作詩嘲曰：拗折床頭舊杖藜，任教桃李自成蹊。如何昔日廬山遠，却爲陶潛一過溪？師笑而不答。居室荒陋，人不堪憂，庭下唯紅蕉數本，翠竹數百竿，自號「蕭蕭堂」，師居堂上，經行宴坐，裕如也。既病將卒，輒語人曰：「吾死，蕉竹亦死。」是時瑛公尚無恙，後皆果其言，人亦莫能測。臨行，口占頌曰：生老病死，樂在其中，已矣乎！傳語風花雪月。言訖長往，壽八十。其徒葬骨於北山禪宗蘭若。予平時常敬事之，每過舊居，愴然有所感，因提數事，以示來者。

六七　楊次公〔一〕

楊次公云：「大願聖人，從浄土來，來實無來，深心凡夫，從浄土去，去實無去。彼不來此，此不往彼，而其聖凡會遇，兩得交際。彌陀光明如大圓月〔二〕，遍照法界念佛衆生，攝取不捨。諸佛心内衆生，塵塵極樂，衆生心中净土，念念彌陀。若能發心念彼佛號，即得往生。河沙諸佛，有同舌之贊，十方菩薩，有同往之心。佛言不信，何言可信？不生净土，何土可生？自棄己靈，是誰之咎？』公臨終時，見金臺從空而至[三]，即説偈而逝，偈曰：『生亦無可戀，死亦無可捨。太虛空中，之乎者也。將錯就錯，西方極樂。』《輔道集》等[四]

【注釋】

[一] 楊傑（一〇二一—一〇九一），字次公，無爲人，號無爲子。少起農耕，嘉祐四年（一〇五九）中舉。元豐中，官太常，議禮樂因革，爲朝廷所重。元祐初，祈放州郡，以禮部員外郎出守潤州（今江蘇鎮江）。未幾，除兩浙提點刑獄。元祐六年（一〇九一），授徐王府侍講，卒於官，壽七十。《宋史》卷四四三有傳。

[二] 陀，高麗本作『陁』，下同。

[三] 金臺，修習净土之人的上品中生者，臨命終時，西方三聖持金臺來迎，《觀無量壽佛經》：『上品中生者，不必受持讀誦方等經典，善解義趣，於第一義心不驚動，深信因果，不謗大乘；以此功德迴向，願求生極樂國。行此行者命欲終時，阿彌陀佛與觀世音及大勢至無量大衆、眷屬圍繞，持紫金臺至行者前，贊言：「法子！汝行大乘，解第一義，是故我今來迎接汝。」與千化佛一時授手。行者自見坐紫金臺，合掌叉手，贊嘆諸佛，如一念頃，即生彼國七寶池中。』

[四] 《輔道集》，楊傑撰，《樂邦文類》卷三《大宋無爲子楊提刑傳》：『公有《輔道集》，專紀佛乘。東坡作序，其略曰：無爲子宿稟靈機，遍參知識，凡所謂具爍迦羅眼者，次公目擊而道存焉。』楊傑本有文集傳世，然於南渡時佚失，南宋趙士粲乃蒐求編次，使復流傳，然只取『有補於教化者』，釋道之文則裒爲別集，而別集又佚，故《輔道集》亦已不存。

【附録】

《樂邦文類》卷二《直指净土决疑集序》

大願聖人從净土來，來實無來，深心凡夫往净土去，去實無去。彼不來此，此不往彼，而其聖凡會遇，兩得交際者何也？彌陀光明如大圓月，遍照十方，水清而静，則月現全體，月非趣水而遽來，水濁而動，則月無定光，月非捨水而遽去。在水則有清濁動静，在月則無取捨去來。故華嚴解脱長者云：知一切佛猶如影像，自心如水。彼諸如來，不來至此，我不往彼，我若欲見安樂世界阿彌陀如來，隨意即見。是知衆生注念，定見彌陀，彌陀來迎，極樂不遠。乃稱性實言，非權教也。净土無欲，非欲界也，其國地居，非色界也，生有形相，非無色界也。一切衆生，未悟正覺，處大夢中，六道升沉，未嘗休止，諸天雖樂，報盡相衰，修羅方瞋，戰争互勝，旁生飛走，噉食相殘，鬼神幽陰，飢渴困逼，地獄長夜，痛楚號呼。得生人趣，固已爲幸，然而生老病死，衆苦嬰纏，唯是净方，更無諸苦。蓮苞託質，無生苦也，寒暑不遷，無老苦也，身非分段，無病苦也，壽命無量，無死苦也，無父母妻子，無愛别離也，上善人聚會，無怨憎會也，華裓香食，珍寶受用，無求不得，無窮困也，觀照空寂，無蘊苦也。悲濟有情，欲生則生，不住寂滅，非二乘也，智照生死，得不退轉，非凡夫也。三界蕩然，譬如四裔，丘陵坑坎，穢腐所積，溪壑阻絶，孰爲津梁？乃有狂人迷路於此，惡獸魑魅，惱害雜居，刀兵水火，或時傷暴，風霜霹靂，淩厲摧懾，罔知城域，可以庇覆，飲食衣服，未或充足，甘受是苦，不求安樂。有佛釋迦，是大導師，指清净土是安樂國，無量壽佛是净土師。爾諸衆生，但發誠心，念彼佛號，即得往生。若生彼土，則無諸惱。不聞知者，固可哀憐，亦有善士，發三種不信心，不求生者，尤可嗟惜：一曰吾當超佛越祖，净土不足生也；二曰處處皆净土，西方不必生也；三曰極樂聖域，我輩凡夫，不能生也。夫行海無盡，普賢願見彌陀，佛國雖空，維摩常修净土。十方如來有廣舌之贊，十方菩薩有同往之心。試自忖量，孰與諸聖？謂不足生者，何其自欺哉！至如龍猛，祖師也，《楞伽經》有預記之文，天親，教宗也，《無量論》有求生之偈。慈恩通赞，首稱十勝，智者析理，明辨十疑。彼皆上哲，精進往生，謂不必生者，何其自慢哉！火車可滅，舟石不沉，現華報者，莫甚於張馗，十念而超勝處，入地獄者，莫速於雄俊，再甦而證妙因，世人愆尤，未必若此，謂不能生者，何其自棄！《般舟三昧經》云：跋陀和菩薩請問釋迦佛：未來衆生，云何得見十方諸佛？

佛教念阿彌陀佛，即見十方一切諸佛。又《大寶積經》云：若他方衆生，聞無量壽如來名號，廼至能發一念浄信，歡喜愛樂，所有善根，迴向願生無量壽國者，隨願皆生，得不退轉。此皆佛言也，不信佛言，何言可信？不生浄土，何土可生？自欺自慢，自棄己靈，流入轉迴，是誰之咎？四十八願，悉爲度生，一十六觀，同歸繫念。一念既信，已投種於寶池，衆善相資，定化生於金地。無輒悔墮，誤認疑城，即時蓮開，得解脱道。唯心浄土，自性彌陀，大光明中决無魔事。《直指浄土决疑集》者，吾友王古敏仲之所編也。博采教典，該括古今，開釋疑情，徑超信地。其載聖賢之旨，在浄土諸書，最爲詳要，蓋安養國之鄉導也。若登彼岸，舟固可忘，來者問津，斯言無忽。元豐七年九月十日序。

次公此序，反覆詳盡，其論三種不求生，最爲一篇警策。但謂浄土非三界，及云身非分段，有違經論，謹引二文，以正其非。《釋籤》云：若大論中明安養國非三界者，只是非此娑婆三界耳，若就彼土，具有三界，故《無量壽經》阿難白佛：『彼安養界，既無須彌，忉利諸天，依何而住？』佛反質云：『此土夜摩乃至色界，依何而住？』阿難默領。反質意者，此夜摩等，既許依空，何妨彼土四王已上依空而住？具明土相，復有多種，共别不同，如無動界，雖是浄土，猶有男女及須彌等。此同居浄土既其不同，同居穢土亦應不等。《釋論》云：出三界外有浄土，聲聞辟支佛出生其中，受法性身，非分段生。

六八　玄沙備禪師[一]

玄沙備禪師，福州人，姓謝，少漁於南臺江上[二]。忽棄舟從釋，芒鞋布衲，食才接氣[三]，宴坐終日，雪峰呼爲備頭陀[四]：『再來人也，何不遍参去？』備曰：『達磨不來東土，二祖不往西天。』峰然之。備縛屋玄沙，衆相尋而至，遂成叢林。説法與契經合[五]，諸方有要義未明者皆從决之。示衆曰：『佛道閑曠，無有途程。不在三際，豈有升沉？建立乖張，不屬造作。動即涉塵勞之境[六]，静即沉昏醉之鄉。動静雙泯，即落空亡，動静雙收，即漫汗佛性[七]。何必對其塵境，如枯木寒灰[八]？但臨機應用，不失其宜。如鏡照像，不亂光輝，如鳥飛空，不雜空色。所以道：十方無影像，三界絶行蹤。不墮往來機，不住中間相。譬由壯士展臂，不由他力，師子游行，豈求伴侶？九霄絶翳，何用穿通？一段光明，未曾昏昧。到者裏，體寂寂，常皎皎，赤赫爛，無邊表，圓覺光中不動摇，呑爍乾坤迥然照。』[九]《傳燈》[一〇]

【注釋】

[一]玄沙師備（八三五—九〇八），福州謝氏，唐末五代僧，咸通中投芙蓉山靈訓禪師落髮，從開元寺道玄律師受具足戒，行頭陀行，後參雪峰義存，并嗣其法，歸本州玄沙，大闡宗風，有《語録》《廣録》行世，傳見《祖堂集》卷一〇、《景德傳燈録》卷一八、《禪林僧寶傳》卷四、林澂撰《唐福州安國禪院先開山宗一大師碑文并序》等。

[二]《福建通志》卷三『山川』條下『福州府』：『南臺江，在城南嘉崇里，與閩江同源，至洪塘岐爲二，其一南行，一北行，北行者經釣龍臺，爲南臺江，納北山衆流，過鼓山，復與南行者合，流滙於馬頭江，歷閩江以達於海。上有萬壽橋，元大德七年，頭陀王法助募砌造，翰林學士馬祖常爲文立碑。橋東有洲田數十頃，成化初，溪流漲陷，悉入於江。』

[三]《劉子·防欲》：『故明者刳情以遣累，約欲以守貞，食足以充虚接氣，衣足以盖形禦寒，靡麗之華，不以滑性，哀樂之感，不以亂神，處於止足之泉，立於無害之岸，此全性之道也。』

[四]陀，高麗本作『陁』。

[五]契經，因佛經契人之機，合法之理，故稱契經。《佛祖統紀》卷三：『修多羅者，此云契經，能説所説，契理契機，亦十二部之總名也。』

[六]即，高麗本作『則』。

[七]汗，《叢書》本作『污』，誤。漫汗，《玄沙師備禪師廣録》作『顢頇』，使散亂、模糊之意也。

[八]枯，底本原作『枯』，誤，據他本及《玄沙師備禪師廣録》《禪林僧寶傳》等改。

〔九〕迴，《叢書》本作『回』，誤。

〔一〇〕即《景德傳燈録》也，是書卷一八有《福州玄沙師備禪師》。

【附録】

《佛祖歷代通載》卷一七

（開平二年）十一月，玄沙師備禪師示寂。師少爲漁家子，年甫三十，始出家具戒，習頭陀行。與雪峰師資道契，雪峰每嘆曰：『備頭陀再來人也。』閲《楞嚴經》發明心地，由是應機敏捷，與修多羅冥契。諸方玄學者有所未决，必從之請益。師上堂時久，衆謂不説法，一時各歸。師乃呵之曰：『看總是一樣底，無一個有智慧，但見我開兩片皮，盡來簇著，覓言語意度，是我真實爲他，却總不知，看恁麼大難大難。十方諸佛把女（汝）向頂上著，不敢錯誤著一分子。只道此事唯我能知，會麼？如今相紹繼盡道承釋迦，我道釋迦與我同參，汝道參阿誰，會麼？汝今欲得出他五藴身田主宰，但識取汝秘密金剛體。古人向汝道，圓成正遍周沙界，我今少分爲汝，智者可以譬喻得解，汝見此閻浮提日麼？世間人所作與營養身活命種種作業，莫非承他日光成立，只如日體還有多般及心行麼？還有不周遍處麼？欲識此金剛體亦如是。只如今山河大地十方國土色空明暗及汝身心，莫非盡承汝圓成威光所現，直是天人群生類所作業，次受生果報有性無情，莫非承女（汝）威光。乃至諸佛成道果接物利生，莫非盡承女威光，只如金剛體，還有凡夫諸佛麼？有女（汝）心行麼？不可道無便當去。女（汝）既有如是奇特，會麼？努力珍重。』師初住梅溪，後居玄沙，一時天下叢林海衆，皆望風欽服。閩帥王公待以師禮，學徒垂千人，室户不閉。師應機接物垂二十年，所演法要有《大録》行於世。没年七十有五，閩帥賜號宗一禪師。

六九　文潞公〔一〕

文潞公，居洛陽，嘗致齋，往龍安寺瞻禮聖像〔二〕。一日像忽朽墮，公見之，略不加敬，但瞪視而出。

傍有僧曰：『何不作禮？』公曰：『像既壞，吾將何禮？』僧曰：『先聖道：譬如官路土，私人掘爲像。智者知路土，凡愚謂像生。後時官欲行，還將像填路。像本不生滅，路亦無新故。』[三]公聞之有省，由是慕道甚力。年九十餘，晨香夜坐，未嘗少廢，每日願曰：『願我常精進，勤修一切善。願我了心宗，廣度諸含識。』《梅溪雜録》[四]

【注釋】

[一]即文彦博（一〇〇六—一〇九七），字寬夫，號伊叟，汾州介休人，天聖五年（一〇二七）進士及第，歷任翼城知縣、絳州通判、殿中侍御史、河東轉運副史等，累官同中書門下平章事。皇祐三年（一〇五一）罷相，出知許、青、永興等地，至和二年（一〇五五）復相，嘉祐三年（一〇五八）封潞國公，有《文潞公集》四十卷，《宋史》卷三一三有傳。本條與《廬山蓮宗寶鑑》卷四《文潞公傳》大體相同，然後者未注明出處。

[二]洛陽未見龍安寺，疑『龍安寺』乃『龍門寺』之誤，乾隆《洛陽縣志》卷一一：『奉先寺、敬善寺并在龍門北，今廢。』又，《文潞公集》卷七有《題龍門奉先寺興禪師房》，下有小注：『元豐三年十月，時自判北京移西京，十月赴積慶墳，回作。』則此詩正作於居洛陽之時，與本條記載相符。

[三]此説出自唐代天台僧荆溪湛然《止觀義例》卷上。

[四]《人天寶鑑》所徵引的文獻中以『梅溪』爲名者有《梅溪集》《梅溪雜録》和《梅溪筆録》三種，其中《梅溪集》爲王十朋所撰，餘二種不詳，但從所引條目來看，三者體例相似，抑或爲同書而异名？或爲先後補續之作？待考。

【附録】

《居士分燈録》卷二《文彦博》

字寬夫，介休人。歷事四朝，出入將相五十餘年，官至太師，封潞國公。守洛陽日，嘗致齋，往龍安寺瞻禮聖像，忽見像壞墮地，略不加敬，但瞻視而出。旁有僧曰：『何不作禮？』博曰：『像既壞，吾將何禮。』僧曰：『譬如官路土，人掘以爲像。智者知路土，凡人謂像生。後來官欲行，還將像填路。像本不生滅，路亦無新故。』博聞之有省。以使相鎮北京時，與天鉢寺重元禪師善。一日元來謁別，博曰：『師老矣，復何往？』元曰：『入滅去。』博笑謂其戲語，躬自送之歸。與師弟言其道韻深穩，談笑有味，非常僧也。使人視之，果已坐脱，大驚嘆异。時方盛暑，香風襲人，久之闍維，烟色白瑩，舍利無數。博親往臨觀，執上所賜白瑠璃瓶，置座前祝曰：『佛法果靈，願舍利填吾瓶。』言卒，烟自空而降，布入瓶中，烟滅，舍利如所願，博自是慕道益力，恨知之暮。專念阿彌陀佛，晨香夜坐，未嘗少懈，每發願曰：『願我常精進，勤修一切善。願我了心宗，廣度諸含識。』乃與净嚴法師集十萬人爲净土會。如如居士有頌贊曰：知君膽氣大如天，願結西方十萬緣。不爲一身求活計，大家齊上渡頭船。臨終安然念佛而化，壽九十二。

《廬山蓮宗寶鑒》卷四《文潞公傳》

公姓文，諱彦博，守洛陽，嘗致齋，往龍安寺瞻禮聖像。忽見像壞墮地，略不加敬，但瞻視而出。傍有僧曰：『何不作禮？』公曰：『像既壞，吾將何禮？』僧曰：『先德道：譬如官路土，人掘以爲像。智者知路土，凡人謂像生。後時官欲行，還將像填路。像本不生滅，路亦無新故。』公聞之有省，由是慕道甚力。專念阿彌陀佛，期生净土。晨香夜坐，未嘗少廢。每發願曰：『願我常精進，勤修一切善。願我了心宗，廣度諸含識。』每見一切人，則勸以念佛，誓結十萬人緣，同生净土。如如居士有頌贊曰：知公膽氣大如天，願結西方十萬緣。不爲一身求活計，大家齊上渡頭船。

七〇　普首坐[一]

普首坐，自號性空，得旨於死心。久居華亭，好吹鐵笛，放曠自樂，人莫測之。喜爲偈句，開導於世，偈曰：『學道尤如守禁城，晝防六賊夜醒醒。將軍主將能行令，不動干戈致太平。』又曰：『不耕而食不蠶衣，物外清閑過聖時[二]。未透祖師關棙子[三]，也須存意著便宜。』一日告衆曰：『坐脱立亡，不如水葬，一省柴燒，二免開壙。撒手便行，不妨快暢。誰是知音？船子和尚[四]。高風難繼百千年，一曲漁歌少人唱。』遂向青龍江上[五]，乘木盆，張布帆，泛遠而没。《普燈》

【注釋】

[一]性空妙普（一〇六六—一一四二），漢川人，姓氏不詳，久依黄龍死心（一〇四三—一一一六），後住華亭青龍庵，《明高僧傳》卷七、《續傳燈録》卷二三有傳。

[二]過，《續傳燈録》《五燈會元》等作『適』，義長當從。

[三]棙，底本原作『戾』，據他本改。關棙子，爲習用禪語，原意爲門鎖、門閂，此處引申爲參悟機要之關鍵。

[四]船子和尚，即華亭德誠也，唐代禪僧，藥山惟儼法嗣，侍師三十年，後隱於華亭，傳法予夾山善會，覆舟而没，有《機緣集》傳世，傳見《景德傳燈録》卷一四、《釋氏稽古略》卷三、《蜀中廣記》卷八三等。

[五]《江南通志》卷一二『山川·蘇州府』條下：『青龍江在福泉縣東北，《吴志》云：孫權造青龍戰艦於此，故名。昔通滬瀆入海，浩瀚無涯，韓世忠曾駐軍於此。其上爲巨鎮，置市舶司，其佳麗擬於杭州。元以後江既阻隘，鎮亦遂廢。明嘉靖間建青浦縣於故址之西，後徙今，猶稱舊青浦。』

【附録】

《嘉泰普燈録》卷一〇《嘉興府華亭性空妙普庵主》

漢州人，遺其氏。久依死心，獲證，乃抵秀水，追船子遺風，結茆青龍之野，吹鐵笛以自娱。多賦詠，士夫俊衲得其言，必珍藏。建炎初，徐明叛，道經烏鎮，肆殺戮，民多逃亡。師獨荷策而往，賊見其偉异，疑必詭伏者，問其來。師曰：『吾禪者，欲抵密印寺。』賊怒，欲斬之。師曰：『大丈夫要頭便斫取，奚以怒爲！吾死必矣，願得一飯以爲送終。』賊奉肉食，師如常齊（齋），出生畢，乃曰：『孰當爲我文之以祭？』賊笑而不答。師索筆大書曰：『嗚呼惟靈，勞我以生，則大塊之過，役我以壽，則陰陽之失，乏我以貧，則五行不正，困我以命，則時日不吉。吁哉！至哉！賴有出塵之道，悟我之性與其妙心，則其妙心孰與爲隣？上同諸佛之真化，下合凡夫之無明，纖塵不動，本自圓成，妙矣哉，妙矣哉！日月未足以爲明，乾坤未足以爲大。磊磊落落，無量無礙，六十餘年，和光混俗，四十二臘，逍遥自在。逢人則喜，見佛不拜。笑矣乎，笑矣乎！可惜少年即（郎？），風流太光彩，坦然歸去付春風，體似虚空終不壞。尚享。』遂舉箸飫餐，賊徒大笑。食罷，復曰：『劫數既遭離亂，我是快活烈漢。如今正好乘時，便請一刀兩段。』乃大呼：『斬！斬！』賊方駭异，稽首謝過，令衛而出。烏鎮之廬舍免焚，實師之慧也，道俗聞之愈敬。有僧睹師《見佛不拜歌》，逆問曰：『既見佛，爲甚麽不拜？』師掌之曰：『會麽？』云：『不會。』師又掌曰：『家無二主。』紹興庚申冬，造大盆，冗（穴）而塞之。修書寄雪竇持禪師曰：『吾將水葬矣。』壬戌歲，持至，見其尚存，作偈嘲之曰：『咄哉老性空，剛要餧魚鼈。去不索性去，只管向人説。』師閲偈笑曰：『待兄來證明耳。』令遍告四衆，衆集，師爲説法要，仍説偈曰：『坐脱立亡，不若水葬。一省柴燒，二免開壙。撒手便行，不妨快暢。誰是知音？船子和尚。高風難繼百千年，一曲漁歌少人唱。』遂盤坐盆中，順潮而下。衆皆隨至海濱，望欲斷目。師取塞，戽水而迴，衆擁觀，水無所入，復乘流而往，唱曰：『船子當年返故鄉，没蹤迹處妙難量。真風遍寄知音者，鐵笛横吹作散場。』其笛聲嗚咽，頃於蒼茫間，見以笛擲空而没。衆號慕，圖像事之。後三日，於沙上趺坐如生，道俗争往迎歸。留五日，闍維，設利大如菽者莫計。二鶴徘徊空中，火盡始去。衆奉設利靈骨建塔於青龍。壽七十二，臘五十三。

七一　愚法師[一]

愚法師，嘉禾人，棄儒從釋，精苦自勵，凡三十年，加功進行，未嘗一日輒廢。嘗與道潛、則章二師爲友[二]，潛能詩近名[三]，而章與師韜光鐽彩[四]，不求人知，唯務己行。而章先卒，及愚將順世，告衆曰：

『吾夢神人告云：「汝同學僧則章得普賢願行三昧，已生净土，彼待汝久，曷可遲留？」』於是净土聖相及諸花樂悉見在前，愚即説偈而逝，偈曰：空裏千花羅網，夢中七寶蓮池。踏得西歸路穩，更無一點狐疑。

《行業記》

【注釋】

[一] 釋若愚（一〇五五—一一二六），俗姓馬，海鹽人，學教於辯才元净（一〇一一—一〇九一），先後駐錫於西湖龍井、霅川仙潭，傳見《佛祖統紀》卷一一、《往生集》卷一、《新續高僧傳》卷四二等。

[二] 道潛（一〇四三—？），號參寥，於潛何姓，幼依三學院出家，後嗣大覺懷璉之法，善詩，與蘇軾、秦觀等往還密切，有《參寥子集》傳世。則章，生平不詳，《佛祖統紀》亦列名於辯才元净之下，當爲其弟子。

[三] 近名，求名也，《莊子・養生主》：『爲善無近名，爲惡無近刑。』《宋高僧傳》卷一五：『（齊）翰道性淵默，外則淡然，迹不近名，身不關事，長在一室，寂如無人，豈比夫騁行鼓篋之士哉！』

[四] 鏟，損也，《新唐書・高儉竇威傳贊》：『古來賢豪，不遭興運，埋光鏟采，與草木俱腐者，可勝咤哉！』

【附録】

《釋門正統》卷五《若愚》

字子發，錫號法鑒，海鹽馬氏。年二十四，有聲學校。抵湖之覺海蘭若素所居，裂冠，依僧用明得度。學教於辨才，道譽日隆。郡請住南屏，力辭不赴，奉辨才杖屨，退居龍井六年。與參寥心友。參寥能詩近名，師韜光鏟彩，不求人知。睹覺海屋老僧殘，爲興無盡供，建閣奉安西聖，甲於東南。啟净社，勸化道俗，每集必數百人。三十年加功進行，多蒙佛接。張祠部景備留題，有『動人無限往生心』句。初辭親日，夢白衣人授七十二策，壽果至此。靖康丙午九月，謂其徒曰：『夢神人告：「汝同學僧則章，得普賢觀行法三昧，已生净土，彼待汝久，曷可淹留？」』命衆諷《觀經》，甫畢，乃云：『聖相現前，吾往矣。』偈曰：『空裏千華羅網，夢中七寶蓮池。蹈得西歸路穩，更無一點狐疑。』闍維，得舍利數百顆，塔於東廡。雙槐居士鄭績銘闢白雲具斥僞志。詩編名《谷庵餘塵》。

七二　東坡居士

東坡曰：『已飢方食，未飽先止，散步逍遥，務令腹空。當腹空時，即入静室，端坐默念，數出入息，從一數至十[一]，從十數至百數、至數百[二]，此身兀然，此心寂然，與虚空等，不煩禁制。如是久之，一息自住，不出不入時，覺此息從毛竅中八萬四千雲烝霧起[三]，無始已來諸病自除，諸障消滅，自然明悟，譬如盲人忽然有眼[四]，爾時不用尋人指路也。』《大全》[五]

【注釋】

[一] 高麗本無『數』字。

[二] 高麗本『十』後無『數』字。

[三] 烝，《叢書》本作『蒸』，二字同。

[四] 譬，高麗本作『比』。

[五] 當指《東坡全集》，本條節引自是書卷一〇一《修養》，但文字略有不同。

【附録】

《東坡全集》卷一〇一《修養》

已飢方食，未飽先止，散步逍遥，務令腹空。當腹空時，即便入室，不拘晝夜，坐卧自便，惟在攝身，使如木偶，常自念言，今我此身，若少動摇，如毛髮許，便墮地獄，如商君法，如孫武令，事在必行，有犯無恕。又用佛語及老聃語，視鼻端白，數出入息，緜緜若存，用之不勤，數至數百，此心寂然，此身兀然，與虚空等，不煩禁制，自然不動，數至數千。或不能數，則有一法，其名曰隨，與息俱出，復與俱入，或覺此息從毛竅中八萬四千雲蒸霧散，無始以來諸病自除，諸障漸滅，自然明悟，譬如盲人忽然有眼，此時何用求人指路？是故老人言盡於此。

七三　靈芝照律師[一]

靈芝照律師，錢塘人，幼有夙成，年十八，以通經得度，在沙彌中已爲衆講，解習毗尼，每悵然興恨，無所師承。時處謙法師深得天台之道[二]，師見之曰：『真吾師矣！』請居坐下，風雨寒暑，日行數里。謙每講，必待師至，或少後，衆以過時爲請，謙必曰：『聽講人未至。』其愛之若此。師欲棄所習而從之，謙曰：『近世律教中微，汝他日必爲宗匠，當明《法華》以弘《四分》，吾道不在兹乎？』師乃博究群宗，以律爲本，非苟言之，實允蹈之。嘗依南山，六時致禮，晝夜行道，持盂乞食，衣唯大布，食不過中，一鉢三衣，囊無長物，凡有祈禬，誠達穹昊，祈蝗而蝗出境，祈雨而雨成霖。述古龐公命師禱雨[三]，懺未絶口，震雷大霔，公曰：『吾家數世不事佛矣，今遇吾師，不得不歸向也。』太師史越王題其碑陰曰：『儒以儒縛，律以律縛，學者之大病。唯師三千威儀八萬細行，具足無玷，而每蟬蜕於定慧之表，毗尼藏中真法王子，故能奮數百歲後，直與南山比肩，功實倍之。嚮使師身不披緇，必爲儒宗，特立超詣，惜哉！』[四]師没後二十

六年，遺馨不泯，朝廷錫號『大智律師』，塔曰『戒光』。以賜謚之寵不及載劉公之文，因書於後。《塔銘》[五]

【注釋】

[一] 見第二五『大智律師』條注一。

[二] 處謙（一〇一一—一〇七五），詳見第一八『梵法主』條注二。

[三] 述古龐公，疑爲龐寅孫，生卒年不詳，單州成武人，龐籍之孫，以蔭補將作監主簿，後勾當成都府、利州、陝西等路茶事，兼提舉本路買馬監牧司公事。大觀元年（一一〇七）除直秘閣。政和元年（一一一一）爲顯謨閣待制，知杭州。然『述古』不詳何指，或爲寅孫之表字，或爲其官職，如《宋會要輯稿·職官七》：『徽宗政和四年八月三日，詔改樞密直學士爲述古殿直學士，恩數品秩并依舊。』

[四] 史越王，即史浩（一一〇六—一一九四）也，因卒後追封越王，故有是稱。史浩字直翁，明州鄞縣人。紹興十五年（一一四五）舉進士，歷任温州教授、太學正、秘書省校書郎、起居郎兼太子右庶子。孝宗即位，除知制誥、參知政事。隆興改元（一一六三），拜尚書右僕射。因反對北伐，罷知紹興府。淳熙五年（一一七八）再相，尋求去。紹熙五年（一一九四）卒，壽八十六。有《鄮峰真隱漫録》五十卷傳世。史浩與元照弟子用欽友善，故爲其師題字於碑陰。法王子，底本、《卍續藏》本作『法主子』，按，『法王子』乃菩薩之别稱，當是，據高麗本、《叢書》本改。

[五] 元照之塔銘爲劉燾所撰，燾字無言，長興人。哲宗元祐初入太學，有令名。三年（一〇八八）舉進士，八年（一〇九三）任定州安撫史管勾。紹聖年間，由曾布舉薦爲删定官，後轉樞密院編修。徽宗建中靖國元年（一一〇一），以宣德郎、秘書省正字權兼著撰。政和六年（一一一六），權提點淮南東路刑獄。宣和元年（一一一九），因『蔑視詔條、任情廢法』而落職，提舉嵩山崇福宫。七年（一一二五），除秘閣修撰。有《見南山集》二十卷，已佚。元照塔銘今已未見，但部分保存於《釋門正統》，見附録。

【附録】

《釋門正統》卷八

元照，字湛然，號安忍子，餘杭唐氏，母竺。幼依祥符東藏鑒律師，十八通經得度。學毗尼，冰寒藍出。與擇瑛從寶閣神悟謙，謙曰：『近世律學中微，失亡者衆，汝當爲時宗匠。蓋明《法華》以弘《四分》，吾道不在兹乎？』乃博究諸宗，以律爲本。從廣慈受菩薩戒，戒光發現。頓漸律儀，罔不兼備。南山一宗，赫爾大振。披布僧伽棃，振錫擎鉢，乞食於市，曰：『吾佛蓋爾，學者羞爲之乎？』習俗駭异。楊無爲贊曰：『持鉢出，持鉢歸，示人長在四威儀。遵佛入廛時不識，虚空當有鬼神知。』主法慧大悲、祥符戒壇、净土寶閣、靈芝崇福凡三十年，衆常三百。義天求法，爲提綱要，幾三千言，請歸鏤板。授菩薩戒幾萬會，增戒度人六十會。嘗言：『化當世無如講説，垂將來莫若著書。』撰述《資持記》《濟緣記》《行宗記》《應法記》《住法記》《報恩記》《十六觀》、小《彌陀》義疏，及删定《尼戒本》，共百餘卷。《芝園集》二十卷。每曰：『生弘律範，死歸安養。平生所得，惟二法門。其他述作，從予所好。』《樂邦文類·禮懺儀自序》施貧授戒，追福禳灾，應若谷響。

政和六秋，命諷《普賢行願品》，舍枕舉首，若有所見，趺坐而絶。湖上漁人聞天樂聲。壽六十九，臘五十一。得法用欽等五十人葬寺西北。謚『大智』，塔曰『戒光』。秘撰劉壽（燾）[燾]銘曰：

一切諸佛，悲愍衆生，説法度人，其書無量，流傳震旦，爲一大藏。凡此經論，雖皆世雄爲之宗導，然或出於菩薩、羅漢及諸天人，宣演對揚，佛爲印可，未必皆佛語也。唯毗尼之學或大或小，或廣或略，皆出金口，親爲垂範。文殊已下，莫措一詞。猶云前著爲律，後疏爲令，世輕世重，雖若不同，然惟天子令之，然後天下守之。月爲之説，事爲之制，隨時陳戒，因犯立文。根鈍根利，雖若不同，然惟諸佛戒之，然後四衆遵之，是教不亦大乎？

贊曰：

端嚴具足，相如其心。耿介孤高，心如其相。謂方則圓，若拘而放。不持不犯，人天歸向。

李《詠史》曰：道繼（下闕）偈加趺化，湖上俱聞天樂聲。

妙生□□□終説□□暉宗師也，久侍，以衆首繼席，主杭□□□。得度□□揭日月。遂與大智杭（抗？）衡。資稟質□□□□。道若□□寅首夏，設供作安養，別命諷《彌□□□□觀庚□□弟子梵忠、有贇、法孫智珣、惟定□□□□四十。

七四　大慧禪師[一]

大慧禪師謁湛堂準和尚[二]，指以入道捷徑。慧横機無讓，準訶之曰：『汝不悟者，病在意識領會，是爲所知障矣。』時逸士李商老參道於準[三]，適有言曰：『道須神悟，妙在心空，體之不假於聰明，得之頓超於聞見。』李擊節曰：『何必讀四庫書，然後爲學哉?』以故結爲方外友。準示寂，慧謁丞相無盡居士請準塔銘[四]。公雅以禪學自許，非具大知見無敢登其門。慧承顔接詞，綽有餘裕，公稱之曰：『子禪逸格矣!』慧曰：『奈自未肯邪。』公曰：『若爾，見川勤可也。』於是謁圜悟京之天寧。因升坐次[五]，舉『僧問雲門「如何是諸佛出身處」?門云「東山水上行」』，『若有人問天寧，即向他道「熏風自南來，殿閣生微涼」』。[六]慧忽然前後際斷[七]，雖然動相不生[八]，却在浄裸裸處[九]。每入室，悟曰：『也不易爾，得到者個田地。可惜死了不能得活，不疑語句[一〇]，是爲大病，不見道「懸崖撒手，自肯承當」，末後再蘇，欺君不得，須信有者個道理始得。』悟室中嘗問：『有句無句，如藤倚樹?』開口便道：『不是。』慧一日同客藥石，把箸在手，忘了吃食，悟笑謂客曰：『者漢參得黄楊木禪也。』慧憤然問曰：『和尚嘗問五祖和尚「有句無句，如藤倚樹」，祖如何答?』悟曰：『描也描不成，畫也畫不就。』又問「樹倒藤枯句歸何處」[一一]，祖曰「相隨來也」。』慧抗聲曰：『我會也!』從是豁然，無有疑礙[一二]。未幾，取道江西，邂逅待制韓子蒼[一三]，劇談儒釋，深嘆服之。館於書齋半年，晨興相揖外，非時不許講，行不讓先後，坐不問賓主，相忘爾汝，傾倒緒餘，無日無法喜樂也。後以丞相張魏公挽住徑山[一四]，天下衲子靡然景從，衆將二萬指。慧不不繩以清規[一五]，容其自律。每有禪者徵詰要義，或氣論不合，諍於大慧之前，慧不決巨細，例送堂司趁出[一六]。時維那紹真，蜀之義士，大慧凡有令下，寢而不行，甚則令游山。後聞於慧，慧大稱之曰：『非妙喜龍象窟中，安得有此悦衆?』瑩仲温曰：『蓋師倜儻好義，趣識高明。性雖急，量實寬，雖怒罵，中實慈。衆中有不徇律者，一時據令而行，未嘗有傷人害物之意。師所以稱之者，深有旨矣，後人可不爲鑒！』[一七]《正續傳》[一八]

【注釋】

[一] 慧，底本目録作『惠』，據正文改。大慧禪師，即宗杲（一〇八九—一一六三）也，俗姓奚，字曇晦，號妙喜，宣州寧國人，落髮後首從曹洞諸老游，去之謁湛堂文準，文準示寂，遂依圓悟克勤，得其法。歷住雲居、洋嶼、徑山、衡州、梅州、育王等刹，紹興十一年（一一四一），坐與張九成議及朝政，毀衣牒，流放衡陽，再貶梅州。後遇赦放還，復住育王、徑山，賜號『大慧禪師』。有《正法眼藏》《宗門武庫》《大慧普覺禪師語録》等行世。生平具見於《大慧普覺禪師年譜》《僧寶正續傳》《大慧普覺禪師語録》等。

[二] 慧，高麗本作『惠』，下同。湛堂文準（一〇六一—一一一五），俗姓梁，興元府唐固人，真浄克文（一〇二五—一一〇二）法嗣，開法於雲岩，後移泐潭，政和五年示寂，傳見《石門文字禪》卷三〇《泐潭準禪師行狀》。

[三] 李商老，即李彭也，字商老，南康軍建昌人，工詩文，爲江西派詩人，有《日涉園集》傳世。

[四] 無盡居士，即張商英（一〇四三—一一二一），字天覺，號無盡居士，蜀州新津人。治平二年進士及第，歷任通川主簿、南川知縣、館閣校勘、開封府推官、工部侍郎、中書舍人等。傾心佛法，與惠洪、克文、圓悟等雅相友善。有文集百卷，已佚，傳見《宋史》卷三五一。

[五] 坐，高麗本作『座』。

[六] 風，《卍續藏》本作『鳳』，形近而誤。

［七］謂截斷打破過去與未來相互對立的成見，《大慧普覺禪師語録》卷一七：『老漢十七年參也，曾零零碎碎悟來，雲門下也理會得些子，曹洞下也理會得些子，只是不能得前後際斷。後來在京師天寧，見老和尚升堂，舉僧問雲門：「如何是諸佛出身處？」門曰：「東山水上行」。「若是天寧即不然，如何是諸佛出身處？薰風自南來，殿閣生微凉。」向這裏忽然前後際斷，譬如一綟亂絲，將刀一截截斷相似。當時通身汗出，雖然動相不生，却坐在净裸裸處得。』

［八］高麗本無『雖然』二字。

［九］净裸裸，諸本皆作『净顆顆』，誤，『净裸裸』爲禪門習語，形容乾净空曠無一物也。據《大慧普覺禪師語録》改。

［一〇］語，高麗本作『言』。

［一一］歸，高麗本作『皈』。

［一二］疑，他本皆作『凝』，據高麗本改。

［一三］韓子蒼，即韓駒（一〇八〇—一一三五），見『真宗廢寺』條注四。

［一四］《嘉泰普燈録》卷一五《臨安府徑山大慧普覺宗杲禪師》：『圓悟在蜀，囑右丞張魏公浚曰：「杲首座真得法髓，苟不出，無支臨濟宗者。」魏公還朝，以徑山迎之。道法之盛，冠於一時。』

［一五］疑衍一『不』字。

［一六］堂司，維那（亦稱悦衆）所居也，北宋時維那主掌僧衆進退威儀的秩序，故趁出僧人的事務便由其執行。

［一七］曉瑩，字仲温，大慧宗杲法嗣，壯年游歷叢林，晚歸臨川羅湖，有《雲卧紀談》《羅湖野録》傳世。

［一八］即宋僧祖琇所撰《僧寶正續傳》，本條節自卷六《徑山杲禪師》，見附録。

【附録】

《僧寶正續傳》卷六《徑山杲禪師》

禪師諱宗杲，宣州寧國奚氏子。幼警敏有英氣，年十三，始入鄉校。一日，與同窗戲謔，以硯投之，悞中先生帽，償金而去，乃曰：『讀世書曷若究出世法乎？』即詣東山慧雲院出家。先是，元豐戊午，院塑釋迦像，有异人丁生者語寺僧曰：『立像一紀，當生一導師，大興宗教。若像有難，是人方來，像毁，則是人亦有難。』崇寧甲申，有盗穴像腹，取其所藏。師以是歲適至，事慧齊爲師。明年落髮受具，繇是智辯自將，淩跨流輩。閲古雲門録，怳若舊習。聞老宿紹珵久依天衣懷公，亟往上謁，與聞雪竇奥旨。趨寶峰，湛堂準禪師見師風神爽邁，特加器重，使之執侍，指以入道捷徑。師横機無所讓，準呵之曰：『汝未曾悟，病在意識領解，則爲所知障。』時李彭商老參道於準，師適有語曰：『道須神悟，妙在心空，體之不假於聰明，得之頓超於聞見。』李嘆賞曰：『何必讀四庫書，然後爲學哉！』因結爲方外交。準將入滅，師問：『孰可依從？』準以圓悟勤公語之。已而重趼荆渚，謁無盡居士張公，請銘準塔。公道望傾天下，師登其門，承顔接辭，綽有餘裕，公稱譽之，爲名庵曰妙喜，字以曇晦。歸寶峰，訖其事。復見無盡，從容問曰：『居士謂我禪何如？』公曰：『子禪逸格矣。』師曰：『宗杲實未自肯在。』公曰：『行見川勤可也。』於是佩服其言，放浪襄漢。會大陽微禪師密授曹洞宗旨，尋游東都。宣和六年，圓悟禪師被旨都下天寧。師自慶曰：『天賜我得見此老，不孤湛堂、張公指南之意。』遂迫天寧。及聆其升堂法要，迥异平日所聞，即傾心依附。閲四旬，圓悟舉『僧問雲門：「如何是諸佛出身處？」門云：「東山水上行。」若有人問天寧，只向道「薰風自南來，殿閣生微凉。」』於言下豁然頓悟。圓悟大喜，遷師擇木堂，以古今差别因緣，密加研練。一日，圓悟飯超然居士趙公，師預坐，忽忘舉箸，圓悟顧師而語超然曰：『是子參得黄楊木禪也。』師既爲所激，乘問扣曰：『聞和尚嘗問五祖話，不知記其答否？』圓悟曰：『向問「有句無句，如藤倚樹」作麽生？五祖云：「描也描不成，畫也畫不就。」又問「樹倒藤枯時如何？」五祖云：「相隨來也。」』師廓然脱去，知見玄妙。圓悟深可之，使掌記室，著《臨濟正宗記》畀焉。分座令接衲，繇是以竹篦應機施設，電閃星飛，不容擬議，叢林活然歸重。右丞吕公舜徒奏錫『佛日』之號。虜人犯順，欲名僧十數比去，師爲所挾，會天竺密三藏，日與論義，密尤敬服。尋得自便，趨吴門虎丘。聞圓悟還雲居，欲往省覲。道金陵，待製韓公子蒼與語，喜之，以書聞樞密徐公師川曰：『頃見妙喜，辯慧出流輩，又能道諸公之事業，衮衮不倦，實僧中杞梓也。』抵雲居，爲衆第一座。譏訶佛祖，辯博無礙，圓悟亦讓其雄。會世擾攘，入雲居之西，結庵於古雲門寺基，因以爲名。閲二年，避地湖湘，轉仰山，邂逅竹庵珪禪師，相與還雲門，著頌古百餘篇。久之，游七閩，居海上洋嶼，師閲諸方學者困於默照，作《辨邪正説》以救其弊。泉南給事江公創庵小溪，延請師居，緇素篤於道者畢集。未半年，發明大事者數十人，鼎需、思岳、彌光、道謙、遵璞、悟本等皆在焉。一日參政李公漢老聞舉庭栢話有省，師可之。及公疾革，作偈寄彌光，有『深將法力荷雲門』之句。師平居絶無應世意，圓悟在蜀聞之，囑丞相張公德遠曰：『果首座不出，無可支臨濟法道者。』公尋還朝，適徑山虚席，必欲致師。師幡然起赴，開法於臨安府治，唱圓悟之道。説法竟，侍郎馮公濟川問曰：『師嘗言「不作這虫豸」，今日爲什麽敗闕？』師曰：『盡大地是個杲上座，你作麽生見？』公無語。及居徑山，四方佳衲子靡然坌集，至一千七百。師無他約束，容其自律。發明已見，率常有之。上堂，僧問：『逼塞虚空時如何？』師便喝。進云：『文殊普賢來也。』師云：『逼塞虚空，甚麽處與徑山相見？』僧亦喝。師云：『文殊普賢爲甚在你脚跟下過？』僧擬議，師便打。問：『高揖釋迦，不拜彌勒時如何？』答曰：『夢裏惺惺。』進云：『將謂和尚忘却。』師云：『你記得，試道看。』進云：『雖道不得，要且不失。』師云：『元來不會。』進云：『從上來事，分付阿誰？』答曰：『分付瞎漢。』進云：『臨濟一宗，全憑其力。』師云：『且喜不干你事。』問：『與萬法爲侶者是什麽人？』答：『是天上天下奈何不得底人。』進云：『爲什麽在徑山座下？』答曰：『家無小使，不成君子。』問：『一夏百念日已滿，出門或有人問：「如何是徑山道底？」且作麽生答他？』師云：『徑山曾説甚麽來？』進云：『争奈唤作竹篦則觸，不唤作竹篦則背。』師云：「你作麽生會？」僧便喝云：『三十年後大有人笑在。』師云：『何必三十年後，只今大有人笑你。』乃示衆曰：『尋常向諸人道，唤作竹篦則觸，不唤作竹篦則背，不得向舉起處承當，不得向意根下卜度，不得下語，不得良久。或有人問：畢竟如何即向他道也無？畢竟也無如何正當？恁麽時四楞塌地撥在諸人面前，眼辨手親底一逴逴得去，便能羅籠三界，提拔四生。其或未然，自是你諸人根性遲鈍，且莫錯怪徑山好。』師居數年，法席日盛，宗風大振，號臨濟中興焉。張侍郎子韶從師之游，灑然脱去玄解，遂尊以師禮。時慧雲院忘丁生之讖，毁釋迦故像而新之，實紹興辛酉夏五月也。師於是月坐與張厚善，著逢掖，編置衡州。廖通直李繹爲結茅圃中。師既拘文，不與衆俱，率令散處花藥、開福、伊山。時容其受道，門庭益峻，乃裒先德機緣，間與拈提，離爲三帙，目曰《正法眼藏》。前參政李公太發時居鐔津，翰林汪公彦章税駕零陵，數通書問道。當軸者滋不悦，移師梅州。其地荒僻瘴癘，藥物不具，學徒百餘，羸粮從之。閲六稔，斃者過半。師以道處之怡然，由是居民向化，至繪師像，飲食必祀焉者有之。乙亥冬，蒙恩北還。明年春，復僧伽黎，尋領朝命，住明州育王山。逾年有旨，改住徑山，天下宿衲，復集如初。時上潛藩，雅聞師名，遣内都監詣山問佛法大意。師升堂有偈云：『豁開頂門眼，照徹大千界。既爲法中王，於法得自在。』仍作頌獻曰：『大根大器大力量，荷擔大事不尋常。一毛頭上通消息，遍界明明不覆藏。』上嘉美久之。建邸立，復遣内知客入山供養五百應真，請師説法，親書『妙喜庵』大字，并製贊寵寄曰：『生滅不滅，常住不住。圓覺空明，隨物現處。』師升堂有偈曰：『十方法界至人口，法界所有即其舌。只憑此口與舌頭，祝吾君壽無間歇。稽首不億萬斯年注福源，如海滉漾汞（永）不竭。師子窟内産狻猊，鸑鷟定出丹山穴。爲瑞爲祥遍九垓，草木昆虫皆歡悦。稽首不可思議事，瑜如衆星拱明月。故今宣揚妙伽陀，第一義中真實説。』師春秋高，求解寺任，辛巳春，得旨退居院之明月堂。然宏法爲人，老而不倦。上即位，特賜號『大慧禪師』。隆興建元，自恣前一夕，有星殞於院之西，流光赫然，有聲如雷。師示微疾。八月九日，學徒問候，師勉以宏道，徐遣之曰：『吾翌日始行。』至五鼓，親書遺奏。侍僧固請留頌，爲寫四句，擲筆就寢，湛然而逝。壽七十有五，塔全身於堂之後。尋詔所居爲妙喜庵，謚曰普覺，塔曰寶光。師荷佛祖正續，全體作用，掃除知見，無法與人，雖古宗師無以加之。殆其縱無礙辯，融通宗教，則奄有圓悟之風。是以高峻門庭，容攝多衆，若海涵地負，綽綽有餘。至於棒喝譏訶，戲笑怒駡，無非全提向上接人，第學者難於湊泊耳。其闊略宏度，脱去繩撿，所至學徒趨事，雖嶄嶄露頭角，號稱諸方領袖者，師目使頥（頤）令，如侍執然。所爲偈贊頌古，絶妙古今，與賢士大夫往復論道書，并上堂普説法語，凡五帙，行於世。

贊曰：近世吕公居仁嘗謂：趙州説禪，如項羽用兵，直行徑前，無復轍迹，所當者破，所摧者服，非如他人銖稱寸度，較量輕重，然後以爲得也。予觀大慧説禪，抑居仁稱趙州者是矣。凡中夏有祖以來，徹法源，具總持，比肩列祖，世不乏人，至於悟門，廣大肆樂，説無礙辯才，浩乎沛然，如大慧禪師，得非間世者歟？盛矣哉！其應機作略，能奢能儉，能嶮能易，能縱能奪，機機盡善，扃扃（局局）皆新，此所以風流天下，名動九重，號稱中興臨濟，不是過也。迨其去世，未幾道價愈光，法嗣日盛，天下學禪者，仰之如泰山北斗云。

七五　治父川禪師[一]

治父川禪師，蘇之弓級也[二]，以宿種故喜聽禪法。常參景德謙禪師，謙示以『趙州狗子無佛性』因緣。早夜參究，從爾廢職，尉怒笞之，忽於杖下大悟玄要。謙爲改名，曰：『汝舊呼狄三，今名道川[三]。此去能豎起脊梁，益加奮勵，則其道如川之增，苟其放怠，無足言矣。』川佩服其訓，志願弗移[四]。嘗頌《金剛經》，今行於世，開法治父[五]。冬至示衆曰：『群陰銷盡一陽生，草木園林盡發萌。唯有衲僧無底鉢，依前盛飯又盛羹。』《舟峰集》[六]

【注釋】

[一] 治，《叢書》本正文皆作『治』，誤。治父道川，姑蘇狄氏，净因繼成禪師（字蹣庵）法嗣，《嘉泰普燈録》卷一七、《續傳燈録》卷三〇、《吴都法乘》卷五有傳。

[二] 弓級，疑與『弓手』『弓兵』義同，即負責地方治安的兵士。《宋會要輯稿·兵》一二：『二十九日，河東路提刑司申：「體訪得捕盗官兵弓級等自來追捕盗賊，賊徒多以所盗財物等遺棄道路，捕人等争利，不向前黏逐趕捉，走失賊徒，及有因此殺傷捕盗官兵。蓋緣從來未有專一斷罪約束，乞重立法禁，許人告捕。」詔捕盗弓兵緣捕逐盗賊，因争取賊人遺棄財物、致賊徒失逸者，徒二年。許人告，每名賞錢五十貫。』

[三] 今，《卍續藏》本作『爾』。

[四] 弗，《叢書》本作『不』。

[五] 康熙《廬江縣志》卷三『治父山』條：『治父山。治東北二十里，唐更名曰治山，宋碑曰：鐵冶蓋冶鑄之所，相

傳歐冶子鑄劍於此。上有鑄劍池，非春秋群帥所囚處也。考《濡須志》云：舊冶鑄於此，其山比衆山獨尊，故號父。山之陽有冶父寺，山之陰有實際禪寺。』

［六］第一六『頎禪師』條選自《舟峰録》，見注一一，不知是否即此書也。

【附録】

《嘉泰普燈録》卷一七《無爲軍冶父實際道川禪師》

姑蘇玉峰人，爲懸（縣）之弓級。聞東齊謙首座爲道俗演法，遂從之，習坐不倦。一日，因是不職，尉笞之，師於杖下大悟。辭依謙，謙爲改名道川，且曰：『汝舊呼狄三，今名道川，川即三耳，此去能竪起脊梁，了辦個事，其道如川之增，若放倒，則依舊狄三也。』師銘於心。建炎初圓頂，游方至天峰。蹣庵與語，鋒投，庵稱善。歸憩東齊，道俗愈敬。有以《金剛般若經》請問者，師爲頌之，今盛行於世。隆興改元，殿撰鄭公喬年漕淮西，適冶又（父）虚席，迎開法。上堂曰：『群陰剥盡一陽生，草木園林盡發萌。唯有衲僧無底鉢，依前盛飯又盛羹。』上堂，舉雪峰一日登座召衆云：『看看東邊底。』又云：『看看西邊底。汝若要會。』拈拄杖擲下云：『向這裏會取。』師曰：『東邊覷了復西覷，拄杖重重話歲寒。帶雨一枝華落盡，不煩公子倚闌干。』

七六　德山密禪師［一］

德山密禪師會下有一禪者，用工甚鋭，看『狗子無佛性』話，久無所入。一日忽見狗頭如日輪之大，張口欲食之，禪者畏，避席而走。鄰人問其故，禪者具陳，遂白德山。山曰：『不必怖矣，但痛加精彩，待渠開口，撞入裏許便了。』禪者依教，坐至中夜，狗復見前。禪者以頭極力一撞，則在函櫃中，於是燿然契悟。後出世文殊，道法大振，即真禪師也［二］。《梅溪筆録》

【注釋】

［一］德山緣密，五代僧，雲門文偃（八六四—九四九）法嗣，《五燈會元》卷一五有其上堂語句。本條所述，多爲真禪師之事，故底本所擬標題并不妥當。

［二］文殊應真，德山緣密弟子，住鼎州文殊，《五燈會元》卷一五存其法語若干。

【附録】

《釋氏稽古略》卷四

（曉）舜瑞州人，住南康雲居，嗣洞山曉聰禪師，聰嗣文殊應真，真嗣德山緣密，密嗣雲門偃禪師。

七七　神照如法師［一］

神照如法師問法智尊者曰：『如何是經王？』尊者曰：『汝爲我主三年庫事，却向汝道。』如敬承其命。三年畢，如再請曰：『今當説矣。』尊者大喚『本如』一聲，忽然契悟。頌曰：『處處逢歸路［二］，頭頭是故鄉。本來成見事，何必待思量。』《教行録》［三］

【注釋】

［一］底本目録此條缺，據正文補。神照本如（九八二—一〇五一），俗姓林，四明人，法智知禮弟子，住東掖山承天寺三十餘年。嘗與宰相章得象等人結白蓮社，法道大振。有《普賢觀經義疏》傳世，生平具見《釋門正統》卷六、《佛祖統紀》卷一二等。

［二］歸，高麗本作『皈』。

［三］即《四明尊者教行録》，是書卷六《紀神照法師悟經王頌》爲本條之來源，見附録。

【附録】

《四明尊者教行録》卷六《紀神照法師悟經王頌》

師諱本如，昔在延慶法智輪下。一日上方丈，請益經王之旨。法智曰：『爾爲我作三年監院，我却向汝道。』神照依言。果三年辦事，持上諮問，忽被法智大喝一聲，師豁然開悟，有頌曰：處處逢歸路，時時復故鄉。本來成現事，何必待思量。師既得道，即法嗣四明，自後開法台城東掖山，爲白蓮之鼻祖矣。

七八　楂庵嚴法師［一］

楂庵嚴法師，試經得度，依東山神照。照器之，曰：『吾宗得人，益不墜矣。』擢居上首。師不特以講説爲尚，凡出處語默，必與其法相應而後已。時法真問止觀不思議境［二］，師曰：『萬法唯一心，心外無别法。心法不可得，是名妙三千。』未幾，法真移東掖，及謝事，命師繼踵。師曰：『昔智者年未五十，已散徒衆，四明年至四十，長坐不卧。吾老矣，又何人詎暇住山乎？』竟不受。隱居靈鷲之東峰，有楂木一本，結庵於傍，名曰『楂庵』。其文曰：『予年六十，歸卜草庵，庵成，養病其中，且不以矯激流俗爲意。庵之左，有楂一樹，因名焉。夫楂，非名果珍也［三］，比之於梨、栗，豈無愧色？然梨以爽故致刻，栗以甘故見啖。儻使梨、栗有識性而自求於無用之地，且不可得。彼楂者，與梈爲類，雖香而澁［四］。强啖之，香不可使腹實，澁不可使口爽，縱三尺豎子，亦希采焉。磊磊在枝，有自得之狀，是可佳爾。於戲！人以智故勞其骨，楂以澁故安其身。智乎？澁乎？何者爲真？予之不智，得與楂鄰。』師奉身之具，止一小鉢，晨晝之餐唯三白[五]。如是獨居二十年，閉門宴坐，世不可親。毗尼條章，輕重等護，便用之物，細至於扊扅[六]，悉有潔觸[七]。寂寥自得，專以安養爲所期。一夕，夢池中生大蓮華，天樂四列，師曰：『此吾净土相也。』後七日果逝[八]。《行業》等記[九]

【注釋】

［一］楂庵有嚴（一〇二二—一一〇一），俗姓胡，字曇武，台州臨海人。六歲依靈鷲從師，十四受具戒。後往東山學於神照本如（九八二—一〇五一），於一心三觀之道、法華三昧之行，皆神解而躬行之。初主無相慧因寺，移赤城崇善，數十年間，法席大張。後隱居故山東峰，廬於楂木之旁，因自號曰『楂庵』。專事净業，以安養爲務。建中靖國元年（一一〇一）孟夏，趺坐而化，壽八十一。《佛祖統紀》卷一三著録有嚴的撰述：『師淹貫藏經，該通書史，注《安樂行空品》及《法印經》，疏《玄籤備檢》《文句箋難》《止觀助覽》《阿彌陀禮文》，又撰《或對》一編，辯論古今，於兹爲要。』惜大多已佚，今只存殘篇。

［二］法真處咸（一〇一六—一〇八六），天台王氏，幼於國清寺脱素，後得法於神照本如，住崇善、白蓮，傳見《釋門正統》卷六、《佛祖統紀》卷一三。

［三］果，高麗本作『菓』，同。

［四］樗，指榅樗樹（又稱木梨）的果實，形似山楂而略小，味亦酸。

［五］三白，即乳、酪、米飯三種白净的食物，食三白食是佛教的修行方法之一，《十一面神咒心經》：『行者唯應食三白食，謂乳、酪、飯。』此處應主要指米飯。

［六］高麗本『扊扅』下有小字注：『上以冉切，下余支切。門閂也。』『扊扅』音 yǎn yí，陸游《舍北行飯》：『晚來嬾（同『懶』）復呼童子，自掩柴門上扊扅。』

［七］潔觸，即净觸也，據《南海寄歸内法傳》卷一『水有二瓶』條，水分净、觸二種，净水盛以瓦瓷瓶，安著净處，

净手方能持之，擬於非時之飲用；觸水則盛以任意瓶器，隨處可置，隨時可執，乃便利所須。此外，籌、桶、竿等物皆分净觸。此極言傳主持律之嚴也。

［八］《卍續藏》本無『後』字。

［九］《釋門正統》卷六《有嚴》：『朝奉石景術記行業。』已佚。關於石景術，《萬姓統譜》卷一二一：『石景術，字順思，元豐進士，調天台尉，歲歉即賑饑。民有貰酒不與，奪而往，酒家擊之斃。令欲置其死，順思曰：「貰弗與，從而奪之，盗也，安有擊盗而入於死乎？」初，令以順思年少易之，至是屈服。用薦者移仙居令，民傳有神居令廨舍，令避弗敢處，順思命撤（撤）去淫像，居之自若。知黄岩縣事，以母年高，請析資就筦庫，得監越州税，不赴，轉承議郎，除尚書祠部員外郎。在職逾二年，非公事不詣政府，轉朝奉大夫，致仕，卒年六十三。子三人，公揆，公操，公挺，孫男正問，晝問。』

【附録】

《釋門正統》卷六《有嚴》

字嚳武，臨海胡氏。母將孕，號痛頓仆。其兄沙門宗本曰：『是必有异，若男也，乞以出家。』母合掌許，俄而就蓐。六歲依本，十四進具，性質警敏，理趣超詣。閲壽禪師《心賦》，若有所得。神照闡化東山，海衆雲會，乃竭心事之。法真咸期以莫逆，不以晚進爲嫌。嘗與論不思議境，遽曰：『萬法唯一心，心外無一法。心法不可得，故名妙三千。』益奇之。咸主赤城，師住慧因無相，咸移東掖，師乃繼焉。數十年間，法席鼎盛。紹聖中，郡遣官吏迎主東掖，項背相望。師曰：『智者年未五十，已散徒衆，吾老矣，可堪此耶？』卒不受。有以命服師號及之者，笑而答。退居故山靈鷲東峰，廬於摣（楂）木之傍，名摣（楂）庵焉。畜一鉢，拾薪汲水以自爨，二餐唯三白，賓至則先炊以餉。或慰其勞，則曰：『大士身命施人，而我自奉，日惟慚德爾，何勞乎？』如是二十餘年。毗尼條章，輕重等護，便用之物，細至庡㢋，悉分潔觸。寂寥自得，專以安養期心。作《懷故鄉》詩數篇，悽切慕戀，膾炙人口。建中靖國元年孟夏，觀中神告净業成就，夢池中大蓮華，天樂四列，作《自餞歸浄土詩》，越七日而終。遠近號慕，以陶器塔於庵北。有光景如月，三夕乃止。壽八十一，臘六十八。雖領徒弘法，而藏經儒典靡不該通，注《安樂行空品》，疏《法印經》及《備撿》《箋難助覽》《彌陀禮文》《或對》、詩文二策行世。懺法精處，爲人薦導，必形夢寐，施鬼神食，不爲長語，密誦秘言，若有所見。母病目，對觀音想日精摩尼手，母夢師擎一日當前，覺而良愈。居人或物出爲祟，爲厲所馮，一爲課誦，即獲痊安。寺有蛇蟻害人，設壇禁咒，後不復見。水旱爲災，講《龍王法印經》，則應如響。朝奉石景術記行業。《備撿》引南山云：古者講《華嚴》唯一卷疏，於後法師作三卷疏，今時講者十地一品，出十卷疏，各逞功能，競顯華詞，文字浩博，寄心無所。今時愚人，競求於名，不求於法，法尚不可著，何况著文字？故《大集》云：經文是一，講者异説。各恃己見，壞亂正法。天神瞋故，三灾俱起。以是因緣，佛法淡薄。如一斛水，解一升酪，看似酪色，食則無味。諦思講論，人情測佛，佛智境界，豈人能測？是非特見，是捄世之心。亦可知其説法儀軌矣。

七九　昔有一尊宿[一]

昔有一尊宿，以道學爲宗教所重。晚年被旨住山，雅爲聖君賞遇。臨終，上震悼，詔令宣葬。侍臣奏曰：『此僧衣鉢太富，見訟有司。』上不悦，眷禮遂衰。少雲曰：『惜哉！世利能蔽名喪德，今豐儲厚斂者，烏可不戒？』《少雲雜編》[二]

【注釋】

[一] 此條亦見於《百丈清規證義記》卷五，謂出於『愚庵摭古』，後又附『愚庵頌』：『君不見，雪山童子金輪子，寶位棄之如弊屣，草居露宿六春秋，瘦骨稜稜近於死。又不見，迦葉老頭陀，日中一食衣粗疏，百萬叢中奪錦標，兩土師尊居首科。尊宿宗教師，説法當如何？尊宿寵眷隆，上怒衣鉢多。』然不詳『愚庵』爲何人。

[二] 少雲，即橘洲寶曇（一一二九—一一九七）也，字少雲，嘉定龍游許氏，出家於本郡德山院，後謁大慧宗杲，得其法。出世於四明仗錫山，爲史浩所重，築橘洲居之，因號橘洲老人，有《橘洲文集》十卷傳世。生平事迹見《叢林盛事》卷二、《枯崖漫録》卷一等。然諸書皆不載其有《少雲雜編》，故當爲佚書。

【附録】

《百丈清規證義記》卷五

愚庵摭古云：昔有尊宿，宗教之輩尊仰之。晚年被旨住院，雅爲朝廷賞遇。臨終，上震悼，詔賜祭葬。侍臣奏以此僧衣鉢太富，現訟有司。上不悦，遂寢前命。愚庵頌曰：君不見，雪山童子金輪子，寶位棄之如弊屣，草居露宿六春秋，瘦骨稜稜近於死。又不見，迦葉老頭陀，日中一食衣麤疏，百萬叢中奪錦標，兩土師尊居首科。尊宿宗教師，説法當如何？尊宿寵眷隆，上怒衣鉢多。

八〇　古德浴室偈[一]

古德浴室示衆偈曰：從本腥臊假合成[二]，皮毛津膩逐時生。直饒傾海終朝洗，洗到驢年不解清。身惹塵埃沾尚淺[三]，心隨欲境染尤深。堪憐舉世忘源者，只洗皮膚不洗心。滿斛盛湯大杓澆，檀那更望利相饒。後生若不知來處，福似須彌立見銷。湖心石刻[四]

【注釋】

[一] 未詳何人所撰，亦不見於他書，可能爲湖心寺僧人所留。

[二] 本，高麗本作『來』。

〔三〕沾，《叢書》本、《卍續藏》本作『沽』，誤。

〔四〕湖心，當指湖心廣福寺，南宋時爲著名律刹。《延祐四明志》卷一六：『湖心廣福寺。在西南隅西湖之心，舊號水陸冥道院，俗謂湖心寺。宋治平中建，熙寧元年改壽聖院，紹興三十二年改今額，係十方傳律講法處，爲放生池道場。乾道初，太守趙伯圭建廣生堂，朱翌撰記，今入集古考。』

八一　分庵主〔一〕

分庵主，爲道猛裂，無食息暇。一日倚石闌看狗子話，雨來不覺，良久衣濕，知是雨爾。後因行江干，聞階司喝『侍郎來』〔二〕，忽然大悟，偈云〔三〕：『幾年個事挂胸懷，問盡諸方眼不開。肝膽此時俱裂破，一聲江上侍郎來。』從是不規所寓，庵居劍門，化被嶺表。偈語走筆而成，自題像曰：『面目兜搜〔四〕，語言薄惡。癡癡酣酣，磊磊落落。罵風罵雨當慈悲，是聖是凡難摸索。每日橋頭橋尾等個人，世無王良〔五〕，伯樂一生空過却。』《隱山》〔六〕

【注釋】

〔一〕劍門安分，號分禪，俗姓林，懶庵鼎需禪師（一〇九二—一一五三）法嗣，《嘉泰普燈録》卷二一、《續傳燈録》卷三四有傳。

〔二〕喝，高麗本作『唱』。

〔三〕云，高麗本作『曰』。

〔四〕兜搜，禪籍中多用以形容僧人面貌，如《禪宗雜毒海》卷一『誌公』條：『一聲呱地面兜搜，利物心如曲尺凹。』

《天如惟則禪師語録》卷五《僧繇畫寶公》：『鷹巢大士面兜搜，變現千差畫不侔。』二者皆謂寶誌也。而據《高僧傳》《釋氏稽古略》等，寶誌的形象爲『髮長數寸，常跣行街巷』『手足鷹爪』，則『兜搜』可能爲形容面貌的黄瘦古峻之意。姑志之以待考。

［五］王良，春秋時善馭馬者，《孟子・滕文公下》：『昔者趙簡子使王良與嬖奚乘，終日而不獲一禽，嬖奚反命曰：「天下之賤工也。」或以告王良，良曰：「請復之。」强而後可，一朝而獲十禽，嬖奚反命曰：「天下之良工也。」』

［六］即《隱山集》，詳見第四七『净因臻禪師』條注五。

【附録】

《嘉泰普燈録》卷二一《南劍州劍門安分庵主》

號分禪，少與木庵同肄業安國，後依懶庵，未有深證，辭謁徑山大慧禪師。行次江干（于），仰瞻宫闕，聞街司喝『侍郎來』，釋然大悟，作偈曰：幾年個事挂胸懷，問盡諸方眼不開。肝膽此時俱决盡，一聲江上侍郎來。徑回西禪，懶庵迎之，付以伽梨，自爾不規所寓。後庵居劍門，化被嶺表，學者從之。所作偈頌，走手而成，凡千餘首，盛行於世。示衆曰：『這一片田地，汝等諸人且道天地未分已前在甚麽處？直下徹去，已是鈍置分上座不少了也。更若擬議思量，何啻白雲萬里。』驀拈拄杖，打散大衆。示衆：『上至諸佛，下及衆生，性命總在山僧手裏。撿點將來，有没量罪過，山僧亦有没量罪過。還有檢點得出者麽？』卓拄杖一下，曰：『兎有頭，債有主。』遂左顧右視曰：『自出洞來無敵手，得饒人處且饒人。』示衆：『十五日已前，天上有星皆拱北。十五日已後，人間無水不朝東。已前已後總拈却，到處鄉談各不同。』屈指曰：『一、二、三、四、五、六、七、八、九、十、十一、十二、十三、十四，諸兄弟，且道今日是幾？』良久，曰：『本店買賣，分文不賒。』

八二　靈源清禪師[一]

靈源清禪師，南州武寧人，風神瑩徹，好學不倦。黄太史曰[二]：『清兄好學，若飢渴者之嗜飲食。』依晦堂，晝夜參法[三]，至忘寢膳。一日，晦堂與客語話次，清侍立，客去久之，清只在舊處立。堂呼之曰：『清兄死了也。』於是有省。清與佛鑒書曰：某兩處住持，凡接東山師兄書，未嘗有一句言及世諦。其叮嚀委囑，在忘軀弘示此道而已。到黄龍，得書云：『今年諸莊皆旱損，我總不憂，只憂禪家無眼。一夏百餘人入室，舉個「趙州狗子」話，無一人透得，此爲可憂。』至哉斯言！與憂院門不辦[四]、怕官人嫌責、慮聲名不揚、恐徒屬不盛者，實相遠矣。《汀江筆語》等

【注釋】

[一] 靈源惟清（？—一一一七），見第二六『靈源清禪師』條。二則雖標題相同，但一載護惜常住物，一載憂道不憂物，内容并無直接關聯。

[二] 黄太史，即黄庭堅也，曾任著作佐郎，兼編修國史，故稱黄太史。黄庭堅傾心釋教，與祖心友善，燈録多以之爲祖心法嗣。

[三] 法，高麗本、《叢書》本、《卍續藏》本作『決』。

[四] 佛鑒，即慧懃（一〇五九—一一一七），舒州汪氏，初參廣教圓深，後嗣五祖法演，歷住太平、汴京智海、建康蔣山，《釋氏稽古略》卷四、《續傳燈録》卷二五有傳。東山師兄，即法演（？—一一〇四）也，綿州巴西鄧氏，年三十五始落髮，初習經論，後棄之修禪。歷參圓照宗本、浮山法遠、白雲守端，受守端印可。出世於四面山，後遷白雲，晚住太平，移

東山，又移蘄州五祖山。弟子有佛鑒慧懃、圓悟克勤、佛眼清遠等，有語録傳世，傳見《禪林僧寶傳》卷三〇、《續傳燈録》卷二〇等。院門不辦，《叢書》本作「院門不辨」，誤。

【附録】

《橘洲文集》附録《與金山別峰和尚書》

嘗見東山遺靈源書，曰：『今歲諸莊旱損，吾總不憂；一夏百餘人入室，舉個「趙州狗子」話，無人省得，此爲可憂。』

《禪林寶訓》卷二

靈源謂佛鑒曰：凡接東山師兄書，未嘗言世諦事，唯丁寧忘軀弘道，誘掖後來而已。近得書云：『諸莊旱損，我總不憂，只憂禪家無眼。今夏百餘人，室中舉個「狗子無佛性」話，無一人會得，此可爲憂。』至哉斯言，與憂院門不辦、怕官人嫌責、慮聲位不揚、恐徒屬不盛者，實霄壤矣。每念此稱實之言，豈復得聞？吾侄爲嫡嗣，能力振家風，當慰宗屬之望，是所切禱。蟾侍者日録

八三　佛燈珣禪師[一]

佛燈珣禪師，霅川人，久依佛鑒和尚，隨衆咨請，邈無所入，俄嘆曰：『此生若不徹證，誓不展被。』於是四十九日只靠露柱立地，如喪考妣相似。偶佛鑒上堂曰：『森羅及萬象，一法之所印。』珣即頓悟，往見佛鑒。鑒曰：『可惜一顆明珠，被者風顛漢拾得。』圓悟聞得，疑其未然，乃曰：『我須勘過始得。』悟令人召至[二]，因游山，偶到一水潭，悟推入水，遽問曰：『牛頭未見四祖時如何？』珣狼忙應曰[三]：『潭深

魚聚。』又問：『見後如何？』『樹高招風。』又問：『見與未見時如何？』曰：『伸脚在縮脚裏。』悟大稱之。《舟峰》《語録》等[四]

【注釋】

[一] 佛燈守珣（一〇七九—一一三四），俗姓施，湖州安吉人，初參廣鑒行瑛禪師，不契，造太平，遂得佛鑒慧懃印可。歷住禾山、天聖、何山、天寧等，《明高僧傳》卷六、《續傳燈録》卷二九有傳。

[二] 高麗本無『悟』字。

[三] 狼忙，連忙、匆忙也，《白雲守端禪師語録》卷下：『狸奴夜静自舒張，引手過頭露爪長。王老室中巡邏了，狼忙走出恐天光。』

[四] 高麗本無『等』字。

【附録】

《續傳燈録》卷二九

安吉州何山佛燈守珣禪師，郡之施氏子。參廣鑒瑛禪師，不契，遂造太平，隨衆咨請，邈無所入，乃封其衾曰：『此生若不徹去，誓不展此。』於是晝坐宵立，如喪考妣。逾七七日，忽佛鑒上堂曰：『森羅及萬象，一法之所印。』師聞頓悟，往見鑒，鑒曰：『可惜一顆明珠，被這風顛漢拾得。』乃詰之曰：『靈雲道：「自從一見桃花後，直至如今更不疑。」如何是他不疑處？』師曰：『莫道靈雲不疑，只今覓個疑處，了不可得。』鑒曰：『玄沙道：「諦當甚諦當，敢保老兄未徹在。」那裏是他未徹處？』師曰：『深知和尚老婆心切。』鑒然之。師拜起呈偈曰：『終日看天不舉頭，桃花爛熳始擡眸。饒君更有遮天網，透得牢關即便休。』鑒囑令護持。是夕，厲聲謂衆曰：『這回珣上座穩睡去也。』圓悟聞得，疑其未然，乃曰：『我須勘過始得。』遂令人召至，因與游山，偶到一水潭，悟推師入水，遽問曰：『牛頭未見四祖時如何？』師曰：『潭深魚聚。』

悟曰：『見後如何？』師曰：『樹高招風。』悟曰：『見與未見時如何？』師曰：『伸脚在縮脚裏。』悟大稱之。鑒移蔣山，命分座説法。出住廬陵之禾山，退藏故里，道俗迎居天聖，後徙何山及天寧。上堂：『輹轢鑽，住山斧，佛祖出頭未輕與。縱使醍醐滿世間，爾無寶器如何取？阿呵呵，神山打羅，道吾作舞。甜瓜徹蒂甜，苦瓠連根苦。』上堂，舉婆子燒庵話，師曰：『大凡扶宗立教，須是其人，爾看他婆子，雖是個女人，宛有丈夫作略，二十年簁油費醬，固是可知。一日向百尺竿頭做個失落，直得用盡平生腕頭氣力，自非個俗漢知機。洎乎巧盡拙出，然雖如是，諸人要會麼？雪後始知松柏操，事難方見丈夫心。』上堂：『如來禪，祖師道，切忌將心外邊討。從門所得即非珍，特地埋藏衣裏寶。禪家流，須及早，撥動祖師關棙，抖擻多年布襖，是非毀譽付之空，竪闊横長渾恰好。君不見寒山老，終日嬉嬉，長年把掃，人問其中事若何，入荒田不揀，信手拈來草。』參，僧問：『如何是賓中賓？』師曰：『客路如天遠，侯門似海深。』曰：『如何是賓中主？』師曰：『長因送客處，憶得別家時。』曰：『如何是主中賓？』師曰：『相逢不必問前程。』曰：『如何是主中主？』師曰：『一朝權祖令，誰是出頭人？』曰：『賓主已蒙師指示，向上宗乘事若何？』師曰：『向上問將來。』曰：『如何是向上事？』師曰：『大海若知足，百川應倒流。』僧禮拜，師曰：『珣上座三十年學得底。』師嘗謂衆曰：『兄弟如有省悟處，不拘時節，請來露個消息。』雪夜有僧扣方丈門，師起，秉燭震威喝曰：『雪深夜半，求决疑情，因甚麼威儀不具？』僧顧視衣裓，師逐出院。每曰：『先師只年五十九，吾年五十六矣，來日無多。』紹興甲寅解制，退天寧之席，謂雙槐居士鄭績曰：『十月八日是佛鑒忌，則吾時至矣。』乞還障南（當作『鄣南』，安吉之别稱也）。十月四日，鄭公遣弟僧道如訊之，師曰：『汝來正其時也，先一日不著便，後一日蹉過了。吾雖與佛鑒同條生，終不與同條死。明早可爲我尋一隻小船子來。』如曰：『要長者要高者？』師曰：『高五尺許。』越三日，雞鳴，端坐如平時。侍者請遺偈，師曰：『不曾作得。』言訖而逝。闍維，舌根不壞，郡人陳師顔以寶函藏其家。門弟子奉靈骨塔於普應院之側。

八四　秀州暹禪師〔一〕

秀州暹禪師，方五歲，秀氣藹然，母异之，令往資聖出家，遍歷禪會乃還。而秀郡未有禪居，待來者亦有所闕，師乃一更其院，如十方禪規主之。時吴中僧坐法失序，輒以勢高下，不復以戒德論。師慨然嘗以書求理於官，得正其事。師語明教嵩曰：『吾不能以道大惠於物[二]，德行復不足觀，以愧於先聖人。苟忍視其亂法，是益愧也。』明教曰：『不必謙也。宗門道妙罕至，十二頭陀[三]，出世至行也，吾徒之所難能；爲法而奮不顧身，亦人之難能，師皆得而行之，又何愧乎？』《影堂記》

【注釋】

[一] 慶暹（九八〇—一〇五五），其先爲建陽范氏，生於會稽，十五落髮，游方參學，得雪竇清禪師之印可。其傳見契嵩《鐔津文集》卷一三《秀州資聖禪院故暹禪師影堂記》，見附録。

[二] 惠，底本原作『慧』，據高麗本、《叢書》本、《卍續藏》本及《秀州資聖禪院故暹禪師影堂記》改。

[三] 陀，高麗本作『陁』。十二頭陀，指修治身心、洗滌塵垢的十二種苦行方法，包括食（常行乞食、次第乞食、受一食、節量食、中後不得飲漿）、衣（著弊納衣、但三衣）、住（在阿蘭若處、冢間住、樹下止、露地坐）、威儀（但坐不卧）四個方面，見《佛説十二頭陀經》。

【附録】

《鐔津文集》卷一三《秀州資聖禪院故暹禪師影堂記》

禪師疾病，予自杭往問醫藥。嘗顧謂曰：『我老且病，是必已矣。死且累子坎而揜之，爲我志其嗣法，遂授其所以然。』余還杭未幾，果溘然而化。學者不悉，即焚其喪，卒不得而塔之，故列其名迹於影堂，命今長老懃師勒石以傳之。禪師諱慶暹，其先建陽人也，姓范氏。范氏世爲士族，其父、大父皆仕，不復書也。始禪師因父宦生於會稽，及其父官死海鹽縣，即與母治産居秀。至是禪師方五歲，而秀氣靄然，其母异之，命從净行子昭出家於今資聖精舍。逾十歲落⿱髟火（『⿱髟火』即『髮』之异體），納戒於靈光寺。習《楞嚴》《圓覺》於講師，居素又十歲。經明明年，即廣游方外，遍參禪要，又十歲且還。初秀郡未始有禪居，待來者亦有所缺。然禪師既歸，乃一更其院，務與衆處，諭其屬，即如十方禪規主之。院稍治，遂結廬獨處於園林，篤爲杜多之行，不出不寢更十九年。雖惡衣惡食，自視宴如也。居無何，會故雪竇清禪師至其廬曰：『善乎仁者，乃至是哉！』因盡示其所證之法，而清禪師大韙之，卒亦承於清師。至天聖中，郡太守張公幾聖高之，命復方丈，使舉行禪者故事。逮故翰林學士葉公道卿以中允領郡，見而益喜，遂尊爲長老，命傳其法，垂二十年，竟以此物故。嗚呼！其世壽已七十六，而僧臘六十二。禪師治兹院，自壯既耄，凡四十六載，於人甚莊，處已至約，飲食資用，必務素儉，與時俗不合，以故其徒稱難而少親附。唯士大夫重其修潔，不忍以葷酒溷其室。先時，吴中僧之坐法失序，輒以勢高下，不復以戒德論。禪師慨然嘗數以書求理於官，世人雖皆不顧其説而禪師未始自沮，及葉公道卿轉運吴越，而禪師復致其書，而葉公然之，遂正其事於所部。既而秀衆果推禪師於高座，方再會，即謝絶。踵不入俗，殆十五年，然亦天性公正，切於護法耳。昔嘗與余語曰：『吾不能以道大惠於物，德行復不足觀，以愧於先聖人矣。苟忍視其亂法，是益愧也。』予即應之曰：『不必謙也。曹溪宗門，天下之道妙也，而學者罕至。十二頭陀，出世之至行也，吾徒之所難能。爲法而奮不顧身，亦人之難能也。是三者師皆得而行之，又何愧乎？』師曰：『此吾豈敢也？雖然，予庸以是而稱之於吾人，蓋欲其有所勸也。』禪師之遷化也，至是皇祐之己亥，實五載矣，悲夫！

八五　圓照本禪師[一]

圓照本禪師，常州人，天質粹美，不事緣飾，依天衣懷和尚。弊衣垢面，探井臼、典炊爨，晝則驅馳僧事，夜則坐禪達旦，精勤苦到，略不少怠。或謂之曰：『頭陀荷衆良勞。』[二]本曰：『若捨一法，不名滿足菩提，决欲此生身證，敢言勞乎？』瑞光虚席[三]，命師主之。既至，擊鼓集衆，鼓忽墮地，圓轉震響。有僧呼之曰：『此和尚法雷震地之祥也！』俄失僧所在。從是法席大盛，後以諸刹争迎之。晚主净慈，與靈芝照律師友善。照授師法衣，師終身升坐，必爲衣之[四]。東都曦法師定中見净土蓮華，大書金字云『杭州永明寺比丘宗本坐』。曦异其事，特往瞻禮而問曰：『師是别傳之宗，何得净土有位邪？』曰：『雖在禪門，常以净土兼修爾。』[五]《行業》等記[六]

【注釋】

[一] 圓照宗本（一〇二一—一一〇〇），字無喆，常州無錫人，管姓，年十九於姑蘇承天寺出家，二十九具戒，後遍參諸方，於天衣義懷（九九三—一〇六四）座下得法。出世於瑞光，後移净慈，元豐五年，詔主相國寺慧林禪院。晚居靈岩，元符二年坐化，敕謚法空禪師。傳見《禪林僧寶傳》卷一四、《續傳燈録》卷八、《補續高僧傳》卷八等。

[二] 陀，高麗本作『陁』。

[三] 瑞光寺，在蘇州，馬承學《瑞光寺重修記》：『漢末三國鼎峙，孫氏據有江左，國號曰吴，再傳及權，於赤烏年間思報母氏恩，敕僧性康開山於蘇，遂卓錫城南，建琳宫寶塔，錫名曰普濟院。性康教精皇覺，四衆皈依，鐘鼓鈴鐸，香花馥郁，聞數里外。當時雙林香火之盛，無與爲比。繼吴若宋齊梁陳，其君臣雖日事干戈，尊重佛教。延及李唐，益加崇尚，所以幾廢復存，不至澌滅也。宋元豐間，有圓炤禪師者登座説法，天雨曇花，塔現五色舍利光，講堂前池有白龜聽講，庭有合歡竹既瘁復榮，法鼓自鳴，有此四瑞，故更今名。宋宣和間，朱勔以花石得幸驟貴，捐資大興土木，致白牛助工，工畢牛斃，瘞之左遍，至今人呼爲牛塚云。塔始十三級，勔以其太峻，損之爲七級，因請名，御題曰「天寧萬年」，仍賜寺額。兀术南侵，懼爲我軍所伏，付之一炬。厥後淳熙十三年，僧衆共圖興復，久而克濟。元季復經兵燹，則又蕩然瓦礫之區矣。』（出牛若麟修、王焕如纂《吴縣志》卷二四，崇禎間刊本）按，記文謂『瑞光』之名始於宗本，當爲傳聞，據《禪林僧寶傳》，此寺治平（一〇六四—一〇六七）初年已有是稱，其時宗本尚未住寺也，見附録。

[四] 事見元照《芝園集》卷下《送衣鉢書》。

[五] 此事《净土指歸集》卷下『密修净業』條載之更詳：『汴京資福寺曦法師者，杜門養道，不與世接，往往神游净

域，不妄與人言。一日步至惠林，殷勤致敬。人問其故，答曰：「吾於定中見浄土金蓮極大，題云「永明寺比丘宗本」，其他附麗小華，不可勝數，皆禪師所化人也，爲此特往修敬。」或問禪師云：「師乃别傳之宗，何得標名浄土？」師曰：「雖迹在禪門，而留心浄業故也。」」

〔六〕記，高麗本作「録」。

【附録】

《禪林僧寶傳》卷一四《慧林圓照本禪師》

圓照禪師，諱宗本，出於管氏，常州無錫人也。性質直，少緣飾，貌豐碩，言無枝葉。年十九，師事蘇州承天永安道昇。方道價重，叢林歸之者如雲。本弊衣垢面，操井臼，典炊爨，以供給之，夜則入室參道。昇曰：『頭陀荷衆良苦，亦疲勞乎？』對曰：『若捨一法，不名滿足菩提，實欲此生身證，其敢言勞？』昇陰奇之。又十年，剃髮受具，服勤三年，乃辭昇，游方遍參。初至池州景德，謁義懷禪師，言下契悟。衆未有知者，嘗爲侍者，而喜寢，鼻息齁齁，聞者厭之，言於懷。懷笑曰：『此子吾家精進幢也，汝輩他日當依賴之，無多談。』衆乃驚。及懷公徙住越之天衣、常之薦福，本皆從之。治平初，懷公退居吴江之聖壽院，部使者李公復圭過懷公，夜語曰：『瑞光法席虚，願得有道衲子主之。』懷指本曰：『無逾此道人者耳。』既至瑞光，集衆擊鼓，鼓輒墮，圓轉震響。衆驚，却有僧出呼曰：『此和尚法雷震地之祥也！』俄失僧所在。自是法席日盛，衆至五百人。杭州太守陳公襄以承天、興教二刹堅請，欲往而蘇人留之益甚。又以浄慈懇請之曰：『借師三年，爲此邦植福，不敢久占。』本嘖嘖曰：『誰不欲作福？』蘇人識其意，聽赴之。學者又倍於瑞光。既而蘇人以萬壽、龍華二刹請擇居之，迎者千餘人，曰：『始借吾師三年，今九載矣，義當見還。』欲奪以歸。杭州守使縣尉持卒徒護之，乃不敢奪。元豐五年，以道場付其門人善本，而居於瑞峰庵。蘇人聞之，謀奪之，懼力不勝，欲發而未敢也。時會待制曾公孝序適在蘇，蓋嘗問道於本而得其至要，因謁之庵中，具舟江津。既辭去，本送之登舟，語笑中載而歸，以慰蘇人之思。於是歸本於穹窿山福臻院，時年六十三矣。未幾，神宗皇帝闢相國寺六十有四院爲八，禪二律六，以中貴人梁從政董其事。驛召本主慧林，既至，遣使問勞三日，詔演法於寺之門。萬衆拜瞻，法會殊勝，以爲彌勒從天而降人間也。翌日召對延和殿，有司使習儀而後引，既對，山呼罷，登殿賜坐，即就坐，盤足跏趺，侍衛驚相顧，本自若也。賜茶至，舉盞長吸，又蕩撼之。上問受業何寺，對曰承天永安，上喜其真，喻以方興禪宗，宜善開導之旨。既退，上目送之，謂左右曰：『真福慧僧也。』及上元日，車駕幸相國寺，止禪衆無出迎。師奉承睿奬，闡揚佛事，都邑四方，人以大信。神宗登遐，召本入福寧殿說法。左右以本嘗爲先帝所禮敬，見之嗚咽不自勝。哲宗加號禪師，皇叔荆王親齎敕授之。元祐元年，以老求歸，朝廷從其請，敕任便雲游，所至不得抑令住持。因欣然升座，辭衆曰：『本是無家客，那堪任便游。順風加櫓櫂，船子下楊州。』既出都城，王公貴人送者車騎相屬，本誨之曰：『歲月不可把玩，老病不與人期，唯勤修勿怠，是真相爲。』聞者莫不流涕。其真慈善導感人如此，非特然也。其住瑞光，民有屠牛者，牛逸赴本，跪若自訴，遂買而畜之。其住淨慈，歲大旱，湖井皆竭。寺之西隅，有甘泉自涌，得金鰻魚，因浚爲井，投魚其間，寺衆千餘人，汲以不竭。民張氏有女子死，夢其母曰：『我以罪爲蛇。』既覺，得蛇於棺下。持以詣本，乃爲說法。復置故處，俄有黑蟬翔棺上，而蛇失所在。母祝曰：『若我女，當入籠中，當持汝再詣淨慈。』如其祝。本復爲說法，是夕夢女曰：『二報已解脱矣。』其顯化異類又如此。本平居恂恂，未嘗以辯博爲事。至其說法，則雖盛名隆勢，無所少假。高麗僧統義天，以王子奉國命，使於我朝。聞本名，請以弟子禮。見，問其所得，以《華嚴經》對。師曰：『《華嚴經》三身佛，報身說耶？化身說耶？法身說耶？』義天曰：『法身說。』本曰：『法身遍周沙界，當時聽衆，何處蹲立？』義天茫然自失，欽服益加。太子少保李公端愿，世以佛學自名，本問曰：『十方同聚會，個個學無爲。既曰無爲，作麽生學？』李公不能答。雪竇道法，至本大盛。老居靈岩，閉門頽然，而四方從者相望，於道不釋也。元符二年十二月甲子，將入滅，沐浴而卧。門弟子環擁請曰：『和尚道遍天下或一本云「名滿天下」，今日不可無偈，幸强起安座。』本熟視曰：『癡子，我尋常尚懶作偈，今日特地圖個什麽？尋常要卧便卧，不可今日特地坐也。』索筆大書五字曰『後事付守榮』，擲筆憨卧，若熟睡然。撼之，已去矣。門弟子塔師全身於靈岩山。閱世八十，坐五十二夏。

贊曰：富鄭公居洛中，見顒華嚴誦本之語，作偈寄之曰：或一本云『富鄭公弼得心要於顒華嚴，有偈寄本曰』因見顒師悟入深，寅緣傳得老師心。東南謾說江山遠，目對靈光與妙音。王顒謨漢之，初見本登座，以目四顧，乃證本心。余聞馬鳴云：『如來在世，衆生色心殊勝。圓音一演，隨類得解。』今去佛之世二千餘年，而能使王公貴人聞風而悟，瞻顔而證，則常隨而親炙之者可知矣。故江西八十餘人，而本則倍之，近代授法之盛，無能加者。非願宏法道，行契佛心，何以臻此哉？一本云『自瞻顔而證之下，但云則其大願真慈之力，無愧紹隆之職者也。

八六　仰山圓禪師

仰山圓禪師，旴江人[一]，禀戒後爲道勇決[二]。聞妙喜居梅陽，往依之，服勤炊爨，精苦自勵。妙喜見其器識精敏，嘗异之。因小參，聞舉『修山主具足凡夫法，凡夫不知，具足聖人法，聖人不會，聖人若會，即是凡夫，凡夫若知，即是聖人』[三]，忽然有契。後主衢之祥符，遷袁之仰山，視事閲七日，講禪門告香之禮[四]。首坐領衆羅拜，咨以『生死事大，無常迅速』，伏望慈悲開示因緣。圓徐曰：『若欲究明生死事，直須於行住坐卧處，覷看生從何來，死從何處，畢竟生死作何面目。』良久不起，於坐泊然蟬蜕。《行狀》[五]

【注釋】

[一] 旴，《卍續藏》本作『吁』，《增集續傳燈録》卷六作『旰』，皆誤。旴江，即今江西撫州。

[二] 決，高麗本作『猛』。

[三] 此爲宗杲於徑山能仁禪院上堂時所舉，見《大慧普覺禪師語録》卷四。

[四] 告香之禮，指禪宗僧衆面見住持，并向其請益問法的禮節。新住持入院後，只有舉行告香禮後，纔能開堂演法，進而與寺衆形成師生關係。相關研究，可參看王大偉《宋元禪宗清規研究》第三章第二節。

[五] 今已未見。關於仰山圓禪師之行迹，目前僅見於本條。《續傳燈録》卷三一雖於『徑山大慧宗杲禪師法嗣』下收録

其名，然有名無傳。《增集續傳燈録》卷六有『袁州仰山圓禪師』條，但明顯引自《人天寶鑒》。故本條是仰山圓禪師生平事迹的唯一記載。

【附録】

《大慧普覺禪師語録》卷四

上堂，僧問：『具足凡夫法，凡夫不知時如何？』師云：『好個消息。』進云：『具足聖人法，聖人不會時如何？』師云：『也好個消息。』進云：『未審是甚麽消息？』師云：『見人空解笑，弄物不知名。』進云：『若不得流水，還應過别山？』師云：『修山主來也。』問：『一人在孤峰頂上，無出身之路時如何？』師云：『好個消息。』進云：『和尚爲甚麽一向壁立萬仞？』師云：『爾試向壁立萬仞處道一句看。』進云：『攪長河爲酥酪，變大地作黄金。』師云：『且緩緩。』乃云：『一人在孤峰頂上無出身路，一人在十字街頭亦無向肯，不是釋迦文，亦非維摩詰。若向這裏識得渠面目，方識得修山主道「具足凡夫法，凡夫不知，具足聖人法，聖人不會。聖人若會，即是凡夫，凡夫若知，即是聖人」，還有識得者麽？若識得去，凡夫聖人，孤峰頂上，十字街頭，只在這裏。若未識得，放待冷來看。』

八七　大慧禪師[一]

大慧曰：『近代主法者，莫若真如喆[二]；善輔叢林者，莫若楊岐會[三]。慈明真率，作事忽略，殊無避忌，楊岐忘身事之，惟恐不周，惟慮不辦[四]，雖衝寒冒暑，未嘗急己惰容。自南源終於興化[五]，三十年總柄綱律，盡慈明一世而後已。真如者，始自束包行脚，逮於應世領徒，爲法忘軀，不啻飢渴，造次顛沛，無遽色，無疾言，一室翛然，安靜自怡。嘗曰：「衲子内無高明遠見，外乏嚴師良友，鮮克有成器者。」嗟于

二老[六]，實千載後昆之美範也。』《與西善書》[七]

【注釋】

[一] 慧，底本目録作『惠』，據正文改。

[二] 慧，高麗本作『惠』。真如喆，即真如慕喆（?—一〇九五），臨川聞氏，幼禮建昌永安圓覺律師，後依翠岩可真禪師，并嗣其法。歷住岳麓、慧光、大潙、智海，《嘉泰普燈録》卷四有傳。

[三] 楊岐方會（九九二—一〇四九），宜春人，俗姓冷。出家於潭州瀏陽道吾山，參慈明楚圓禪師（九八六—一〇三九）開悟。出世於楊岐山普通禪院，後移住潭州雲蓋，有語録傳世。傳見《建中靖國續燈録》卷七、《嘉泰普燈録》卷三等。

[四] 辨，《叢書》本作『辦』。

[五] 即袁州南源山廣利寺與潭州興化寺也，皆爲慈明楚圓駐錫之地。

[六] 于，當爲『乎』之形誤。

[七] 據《禪林寶訓》，本條實爲宗杲與張九成之語，而『西善』則未詳何人。

【附録】

《禪林寶訓》卷三

妙喜謂子韶曰：『近代主法者，無如真如哲；善輔弼叢林，莫若楊岐。議者謂慈明真率，作事忽略，殊無避忌，楊岐忘身事之，惟恐不周，惟慮不辦，雖衝寒冒暑，未嘗急己惰容。始自南源，終於興化，僅三十載，總柄綱律，盡慈明之世而後已。如真如者，初自束包行脚，逮於應世領徒，爲法忘軀，不啻如饑渴者。造次顛沛，不遽色，無疾言。夏不排窗，冬不附火，一室翛然，凝塵滿案。嘗曰：「衲子内無高明遠見，外乏嚴師良友，鮮克有成器者。」故當時執拗如孚鐵脚，倔强如秀圓通，諸公皆望風而偃。嗟乎二老，實千載衲子之龜鑒也！』《可庵記聞》

八八　石窗恭禪師[一]

石窗恭禪師，道行孤峻，才刃有餘。久依天童宏智禪師，細大職務，靡不歷試。一日歸省母[二]，母曰：『汝行脚本爲了死生、度父母，而長爲人主事，苟不明因果，將累我於地下。』恭曰：『某於常住，毫髮不欺，雖一炬之燈，亦分彼此之用，無足慮我。』母曰：『然過水得不脚濕？』[三]《怡雲録》

【注釋】

[一] 石窗法恭（一一〇二—一一八一），奉化林氏，初習南山律于湖心寺，後依宏智正覺禪師得悟，居侍職，與同門自得慧暉（一〇九七—一一八三）過從甚密。出世於光孝，歷遷能仁、報恩、彰聖、雪竇，晚居瑞岩。《補續高僧傳》卷九、《嘉泰普燈録》卷一三有傳，然未見本條事迹，唯《禪林象器箋》卷七、《禪苑蒙求拾遺》有載，皆出自《人天寶鑒》也。

[二] 歸，高麗本作『皈』。

[三] 此句當爲彼時俗語，意近今日『常在河邊走，哪有不濕鞋』。泐潭洪英禪師（一〇一二—一〇七〇）便嘗反用此諺，爲自己頻頻出入官府的行爲辯解：『出縣，回云：莫怪頻頻出入，蓋爲趨陪郡邑。輸他林下高人，過水脚跟不濕。』（出《續古尊宿語要》卷一）

【附録】

《補續高僧傳》卷九《法恭傳》

法恭，自號石窗叟，奉化林氏子，其母感胡僧入夢而生。落髮受具戒，習南山律于湖心寺。聞天童宏智名，往從問道。兄事暉自得，晝夕危坐。一日坐殿廡間，偶聞僧語，入耳清徹，豁然開悟，流汗浹體。宏智詰以所得非謬，命居侍職。既而遍參諸識，見閑萬年，萬年試爲問，師掩耳出。草堂清公不許，驀到入室，師直造前，奪拂子擲地上而出，一衆駭异。黄龍忠置界方槌拂於香案上，勘驗學者，師謂其侍者曰：『和尚此一絡索作何用？』少頃一一拈起，問：『過一機不來，莫言不道。』侍者白忠，乃撤去。三年，復歸天童，主藏鑰，爲第一座，分座説法。宏智所舉宗要，師不爲苟合，智愛而畏之。紹興二十三年，光孝虛席，越帥移書宏智，求一本色人補處，智以師應命。會應天塔壞，或請捨去，師曰：『非我尚誰爲耶？』塔成始行，遷能仁。隆興改元，侍郎趙公守四明，迎主報恩。虜燼之餘，前人興造所未備者，皆成之，軒敞宏大，遂爲一城蘭若之冠。乾道六年，退居小溪之彰聖。明年，榮陽郡王起住瑞岩，闢舍宇以安衆，開山田以足食，建傑閣，奉圓通大士，輪奂甚美。大參范公請移雪竇，自得暉歸自净慈，遂以雪竇還之，復居瑞岩。淳熙八年八月，示微疾，戒弟子：『毋以藥石累我，我將行矣。』以書招自得來，相見如平時，付以後事，作書遺别諸士大夫并常往來者。遲明升座，説偈而逝。壽八十，臘五十九。師天姿挺特，持律甚嚴，累主大刹，起居寢食，率與衆共，不務緣飾，無他嗜好。峭直骨鯁，不借人以辭色。有道者力加提引，慧而狂者必叱之。臨安净慈空席，力請，乃航海以避命。皇子魏王作牧，每加禮敬，欲訪師山間，辭曰：『路遠而險，徒勞耳。』蓋其嚴冷類此。

八九　孝論[一]

泰華可夷也[二]，飲食可無也，而孝不可忘也。故大孝同天地、并日月而健行不息。大戒曰：『孝順父母、師僧。』[三]孝名爲戒，則孝可忘乎？吾儕祝髮預三寶數者，無問貧富貴賤，唯尚以道，唯尚以孝。間有父母無親屬共億者，佛許減衣鉢一分以奉之[四]。若不躬父母之養者，非吾釋之子也。《叢林公論》[五]

【注釋】

[一] 底本目録缺漏此條，據正文補。本條節自《叢林公論》『儒者貴其天理』條。

[二] 泰華，即泰山與華山也，多以之指代高峰，《大方廣佛華嚴經隨疏演義鈔》卷二：『今初即第一明高遠，若泰華倚天，岷峨拂漢，難仰其頂故。』

[三] 語出《梵網經》卷下：『爾時釋迦牟尼佛，初坐菩提樹下，成無上覺，初結菩薩波羅提木叉：「孝順父母、師僧、三寶，孝順至道之法，孝名爲戒，亦名制止。」』

[四] 關於此種説法，契嵩《孝論》：『經謂：父母與一生補處菩薩等，故當承事供養。故律教其弟子得減衣鉢之資而養其父母，父母之正信者可恣與之，其無信者可稍與之。』契嵩提到的『經』，應爲《增壹阿含經》，此經卷一一謂：『爾時，世尊告諸比丘：「有二法與凡夫人，得大功德，成大果報，得甘露味，至無爲處。云何爲二法？供養父母，是謂二人獲大功德，成大果報。若復供養一生補處菩薩，獲大功德，得大果報。是謂，比丘，施此二人，獲大功德，受大果報，得甘露味，至無爲處。是故，諸比丘，常念孝順供養父母。如是，諸比丘，當作是學。」』至於契嵩提到的『律』，從内容關聯性來看，可能指《根本説一切有部尼陀那》卷四：『時有居士，娶妻未久便誕一息，顔貌端正，人所樂觀，父便爲子設初生會，付諸乳母，令其養育。子漸長大，於佛法出家，日初分時著衣持鉢，入室羅伐城而行乞食。忽遇其父，問曰：「汝已出家？」答言：「出家。」其父告曰：「汝之此身，由我生育，今得成長，於苦樂事須相憂念，汝棄出家，誰當濟我？」苾芻報曰：「我豈能爲俗家之事？」時諸苾芻以緣白佛，佛言：「父母於子能爲難事，荷負衆苦，假令出家，於父母處應須供給。」時彼不知何物應與，佛言：「應除衣鉢餘物供給。若無餘物，可從施主隨時乞求。若乞求難得，應以僧常所得利物共相供結。若無利物，應以僧常所食之分減取其半而爲供濟。若常乞食隨他活者，以己所須滿腹食内，應取其半濟於父母。」』

[五] 公，《卍續藏》本作『分』，誤。

九〇 牧庵朋法師[一]

牧庵朋法師，婺之金華人，見車溪卿公，發明大事。累尸大刹，學徒奔萃，惟恐其後。師臨講不預看讀疏文，俾侍者簽出起止，以樂説辯，流瀉不竭。嘗謂衆曰：『自領徒已來，七番講《摩訶止觀》，於正修中未嘗舉口道著一字。』又曰：『我於大部中欲作個小難，如片紙大亦作不成，所謂文字性離皆解脱也。』晚主明之延慶。一日登坐講『調御丈夫』次[二]，忽數士夫至，聽師舉唱。師曰：『若在儒教論丈夫事，如忠臣不畏死，勇士不顧生，故能立天下之大事[三]，成億代之顯名，乃至不爲名利聲色所惑溺者，皆名丈夫。若在吾教，則以一心三觀爲舟航，六時五悔爲櫓棹[四]，降伏諸魔，制諸外道，是名大丈夫爾[五]。』士夫嘆美而去。《行業》

【注釋】

［一］牧庵有朋（一〇八九—一一六八），金華人，車溪擇卿（一〇五五—一一〇八）法嗣，歷主仙譚、能仁、延慶等。《釋門正統》卷六（作『有明』）、《佛祖統紀》卷一五、《補續高僧傳》卷三有傳。

［二］調御丈夫，佛十號之一，因其能化導一切丈夫，《妙法蓮華經》《大智度論》等重要經典皆有衆多用例。

［三］高麗本無『故』字。

［四］一心三觀，天台宗的獨特觀法，此宗認爲宇宙萬物皆同時具有空、假、中三諦，三者互具互融，能於一心中圓修三諦，是爲『一心三觀』。六時，謂晝夜六時，即晨朝、日中、日没、初夜、中夜、後夜。五悔，天台宗依五門之次序所修之滅罪法，即懺悔、勸請、隨喜、回向、發願也。《摩訶止觀》卷七：『今於道場日夜六時行此懺悔，破大惡業罪，勸請破謗法罪，隨喜破嫉妒罪，迴向破爲諸有罪，順空無相願，所得功德不可限量，譬算校計，亦不能説。若能勤行五悔方便，助開觀門，一心三諦，豁爾開明，如臨净鏡，遍了諸色，於一念中圓解成就。』

［五］高麗本無『大』字。

【附録】

《佛祖統紀》卷一五

法師有朋，金華人，自號牧庵。一家教文，背誦幾半。初學於慈圓覺，復往謁車溪。晝夜扣請，盡得其道。主仙譚，講《止觀》，天衣持師分衛至境梵語分衛，此云乞食，入寺就聽。至破法遍横破九種禪那，皆非圓頓行人入道之門，持竦然曰：『我所未聞之説也。』設禮而去。湖人薛氏婦，早喪，不得脱，其家齋千僧誦《金剛般若》，請師演説經旨。婦憑語曰：『謝翁婆一卷經，今得解脱。』翁問：『千僧同誦，何言一卷？』答曰：『朋法師所誦者。』蓋師誦時不接世語，兼解義爲勝也。徙能仁，講道日盛。晚主延慶，初升座叙謝云：『有朋自遠方來。』聞者莫不心悦。於方丈扁一室，曰六經堂，中設一几，而初無文字。士夫怪其誕，衆至寺欲屈之。師令侍者先語之曰：『諸賢欲何相見？若賓禮則對坐商略，若請益則侍立發問，若索難則容先伸三問。』咸曰：『乞從賓禮。』及對語，援引不已，乃知六經在胸中也。每臨講，不預觀文，嘗曰：『我七番講《止觀》，於正修中未嘗道著一字。』又曰：『大部中欲作一難，如片紙大亦不成，所謂文字性離皆解脱也。故今教苑略無義目，唯《十不二門口義》，纔露一班耳。』或問：『十境十乘方成觀法，荆溪何云不待觀境方名修觀？』師曰：『向伊道，攝事成理了也。』又問：『圓頓教中爲立陰否？』師高聲一喝云：『陰入重擔，常自現前，何更問立不立？』一日講調御丈夫，數士人至，師曰：『若在儒教論丈夫事，如忠臣事君不顧身，勇士赴難不畏死，立天下之大事，成百世之顯名，不爲聲色名利之所惑溺，皆名丈夫。若在吾教，則一心三觀爲舟杭，六時五悔爲艣棹，降伏諸魔制外道，不爲分段變易生死之所籠檻者，方名丈夫耳。』士人爲之畏服。師御衆厲而簡，左右或欲師白堂整衆者，師曰：『我所以不數數告衆者，是有意也。不見道頻，雷天失威。』乾道四年十二月三日，坐青玉軒，請行人諷《觀經》，至真法身觀，集大衆念佛，留偈坐亡，葬於崇法之祖塔。稟法者顯庵法昌、月溪法輝等甚衆。師自恃强記，不畜科策，嘗謂同學竹庵曰：『天下只一个半座主，老兄只半个。』問：『何爲半个？』師曰：『不合多幾个紙策也。』在仙潭日，竹庵來訪，爲上講師，讀大科竟，即收帙曰：『宗師在座，不敢文文。』其對尊宿之禮，尚謙若此。

九一　無畏久法師[一]

無畏久法師，餘姚人，依慧覺璧公得旨[二]，後遍歷禪會。嘗入徑山佛日之室，佛日夜坐[三]，必召師至，命説天台旨趣及《楞嚴》大意，深遇之。出世清修，學者雲集。師患後生單寮縱恣，闢屋爲衆堂，浄几明窗，蒲褥禪板，洒然有古叢社之風。講次，見學者膠文相、鼓异説，嘆曰：『天台之道，由四明而興，亦由四明而廢，非聖人復生，孰能扶持哉？』[四]識者謂師知言。師天資慧利，辯説如流，舉止委蛇，與物無忤，終身與之游處者，未嘗見有喜愠之色。日課七經，夜則宴坐，率以爲常，創無畏庵歸老焉。《塔銘》[五]

【注釋】

[一] 清修法久（一一〇〇—一一四九），天台宗僧，字則久，餘姚人，俗姓邵。七歲出家，十六祝髮具戒，得法於慧覺齊玉（一〇七一—一一二九）。先後主圓湛、清修，創無畏堂，日於其中誦《法華》《楞嚴》等，因以爲號。傳見《釋門正統》卷七、《佛祖統紀》卷一五、《補續高僧傳》卷三等。

[二] 慧覺璧公，即慧覺齊玉也，以避諱改，洪邁《容齋續筆》卷四『禁天高之稱』條：『政和中，禁中外不許以龍、天、君、玉、帝、上、聖、皇等爲名字。』

[三] 高麗本無『佛日』二字。按，大慧宗杲號『佛日大師』。

[四] 四明，謂知禮也，因其贊述天台義學，故被視爲中興之祖，如晞顔所撰《四明法智大師贊并序》：『行天台所難行，而爲二浙師；記毘陵所未記，而爲百世法。智者教門由此而光明孔碩，延慶道場因之而聲聞維揚……稽首四明中興之祖。』

［五］晞顏所撰，今已佚，然《釋門正統》《佛祖統紀》皆以之爲本，可見大端。

【附録】

《釋門正統》卷七《法久》

字則久，餘姚邵氏。七歲師龍泉宗瑋，十五試經中選，明年敕下祝髮，隸當州開元受戒。依智涌於廣嚴，見慧覺於觀音，洎赴天竺，師亦偕行。比入寂，復依能仁法照。建炎中，國步艱難，禪衲多避地入閩，師亦遍詢，以廣聞見。久從佛日果（杲），果（杲）召師夜坐，必詢台宗境觀及《楞嚴》大意，甚蒙稱賞。吏部何圭聞其誦《妙經》有功，於二親諱日試命之，果有冥感，作《一乘庵記》以表襮之。慈溪羅氏請主圓湛庵，學者鼎來。紹興十三年，太守莫將延以清修。清修距小溪鎮幾一舍，深藏岩壑中，泉洌石寒，煙雲晝暝。居七年，法宇一新，學者輻凑。患修生單寮多弊，乃闢衆堂，凈几明窗，禪板蒲褥，宴坐經行，語默視聽，濟濟肅肅，雖有病弱，不敢少懈，蓋身率之致也。又見學者膠於章句，鼓於頰舌，嘆曰：『天台之道，雖由四明而興，亦由而廢，苟非聖人復生，孰能扶持？』院左有師子岩，因創小室，名以無畏，安住其中，日課七經。示寂於十九年冬，壽五十，臘三十五，塔於院西山麓。癡絶道人顔聖徒自謂造師藩籬，撰銘及挽歌七章。嗣法慈室妙雲主延慶日，欲勒石，沮於衆議。師天資慧利，强記過人，平居沉默，似不能言，疏决滯礙，其辯如流，舉止委蛇，與物無忤，同舍久居，亦不見喜愠。雲解行甚高，久隱明之二靈，著《圓覺直解》，學者韙之。

九二　大慧禪師［一］

紹興癸亥冬，大慧禪師蒙恩北還［二］。時育王虚席，宏智和尚舉大慧主之［三］。宏智前知其來多衆，必匱食。智預告知事曰：『汝急爲我多辦歲計，應香積合用者悉倍置之。』知事如所誡。明年大慧果至，衆盈萬餘指［四］。未幾，香積告匱，衆皆皇皇。大慧莫能錯，宏智遂以所積之物盡發助之，由是一衆咸受其濟。慧詣謝曰：『非古佛安能有此力量？』慧一日執智手曰：『吾二人偕老矣，爾唱我和，我唱爾和，一旦有先溘然者，則存者爲主其事。』越歲，宏智告寂，大慧竟爲主喪[五]，不逾盟也。《雪窗雜記》

【注釋】

[一] 慧，底本目録作『惠』，據正文改。本條所記正覺爲大慧辦糧、大慧爲正覺主喪二事，前者未見他書，後者亦較他書爲詳。

[二] 紹興十一年（一一四一），宗杲坐與張九成非議朝廷，被追奪僧籍，流放衡州，二十年（一一五〇）再移梅州，二十五年乙亥（一一五五）放還。本條謂『癸亥』（時紹興十三年），誤。

[三] 宏智和尚，即天童正覺（一〇九一—一一五七）也，曹洞宗僧，丹霞子淳（一〇六六—一一一九）禪師法嗣。俗姓李，隰州人。年十一得度，十四具戒，十八游方。首參枯木法成禪師（一〇七一—一一二八），後造丹霞子淳，得其印可。出世於泗州普照，歷遷舒州太平、江州圓通、能仁、真州長蘆、明州天童等。紹興二十七年冬十月八日示寂，壽六十七，僧臘五十三，謚『宏智』。生平具見《明州天童景德禪寺宏智覺禪師語録》卷四《行實》及《塔銘》。

[四] 宗杲於紹興二十六年底入育王，《大慧普覺禪師年譜》：『（紹興二十六年丙子），適明州阿育王山專使至，准朝命住持……（十一月）十五日入院。（紹興二十七年丁丑），師六十九歲，住育王，裹糧問道者萬二千指。百廢并舉，檀度嚮從，冠於今昔。』

[五] 慧，高麗本作『惠』。

【附録】

《塔銘》節録

自佛日住育王，與師相得歡甚，嘗戲曰：『脱我先去，公當主後事。』及佛日得遺書，夜至天童，凡送終之禮悉主之。

因舉師弟子法爲繼席，識者方知二尊宿各傳一宗而以道相與，初無彼此之間也。

九三　圓覺慈法師[一]

圓覺慈法師，解行兼備，學者宗之。東掖虛席[二]，能、文二師然指請師主之[三]。慈至，法席鼎盛。盛暑講罷，歸方丈偃息[四]，而文適至，謂師曰：『東掖道場，世世皆有道者主之，講罷，不在懺室，即在禪堂，未有偃卧自恣者也。』慈聞曰：『敢不敬命。』自後祁寒溽暑，殊不少怠。《草庵録》

【注釋】

[一] 圓覺藴慈，四明慈溪人，初依壽安弼，次謁從諫慈辯（一〇三六—一一一〇），以説法聞名。出世西湖菩提寺，後遷圓通、能仁等，傳見《佛祖統紀》卷一四、《釋門正統》卷六等。

[二] 即能仁寺也，因在台州東掖山，故稱。

[三] 能、文二師，見第四九『東山能行人』條。

[四] 歸，高麗本作『皈』。

【附録】

《釋門正統》卷六《藴慈》

初依壽安弼，次從天竺慈辨。慈辨十大弟子，師乃説法第一。首衆未幾，主西湖菩提、越之圓通。崇寧初，能仁虛席，大衆延佇，文首座、能行人各然二指，修法以請。大開法施，學士雲集，有十數説，迄今宗之。盛暑講勞，丈室少憩，而文適至，謂曰：『此山居師席者，講罷不入懺室，則在禪堂，未有恣意偃卧者。』師曰：『敢不承教。』自此祁寒烈暑不少懈，大小便利，沐浴更衣，雪中亦掬以沃。終於東山。太守孫公漸贊曰：天台教師，圓覺梵僧號。實際真風，丹青莫狀。霹靂齒牙，伏犀骨相。水月亭亭，作這模樣。教門有權，實指迷章。

九四　南岳讓和尚[一]

南岳讓和尚參六祖，有般若多羅讖云：『汝一枝佛法從汝邊去[二]，向後出一馬駒，蹋殺天下人在。』[三]即馬祖是也。祖出八十四人善知識[四]，世人謂之觀音應化，凡住持皆王臣供給。有院主二十年管執常住，不置文曆。一日，有司磨勘，囚禁在獄，乃自惟曰：『我此和尚不知是凡是聖，二十年佐助伊，今日得此苦毒之報。』馬祖於寺中覺知，令侍者裝香，端然入定。院主於獄中忽爾心開，二十年用過錢物，一時記得，令書司口授筆寫，計筭無遺。《通明集》[五]

【注釋】

[一] 南岳懷讓（六七七—七四四），安康人，俗姓杜。十五出家習律，後參六祖慧能。出住南岳般若寺，闡揚曹溪法門，弟子有馬祖道一、道峻等。《宋高僧傳》卷九有傳。此條所記實際并非懷讓，而是馬祖與其座下院主之事，且此事未見他書，唯《禪林象器箋》卷二三有徵引。

[二] 前一『汝』字，高麗本作『我』，義長。

[三] 般若多羅，東天竺人，菩提達摩之師，爲禪宗所立西天二十八祖中之二十七祖，《景德傳燈録》卷二有傳。關於般若多羅之讖語，《六祖大師法寶壇經》（即契嵩本《壇經》）載：『懷讓禪師，金州杜氏子也。初謁嵩山安國師，安發之曹溪參扣。讓至禮拜，師曰：「甚處來？」曰：「嵩山。」師曰：「什麼物？恁麼來？」曰：「説似一物即不中。」師曰：「還可

修證否？」曰：「修證即不無，污染即不得。」師曰：「只此不污染，諸佛之所護念。汝既如是，吾亦如是。西天般若多羅讖，汝足下出一馬駒，踏殺天下人。應在汝心，不須速説。」讓豁然契會，遂執侍左右一十五載，日臻玄奥。後往南岳，大闡禪宗。」『在』字當爲語助，相當於『矣』字。

［四］《袁州仰山慧寂禪師語録》：『潙山云：「馬祖出八十四人善知識，幾人得大機？幾人得大用？」師云：「百丈得大機，黄檗得大用，餘者盡是唱導之師。」潙山云：「如是，如是。」』

［五］《通明集》，據《嘉泰普燈録》卷二《紹興府天衣義懷禪師》：『又摭古今尊宿契悟因緣，號《通明集》，盛行於世。』可見其主旨，卷帙和具體内容則不詳也。

【附録】

《禪苑清規》卷七『退院』條

如是年老，或有疾病，或因事故，不得顧戀住持。預先打疊方丈衣鉢及準備包杖，如常住錢物、僧供之類。須與知事結絶，文曆分明，及堂頭公用，合行交割，亦具文曆拘管。用院印印押，通知事知之。

九五　雪堂行和尚［一］

雪堂行和尚云：『高庵爲人端勁［二］，動静有法。處己雖儉，與人甚豐。聞人有疾，如出諸己。至於菴頭廝役，躬往候問，聽其所須。及死，不問囊篋有無，盡禮津送［三］。其深慈愛物，真末世之良軌。』《怡雲録》

【注釋】

[一] 雪堂道行（一〇八九—一一五一），處州括蒼葉氏。初謁指源潤禪師，不契，乃往舒之龍門，投於佛眼清遠（一〇六七—一一二〇）座下，遂嗣其法。出世於壽寧，歷遷法海、天寧、南明、烏巨、薦福等。有《雪堂行和尚語》《雪堂行和尚拾遺録》行世。傳見《叢林盛事》卷一、《嘉泰普燈録》卷一六等。

[二] 高庵善悟（一〇七四—一一三二），佛眼清遠弟子，洋州興道人，俗姓李。初住古州天寧，再遷南康雲居，以待人勝己而稱於叢林。《嘉泰普燈録》卷一六有傳。

[三] 津送，謂料理喪事也，《禪林備用清規》卷九：『除回龕、扛龕雜支外，一切結緣，住持首座力主之，庫司備辦之，大衆愍念之，須盡禮津送，其誰無死？』

【附録】

《禪林寶訓》卷二

高庵住雲居，聞衲子病移延壽堂，咨嗟嘆息，如出諸己。朝夕問候，以至躬自煎煮，不嘗不與食。或遇天氣稍寒，拊其背曰：『衣不單乎？』或值時暑，察其色曰：『莫太熱乎？』不幸不救，不問彼之有無常住，盡禮津送。知事或他辭，高庵叱之曰：『昔百丈爲老病者立常住，爾不病不死也？』四方識者高其爲人。及退雲居，過天台，衲子相從者僅五十輩。間有不能往者，泣涕而別。蓋其德感人如此。山堂小參

九六 黄太史[一]

黄太史與胡少汲書曰：『公學道頗得力，治病之方，當深求禪悦，照破生死之根，則喜怒憂患，無處安脚。疾既無根，枝葉無能爲害。投子聰、海會演[二]，皆道行高重，不愧古人。若從文章之士學妄言綺語，

只增長知見，何益於己事？』《梅溪集》

【注釋】

［一］即黃庭堅（一〇四五—一一〇五）也，詳見第八二『靈源清禪師』條注二。本條爲黃庭堅致胡少汲之書。胡直孺（？—一一三一），字少汲，江西奉新人，紹聖四年（一〇九七）進士，初授洛州户曹，屢遷工部尚書。靖康間知南京，與金兵戰，敗而見執，不屈，久得歸，除知東平府，卒贈端明殿學士。康熙《高安縣志》卷八有傳。直孺善詩，爲黃庭堅所激賞，有《西山老人集》，已佚。本條内容亦見於《雪堂行和尚拾遺録》及《羅湖野録》卷下。

［二］投子普聰，圓照宗本禪師（一〇二一—一一〇〇）法嗣，《續傳燈録》卷一四有傳。海會演，即五祖法演（？—一一〇四），詳見第八二『靈源清禪師』條注四。

【附録】

《雪堂行和尚拾遺録》

聰和尚住投子，年八十餘。監寺夜被人殺之，副寺白聰，聰曰：『毋驚大衆，我已知其人。』副寺聞官而吏至，聰如前語，吏曰：『人安在？』聰曰：『老僧也。』吏押聰繫獄。時楊次公爲憲，按行入州界，夢神人曰：『州有肉身菩薩枉坐螺（縲）紲。』楊即訪之，吏以聰事告楊，遂釋之。後經十年，有一行者患伽摩羅疾，而自首曰：『向殺監寺者，我也。』黃大守嘗與胡少汲書曰：公道學頗得力，治病之方，當深求禪悦，照破生死之根，則憂患淫怒無處安脚。疾既無根，枝葉無能爲害。投子聰、海會演，道行高重，不愧古人，皆可親近。若從文章之士學妄言綺語，是增長無明種子也。聰老尤喜接高明士大夫，開懷論議，便穿得諸儒鼻孔。若於義理得宗趣，却觀舊讀諸書，境界廓然，六通四闢，極省心力也。然有道之士，須志誠懇切歸向，古人所謂下人不精，不得其真，此非虚語。聰爲明公所賞識者如是，亦臨事之大體也。

九七　簡堂機禪師[一]

簡堂機禪師，台之仙居楊氏子，風姿挺异，才壓儒林。年二十五，棄妻孥，學出世法。晚見此庵元禪師[二]，密有契證。出應莞山[三]，刀耕火種，單丁者一十七年，偈云：『地爐無火客囊空，雪似楊花落歲窮。拾得斷麻穿壞衲，不知身在寂寥中。』每謂人曰：『某猶未穩在，豈以住山落吾事邪？』而念道不減。在衆之日，晝夜參究，殊不少廢。一日偶看斫樹倒地，忽然大悟，平昔礙膺之物，泮然冰釋。未幾，有江州圓通之命，師曰：『吾道將行。』即欣然曳杖而去。登坐説法云：『圓通不開生藥鋪，單單只賣死猫頭[四]。不知那個無思筭[五]，吃著通身冷汗流。』《大同拾遺》[六]

【注釋】

[一]簡堂機（一一一三—一一八〇），台州仙居人，楊姓，參護國景元禪師，得其法，歷住江州圓通、台州國清等。《續傳燈録》卷三一、《明高僧傳》卷六、《叢林盛事》卷下等有傳。《明高僧傳》與本條文字多同。

[二]護國此庵景元（一〇九四—一一四六），温州永嘉人，俗姓張。年十八，具戒於靈山希拱，後於圓悟克勤座下開悟。出世於仁壽，歷遷連雲、真如、護國等。傳見《續傳燈録》卷二七、《明高僧傳》卷五等。

[三]莞山，《叢林盛事》卷下、《禪林寶訓》卷四皆作『筦山』，前者稱『番陽筦山』，後者謂『饒之筦山』，則應在饒州。按，應庵曇華禪師（一一〇三—一一六三）嘗駐錫於饒州莞山寶應禪院，并有語録若干條行世，行機所住者，可能即爲此院。然不知何故，方志中并無饒州『莞山』或『筦山』的記載，志之以俟後考。

[四]《禪林寶訓合注》卷四：『死猫頭。明向上事也，此物本是腥臭之物，若有具眼衲僧，直下承當，一口吞之，則佛

祖之病悉除，通身輕快。舉僧問曹山：「世間何物最貴？」山云：「死猫頭爲貴。」丹霞頌云：腥臊紅爛不堪聞，動處輕輕血污身。何事杳無人著價，爲伊不是世間珍。喻向上事。」

［五］個，高麗本作『介』，疑爲『个』之誤。

［六］僅見於《人天寶鑒》，未詳。

【附録】

《明高僧傳》卷六《天台國清寺沙門釋行機傳》

釋行機，自號簡堂，郡之楊氏子也。生知夙發，趣向高邁，丰姿挺异，才壓儒林。少棄妻孥，勤學出世，精窮竺典，逸貫三乘。竊欲離言，單求直指，於是慕護國元公之道價，擔簦相依。稍觸鉗鎚，密有契證。因住莞山，而刀耕火神（種），單丁者一十七年。嘗有偈曰：『地爐無火客囊空，雪似楊花落歲窮。拾得斷麻穿壞衲，不知身在寂寥中。』每曰：『某猶未穩在，豈以住山樂吾事耶？』一日偶看斫樹，倒地有聲，忽大悟，平昔礙膺之物泮然冰釋。未幾，適有江州圓通之命，乃曰：『吾道行矣。』即欣然曳杖應之。登座説云：『圓通不開生藥鋪，單單只賣死猫頭。不知那個無思算，吃著通身冷汗流。』聞者無不絶倒，叢林至今稱焉。

《禪林寶訓》卷四

簡堂機和尚，住番陽莞山僅二十載。羹藜飯黍，若絶意於榮達。嘗下山，聞路旁哀泣聲，簡堂惻然，逮詢之，一家寒疾，僅亡兩口，貧無斂具，特就市貸棺葬之，鄉人感嘆不已。侍郎李公椿年謂士大夫曰：『吾鄉機老，有道衲子也，加以慈惠及物，莞山安能久處乎？』會樞密汪明遠宣撫諸路，達於九江郡守林公叔達，虚圓通法席迎之。簡堂聞命，乃曰：『吾道之行矣。』即忻然曳杖而來。登座説法曰：『圓通不開生藥鋪，單單只賣死猫頭。不知那個無思算，吃著通身冷汗流。』緇素驚异，法席因兹大振。《懶庵集》

《叢林盛事》卷下

機簡堂，初住饒之筦山，十七年火種刀耕，備嘗艱苦。其所住者，皆四方本有，故能同受寂寥，不以世間榮耀爲事。而布素一節，故世謂之機道者。後居九江圓通，大行此庵之道。示衆有云：『圓通不開生藥鋪，單單只賣死猫頭。不知那個無思算，吃著通身冷汗流。』自是遷太平之隱静，衆雖多，堂厨淡薄，兄弟罔敢言之者。凡請執事，必遵老黄龍之法，粥罷，挂鉢向堂，令侍者白槌曰：『請某人執其職。』兄弟靡不從之者。倘有違者，即叱之曰：『簡堂這裏不做，爾向甚處做？』噫！前輩道重，用人如此容易。豈若今時，七跪八拜，下情無任，猶被渠跨跳上三十三天去。苦哉，佛陀耶！

九八　隱山與靈空書[一]

隱山與靈空書曰：『沙門高尚，大聖慈蔭之力，後世紛紛者自卑賤之。三三兩兩出没於泉石間，其氣象與天台岩洞無异，頻頻傴僂王公之前，得不爲識者掩口？年來糞火煨芋，不起謝恩之風[二]，固不復見。覓一人如政黄牛、志庵主[三]，大似掘地覓天。』

【注釋】

[一]隱山，疑爲隱山璨，《枯崖漫録》卷一《泉州法石隱山璨禪師》：『隱山，泉之晋江人，性褊躁，好貶剥，自謂業（叢?）林一害，瑞世下生。嗣凉峰空退庵，此庵乃其大父云。』《續古尊宿語要》卷二載其部分語録。靈空，未詳何人，然隱山璨嗣法於凉峰空退庵，不知是否即其人。

[二]《碧岩録》卷四：『懶瓚和尚，隱居衡山石室中。唐德宗聞其名，遣使召之。使者至其室，宣言：「天子有詔，尊者當起謝恩。」瓚方撥牛糞火，尋煨芋而食，寒涕垂頤，未嘗答。使者笑曰：「且勸尊者拭涕。」瓚曰：「我豈有工夫爲俗人

拭涕耶？」竟不起。使回奏，德宗甚欽嘆之。」

［三］政黄牛，即净土惟正（九八六—一〇四九），净土惟素弟子，學識淵博，性格灑脱，出入常跨一牛，故有是稱。名公巨卿多推重之，然交游有方，絶無迎合。志庵主，當爲石頭懷志（一〇四〇—一一〇三），真净克文弟子，庵居二十年，不與世接，士夫踵門而不顧。

九九　詹叔義上財賦表［一］

紹興十三年，左修職郎詹叔義上財賦表，乞住賣度牒，朝廷依［二］。至三十二年，侍郎吴子才上表陳請，仍許頒賣［三］。尋被論以爲佞佛邀福，罷歸岩谷。宴坐一榻，味經禪以自飫，弄雲泉以自娱。仍製一棺，夜則偃卧其中，才至分夜，令二三童子擊棺而呼曰［四］：『吴子才，歸去來。三界無安不可住，西方净土有蓮胎。』吴聞，即起禪誦，如是精進者數年。及終，命家人曰：『汝聞乎？』家人曰：『不聞。』吴曰：『汝當斂念而聽。』悉聞空中隱然有天樂之音。吴曰：『清净界中失念來此，金臺既至，予則行矣。』［五］言訖而逝［六］。《雪窗記》

【注釋】

［一］『詹叔義』，見《建炎以來繫年要録》卷一二〇、《佛祖統紀》卷四七、《宋中興紀事本末》卷四四，然《宋會要輯稿·選舉一二》《玉海》卷二〇一、《宋史》卷一六一作『詹叔羲』。據雍正《江西通志》卷八五：『詹叔羲，字仲和，叔善弟。』其兄既名叔善，故『叔義』較『叔羲』爲上。正文所述皆吴子才之事，非詹叔義，故底本目録失當。

［二］宋廷停給度牒之時間，其他史書有不同記載，如《佛祖統紀》卷四七：『（紹興）十二年，左修職郎詹叔義上財賦

表，乞住賣度牒，朝廷從之。」同書卷五四：「高宗紹興十二年，詹叔義上表，乞住賣度牒。」按《宋史》卷三〇：「（紹興十二年五月）丙午，增築慈寧殿，停給度僧牒。」則停給度牒當從諸書，爲紹興十二年，恐本書記載有誤。

［三］吴子才，一名秉信，字信叟，四明人，《延祐四明志》卷四有傳。嚴羽《滄浪集》卷一有《雲山操爲吴子才賦》，同書卷三有《錢塘潮歌送吴子才赴禮部》，當即其人。另，戴復古《石屏詩集》卷一《劉折父爲吴子才索賦雲山燕居》有「世論倘不合，矢口不如瘖」之句，與上表罷官之遭遇頗合。吴子才上書之時間，亦有不同記載，高麗本作「二十二年」，《佛祖統紀》卷四七作「三十一年」：「（紹興）三十一年，禮部侍郎吴子才奏乞頒行度牒，言事者以佞佛斥之，罷歸田里。」另，《建炎以來繫年要録》卷一七四：「（紹興二十六年八月）中書舍人吴秉信試尚書吏部侍郎。」同書同卷：「御史中丞湯鵬舉言：「新除尚書吏部侍郎吴秉信欲援赦文而放還親黨，私自好佛而唱賣祠部。」詔秉信充右文殿修撰、知常州。」湯鵬舉言事在紹興二十六年八月，則子才上書乞開度牒不應晚於此時。未知孰是。

［四］高麗本無「曰」字。

［五］「予則」，《叢書》本、《卍續藏》本作「則予」。金臺，見第六七「楊次公」條注三。

［六］「訖」，底本作「説」，據高麗本、寬文本、《叢書》本、《卍續藏》本改。

【附録】

雍正《江西通志》卷八五引《人物志》

詹叔義，字仲和，叔善弟，紹興進士，又中博學宏詞科，所著有《拙齋文集》二十卷、《詩集》五卷、《狂夫論》六卷。

《延祐四明志》卷四《吴秉信傳》

吴秉信，字信叟，剛簡自信，初爲國學官。張魏公浚以和國公奉母居潭州，築第稍廣。檜忌浚復出，諷中丞万俟卨論浚卜宅僭擬，家有五鳳樓，命秉信奉使察其事。至則以檜意告浚，返言浚所居皆人臣制，堂曰「盡心」，浚嘗記之，樓實無有也。檜大怒，黜秉信。後爲吏部侍郎，與凌景夏言張偁不宜爲兩浙轉運判官。偁，内侍張去僞所薦也。上不悦，并景夏出知外郡。秉信知常州，未幾，疾卒。秉信知人善薦士，王剛中及史浩、國子博士闕名，後皆至宰輔。家貧，聚族以居。史浩以太保魏公致仕，親祭其墓，且官其孫云。

《佛祖統紀》卷四七

（紹興二十六年）九月，禮部侍郎吴秉信卒。紹興初，時相諱言兵事，斥秉信爲黨人。乃歸四明城南，築庵禪坐，製一棺，夜卧其中，至五更，令童子扣棺而歌曰：『吴信叟，歸去來。三界無安不可住，西方净土有蓮胎。歸去來。』聞唱即起禪誦。久之，檜相亡，召爲禮部侍郎。時國用匱乏，秉信請賣度牒以裕國，因言及秦黨，尋被論，以佞佛邀福出知常州。既而復被召，至蕭山驛舍，令家人静聽，咸聞天樂之音，即曰：『清净界中失念至此，金臺既至，吾當有行。』言訖而逝。

一〇〇　寂室光禪師[一]

寂室光禪師住靈隱日，兄往訪之。茶湯而退[二]，兄意不悦。知事延至庫堂，備食待之。光聞曰：『無故受食，他日累我在。』[三]令兄填還而去。《汀江筆語》

【注釋】

[一] 底本目録作『寂空光禪師』，據正文改。寂室光，即寂室慧光也，雲門宗僧，俗姓夏侯，錢塘人，慧林懷深（一〇七七—一一三二）法嗣，據《大慧普覺禪師年譜》，宗杲曾於紹興二十九年（一一五九）作《寂室光禪師語録序》，則慧光當有語録流行，惜今已未見。《靈隱寺志》卷三下有小傳。

[二] 唐宋時期有『客來則啜茶，欲去則啜湯』的習俗，宋朱彧《萍洲可談》：『今世俗客至則啜茶，去則啜湯。』關於

此習俗的詳細論述，可參看劉淑芬《中古的佛教與社會》所載《唐、宋世俗生活中的茶與湯藥》及《唐、宋寺院中的茶與湯藥》兩篇文章。此處指慧光僅以茶湯待兄而不備飯，以示不侵常住物也。

[三]『在』，當爲語助，無實義，如李白《歷陽壯士勤將名思齊歌》：『太古歷陽郡，化爲洪川在。』張相匯釋：『此「在」字相當於「矣」字。』本書第九四『南岳讓和尚』條亦有用例。

【附録】

《靈隱寺志》卷三下

寂室慧光禪師，雲門宗，錢塘夏侯氏，慧林深公法嗣。住靈隱，僧問：『飛來峰山色示清净法身，合澗溪聲演廣長舌相，正當恁麽時，如何是雲門一曲？』師曰：『芭蕉葉上三更雨。』上堂：『不用求真，何須息見？倒騎牛兮入佛殿，羌笛一聲天地空，不知誰識瞿曇面？』

一〇一　長靈卓禪師[一]

長靈卓禪師命無示立僧[二]，法席嚴肅，不事堂厨，唯安禪以當佳供，夜參以當藥石。其間衲子有不任者，無示告卓曰：『人以食爲先，若是，則衆將安乎？』卓愠之曰：『表率安可爲此！』無示云：『某不争堂厨，教誰争邪？』慈航小參[三]

【注釋】

[一]長靈守卓（一〇六六—一一二四），泉州人，莊氏。弱冠游京師，於天清寺試經得度。歷參南禪清雅、定慧遵式、靈源惟清等。出世於甘露，次遷資福、天寧，有《語録》傳世。《語録》卷末附有《行狀》，可考其生平。

［二］無示介諶（一〇八〇—一一四八），永嘉張氏。幼從崇德慧微落髮，歷參徑山悟、佛鑒懃，後於長靈守卓座下得法。首任蘆山，次遷瑞岩、育王。《嘉泰普燈録》卷一三有傳。

［三］無示介諶有弟子了朴，號慈航，見本書第一〇三條。所謂『慈航小參』，可能與了朴有關。

【附録】

《續傳燈録》卷三〇

慶元府育王無示介諶禪師，温州張氏子。謝知事，上堂：尺頭有寸，鑒者猶稀，秤尾無星，且莫錯認。若欲定古今輕重，較佛祖短長，但請於中著一隻眼。果能一尺還他十寸，八兩元是半斤，自然内外和平，家國無事。山僧今日已是兩手分付，汝等諸人還肯信受奉行也無？尺量刀剪遍世間，誌公不是閑和尚。上堂：文殊智，普賢行，多年曆日，德山棒，臨濟喝，亂世英雄。汝等諸人穿僧堂，入佛殿，還知嶮過鐵圍關麽？忽然踏著釋迦頂顙，磕著聖僧額頭，不免一場禍事。上堂：我若説有，爾爲有礙，我若説無，爾爲無礙。我若横説，爾又跨不過，我若竪説，爾又跳不出。若欲叢林平怗，大家無事，不如推倒育王，且道育王如何推得倒去？召大衆曰：『著力！著力！』復曰：『苦哉！苦哉！育王被人推倒了也。還有路見不平，拔劍相爲底麽？若無，山僧不免自倒自起。』擊拂子下座。師性剛毅，涖衆有古法，時以『諶鐵面』稱之。

一〇二　孝宗賜佛照手詔［一］

孝宗賜佛照禪師手詔曰：禪師所奏菩薩十地［二］，乃是修行漸次，從凡入聖，夫復何疑？方知脚踏實處，十二時中曾無間斷，以至圓熟。雜染純净，俱成障礙，作止任滅，脱此禪病。當如禪師之言，常揮劍刃，卓起脊梁，發心精進，猶恐退墮。每思到此，兢兢業業，未嘗敢忽。今俗人乃以禪爲虚空，以語爲戲論，其不知道也。如此兹事至大，豈在筆下可窮？聊叙所得爾。

【注釋】

［一］佛照德光（一一二一—一二〇三），臨江軍新喻人，俗姓彭。年二十一，禮光化寺足庵普吉落髮，後行脚參方，於大慧宗杲座下得悟。歷住天寧、靈隱、徑山、育王等，孝宗多次召對，恩寵優渥。傳見《文忠集》卷八〇《圓鑒塔銘》。

［二］菩薩十地，即菩薩修行的十個階位，包括歡喜地、離垢地、發光地、焰慧地、極難勝地、現前地、遠行地、不動地、善慧地、法雲地。初入十地，漸開佛智，則已屬聖位。

【附録】

《古尊宿語録》卷四八《佛照禪師奏對録》

宋淳熙三年十一月初三日，孝宗皇帝召對便殿。致恭三呼訖，賜坐。師奏云：『今春伏蒙聖旨，令灑掃靈隱。三月三十日，又准降香開堂，實增感激。令（今）蒙召對，獲睹清光，千載一遇。』……上曰：『當如禪師之言。今辭朕去，後幾時復來？』師云：『臣既歸林下，不敢妄動。』上曰：『每遇朕生辰，可來一次。』師云：『謹領聖旨。』乃辭下殿。上賜御製云：禪師所陳菩薩十地，乃是修行漸次，從凡入聖，夫復何疑？方知脚踏實處，十二時中曾無間斷，以至圓熟。雜染純净，俱成障礙，任作止滅，脱此禪病。當如禪師之言，常揮劍刃，卓起脊梁，發心精進，猶恐退墮。每思到此，兢兢業業，未嘗敢忽。今俗人乃有以禪爲虚空，以語爲戲論，其不知道也。如此事至大，豈在筆下可窮也？聊叙所得耳。

一〇三　慈航朴禪師［一］

慈航朴禪師，福州人，生於世家，忽厭浮幻，脱身從釋。師納戒時，身心輕安，如在空際。戒師曰：『子真得上品妙戒矣。』由是終身持戒嚴甚。主天童二十年，未有一日輒背衆食，雖病不違。奉己甚約，待衆至豐。有小師知庫畢，歸拜師曰[二]：『某竭力營轉，增一倍贏，不敢自與，納之常住。』師怒曰：『汝所贏者，從巧取不義得之，常住物乃凈財也，豈容汝不義物乎？』終不納，其僧逐之。師凡童行剃染，令入沙彌寮，習登壇受戒儀軌，及誦《遺教經》，方令受具戒。受具畢，入新戒寮，受持三衣一鉢，夜則展坐具、披五條而睡。復請一精誦戒經者與之教授，誦至通利，方許參堂。越二三夏，山門方督掌務。願游方者，師必欣然動於眉睫，贈道具促其行。嘗誡其徒曰：『古者爲僧，朝廷以試經得度，故發心從釋者，皆英特上行，誓求佛果之士也。今時佛法淡薄[三]，名存實忘[四]。多資者服方袍，資不贍者裨販爲利，貪僞捷出，無所不至。一朝得預緇流，自謂畢生了辦，更不克己進修，便乃撥無因果[五]，虛喪光陰，徒消信施，皆由不知出家正因，不明佛法罪凈，不解三乘十二分教，不達一切諸法本空。未得謂得，未證謂證，諂奉貴權[六]，干求應世，且無爲法身心一味，貪嗔造過。如斯之徒，入我法內，傷敗壞亂，爲害滋多。佛言譬如師子身中蟲，自食師子身中肉，非外道天魔能破。汝既正因出家，正因爲僧，須當遠離魔道，遵持佛戒。若是達道人，總不消恁麼[七]。奈汝積劫至今，心識昏倒。爲僧之初，不以三衣一鉢、種種禁戒制御其心，安可入道？譬如象馬𢤱悷不調[八]，加諸楚毒，方乃調伏。若不如是，异時三塗苦重，悔將無及。我在無示會中，凡遇五夜，必參誠行者，我須往聽。聞他苦口爲人，不覺涕淚俱下。凡登無示之門，聽其舉揚，觀其行事，雖老於叢林者，亦皆汗下心死。蓋者老和尚生平真實行説俱到，四十餘年不食非時，不畜衣鉢，至於持己細行，悉徇律制，以故所至住山，不動聲氣，自然法席雍肅，諸方目曰鐵面。汝爲釋子，當抗志慕古，依言立行，毋墮庸俗。無示嘗曰：「我爲主法者，若不方便教汝攝心爲道，汝他日無知造罪[九]，老僧未免同汝受苦。今不可使汝無聞，聞而不行，非我之咎。不見良禪師，靖州人，楊岐會下尊宿。有小師犯戒律[一〇]，臨終入惡道。其母夢其子銜恨於師曰：「皆父師不能導我爲善[一一]，致受是苦。」其母以是夢告於良，良未之信[一二]。龍圖徐禧德占是時爲布衣[一三]，嘗參扣於良。德占俄夢入一官府，兵吏斧鉞森列左右，熟視之，乃良禪師坐於庭下，鬼卒以杵撞其背，號叫震裂。復見其小師枷鎖杻械，蹲踞其側。德占問守閽吏曰：「二僧何罪？」吏曰：「老者乃少之師，以其師平時不能訓導，縱令破戒，故師之罪特重爾。此猶生報。後七日與子同墜無間，斯爲大苦。」德占夢覺，遂詢良之所以，乃云：「數日來背痛如擊撞，藥不可療。」七日果卒。德占嘗擘窠大書於分寧諸刹之壁。」』紹熙間，光孝超禪師榜於天童行堂壁

【注釋】

[一] 慈航朴，無示介諶禪師法嗣，歷住廬山、育王、萬壽、天童等，《續古尊宿語要》卷四收《慈航朴和尚語》。傳見《叢林盛事》卷上、《佛祖統紀》卷四七。

[二] 歸，高麗本作「皈」。

[三] 今，《卍續藏》本作「爾」。

[四] 忘，高麗本作「亡」，同。

[五] 高麗本無「乃」字。

[六] 諂，底本、《叢書》本、《卍續藏》本作「謟」，據高麗本改。

[七] 高麗本無「總」字。

[八] 𢤱悷，亦作「𢤱戾」，凶狠難訓也，《大唐西域記》卷一：「國東境城北天祠前，有大龍池。諸龍易形，交合牝馬，遂生龍駒，𢤱悷難馭。」

[九] 高麗本無「汝」字。

[一〇] 高麗本無「戒」字。

[一一] 父師，高麗本作「師父」。

[一二] 高麗本無「之」字。

〔一三〕徐禧（一〇三五—一〇八二），字德占，洪州分寧人。博覽周游，不事科舉，以獻《治策》爲神宗所用。後與西夏戰，兵敗身死。禧傾心釋教，得黄龍死心之印可，又與靈源惟清、法昌倚遇友善。

【附録】

《叢林盛事》卷上

慈航朴禪師，閩人。禀質脩黑，狀若應真，嗣無示諶。初住明之蘆山，遷育王。未幾，被有力者移居海下萬壽。應庵歸寂於天童，太守聞其風，命朴繼席。是夜，太白耆舊皆夢有鐵羅漢自舟中而歸方丈，有同衣者上一啟曰：「昔去鄮峰而身輕一葉，我無靦顔；今上長庚而道重三山，人有喜色。快離佛髻，利涉鯨波。出幽谷而遷喬木，光乎此道；登東山而小魯邦，允也其時。自此以還，未知所措。一住二十二年。皇子魏王并史魏公皆重其道德。淳熙初，孝宗皇帝親書『太白名山』四字以錫之。朴住蘆山，有上堂云：『德山入門便棒，臨濟入門便喝。德山棒頭耳聾，臨濟喝下眼瞎。雖然一搦一擡，就中全生全殺。』遂喝一喝，卓拄杖一下：『敢問諸人，是生是殺？』良久，云：『君子可八。』

一〇四　法智尊者

法智尊者學行高妙，凡所著作，莫不立宗旨、闢邪説，開奬人心〔一〕，到真實地。《指要》書成〔二〕，雪竇顯禪師持出山〔三〕，羞齋爲慶，仍有茶榜具美其事。則知在昔，禪教一體，氣味相尚，至有如此。與今暗禪奪教者，非同日語也。《草庵録》

【注釋】

［一］奬，底本作『奘』，據高麗本、《叢書》本、《卍續藏》本改。

［二］《指要》，即《十不二門指要鈔》，二卷，知禮撰於景德元年（一〇〇四），爲荆溪湛然《玄門釋籤》之注釋。

［三］雪竇重顯（九八〇—一〇五二），北宋雲門宗禪僧，遂州人，俗姓李。十餘歲投益州普安院仁銑師落髮，後參石門聰禪師，未契，再游隨州，於智門祚禪師座下得法。歷住池州景德寺、蘇州洞庭翠峰寺、雪竇資聖寺，大振雲門宗風，賜號『明覺』。皇祐四年（一〇五二）六月十日示寂，壽七十三，臘五十。傳見《明覺禪師語録》卷六《明州雪竇山資聖寺第六祖明覺大師塔銘》。

【附録】

《四明尊者教行録》卷四《〈草庵録〉紀天童四明往復書》

法智學行高妙，凡所著作，莫不立宗旨，闢僻邪，開奬人心，到真實地。《指要鈔》中引圭峰《後集》，比决幽奥，而天童凝禪師者一見喜之，但謂其所引少有參錯，欲法智改正之而已。書簡往返凡二十許，其末至有云『千士諾諾，不如一士諤諤，使大法流衍，百世無瑕玼者也』。余昔親見此帖，字劃如鍾繇，語如韓退之，真可愛也。或謂法智以此聊爲改正。又聞《指要》既出，雪竇顯禪師特出山，羞齋爲慶，仍有茶牓，具美其事。余未嘗見之。嘗睹廣智初主南湖法席時，顯公雖已老，亦牓煎茶，但記其高頭大麻牋，其字小古，以此知法智之時不虚也。在昔禪教一體，氣味相尚，至有如此者。

宗曉纘録天童四明之書，只得五番。準草庵，既曰『凡二十許』，果堙没不少。其顯禪師茶牓之類，并已無聞。凡閲此書者，或有此，幸見贈以全之。

一〇五　黄龍心禪師［一］

黄龍心禪師，南雄人，爲儒生有聲，年十九目盲，父母許以出家，忽復見物。游方謁南禪師，雖深信此事，而不大發明。辭往雲峰[二]，會峰謝世，就止石霜[三]。因閱《傳燈》，至『僧問多福：「如何是多福一叢竹？」福曰：「一莖兩莖斜。」僧云：「不會。」福曰：「三莖四莖曲。」』此時頓見二師[四]。歸禮南公[五]，方展坐具，南曰：『汝入吾室矣。』師亦踴躍自喜，即應曰：『大事本來如是，和尚何用教人看話下語？』南曰：『若不令汝究尋到無用心處，自見自肯，吾則埋沒汝也。』會南入滅，道俗請師繼踵。四方歸仰，不減南公時。然師雅尚真率，不樂從務，五求解去，乃得謝事。未幾，謝師直守潭州[六]，虚大潙以致師，三辭不往。又屬江西轉運彭器資請所以不應長沙之意[七]，師曰：『馬祖、百丈以前，無住持事，道人相尋於空閑寂寞之濱而已。其後雖有住持，而王臣尊禮爲天人師[八]。今則不然，挂名官府，直遣伍伯追呼，此豈可復爲也？』器資以斯言反命[九]，師直復致書曰：『願得一見，不敢以住持相屈。』師與四方公卿，意合，千里應之，不合，雖數舍不往。師以内外書徵詰開示，使人因所服習，克己自觀，悟則同歸，歸則無教。諸方訾師不當以外書糅佛説。師曰：『若不見性，則祖佛密語盡成外書；若見性，則魔説狐禪皆成密語。』故四十年間，士大夫聞其風而開發者衆矣。庭堅宿承記莂，堪任大法，道眼未圓，來瞻窣堵，實深安仰之嘆，乃勒堅珉，敬頌遺美。《塔銘》[一〇]

【注釋】

[一]黃龍祖心（一〇二五—一一〇〇），南雄人（今廣東韶關始興縣），黃龍慧南弟子，住山十數年，不樂事務，五辭方退，揭其室曰『晦堂』。詳見第六四『晦堂心禪師』條注一。

[二]雲峰，即雲峰文悦（九九七—一〇六二），臨濟宗僧，俗姓徐，南昌人。年七歲，落髮於龍興寺，十九遍游諸方，於大愚守芝禪師座下得法，歷住翠岩寺、南岳法輪寺等，後住南岳雲峰。嘉祐七年七月八日示寂，住世六十六年，坐五十九夏，法嗣有壽寧齊曉、澄慧咸詡等。傳見《禪林僧寶傳》卷二二、《佛祖歷代通載》卷一八等。

[三] 即石霜山，位于湖南瀏陽境内，慧南之師石霜楚圓即駐錫於此。

[四] 見《景德傳燈録》卷一一「杭州多福和尚」條。

[五] 歸，高麗本作「皈」。

[六] 謝景温（一〇二一—一〇九七），字師直，浙江富陽人。皇祐元年（一〇四九）進士，曾知潭州，與黄龍祖心、保寧圓璣等禪僧友善。傳見《宋史》卷二九五。

[七] 彭汝礪（一〇四二—一〇九五），字器資，饒州鄱陽人。治平二年（一〇六五）登進士第，歷任推官、掌書記、大理寺丞等職。元豐初，爲江西轉運判官。紹聖二年卒，年五十四，有《鄱陽集》十二卷存世。傳見曾肇所作《彭待制汝礪墓志銘》。

[八] 臣，《叢書》本作「目」，誤。

[九] 反命，底本作「及命」，但頁脚小字修訂爲「反命」。寛文本、《卍續藏》本作「及命」，據高麗本、《叢書》本、《林間録》改。

[一〇] 即黄庭堅所撰《黄龍心禪師塔銘》，載《山谷集》卷二四。此條雖本之以《塔銘》，但删略過多，乃至於影響文意，如「游方謁南禪師，雖深信此事，而不大發明」一句，令人費解，原因便在於曇秀删去了雲峰文悦告誡祖心「必往依黄蘗南禪師」的情節。另外，祖心與翠岩可真、夏公立、楊傑等人的交往亦脱略不載，皆可以《塔銘》補之。

【附録】

《山谷集》卷二四《黄龍心禪師塔銘》

師諱祖心，黄龍惠南禪師之嫡子。見性諦當，入道穩實，深入南公之室。許以法器，爲之道地，雲峰文悦發之，脱略窠臼，游戲三昧，翠岩可真與之。住持黄龍山十二年，退居庵頭二十餘年。元符三年十一月十六日中夜而没，葬骨石於南公塔之東。住世七十有六年，坐五十有五夏。賜紫衣，親賢徐王之請也，號寶覺大師，駙馬都尉王詵之請也。

初南雄州始興縣鄔一作鄒氏子，爲儒生有聲，年十九而目盲，父母許以出家，忽復見物。乃往依龍山寺僧惠全，全名之曰祖心，云：『明年與試經業。』師獨獻所業詩，比試官奇之，遂以合格聞。雖在僧次，常勤俗學，衆中推其多能。久之，繼住受業寺，不奉戒律，且逢横逆，乃棄去，來入叢林。初謁雲峰，雲峰孤硬難入，見師慰誨接納，師乃决志歸依。朝夕三載，終不契機，告悦將去，悦曰：『必往依黄蘗南禪師。』師居黄蘗四年，雖深信此事，而不大發明。又辭而上雲峰，會悦謝世，於是就止石霜，無所參决。因閲《傳燈》，至『僧問：「如何是多福一叢竹？」多福曰：「一莖兩莖斜。」僧云：「不會。」多福曰：「三莖四莖曲。」』此時頓覺親見二師。歸禮黄蘗，方展坐具，南公曰：『汝入吾室矣。』師亦踊躍自喜，即應曰：『大事本來如是，和尚何用教人看話下語，百計搜尋？』南公曰：『若不令汝如此究尋，到無用心處自見自了，吾則埋没汝也。』師從容游泳，陸沉於衆，時往諮决雲門語句，南公曰：『知是般事便休，安用許多工夫。』師曰：『不然，但有纖介疑在，不到無學，如何得七縱八横天回地轉？』南公肯之。已而往謁翠岩，翠岩貶剥諸方，諸方號爲真點胸。見師即云：『禪客從黄蘗師兄處來，未見有地頭，者個嶺南子却有地頭，汝能久住，吾亦不孤負汝。』師依止二年，翠岩没後，乃歸黄蘗。南公分座，令接後來。及南公遷住黄龍，師往就泐潭曉月講學，蓋月能以一切文字入禪悦之味，同列或指笑師下喬木入幽谷者，師聞之，曰：『彼以有得之得護前遮後，我以無學之學朝宗百川。』中以小疾求醫章江院，轉運判官夏倚公立雅意禪宗，見楊傑次公而問黄龍之道，恨未即見，次公曰：『有心首座在章江，公能自屈，不待見南也。』公立聞之，亟至章江，見師在僧堂後持經，問曰：『非心公耶？』對曰：『是。』揖坐而嘆曰：『達磨一宗，將掃地矣。』因劇談道妙，至會萬物爲自己，及情與無情共一體，有犬卧香案下，師以厭（壓）尺擊香案曰：『犬有情即去，香案無情自住，情與無情，如何得成一體？』公立不能答，師曰：『才入思惟，便成剩法，何曾會物爲己？』公立於是參叩鄭重。南公入滅，僧俗請師繼坐道場，化俗談真，[重]規疊矩，四方歸仰，初不减南公時。然師雅尚真率，不樂從事於主席，求解去，乃得謝事閑居，而學者益親。謝景温師直守潭州，虚大潙以致師，三辭不往。又屬江西轉運判官彭汝礪器資起師，器資請所以下（不？）應長沙之意，師曰：『願見謝公，不願領大潙也。馬祖、百丈以前，無住持事，道義相求於空閑寂寞之濱而已。其後雖有住持，王臣尊禮，謂之人天師。今則不然，掛名官府，如有户籍之民，直遣五百追呼之耳，此豈可復爲也？』器資以此言反命，師直由是致書：『願得一見，不敢以住持相屈。』師遂至長沙，蓋於四方公卿，意合則千里應之，不合則數舍亦不往。其於接納，潔己以進，無不攝受，容有匪人，不保其往。至於本色道人，參承諮決，罏鞴鉗椎，厥功妙密，故其所得法子，冠映四海。雖博通内外，而指人甚要，雖直以見性爲宗，而隨方啓迪，故摭内外書之要指，徵詰開示，使人因所服習，克己自觀，悟則同體，歸則無教。諸方皆師不當以外書糅佛説，師曰：『若不見性，則祖佛密語盡成外書，若見性，則魔説狐禪皆爲佛語。』南公道貌德威，極難親附，雖老於叢林者見之汗下。師之造前，意甚閑暇，終日笑語，師資相忘。四十年間，士大夫聞其風而開發者甚衆。惟其善巧無方，普慈不閡，人未見之，或生慢疑謗，承顔接辭，無不服膺。庭堅夙承記莂，堪任大法，道眼未圓而來瞻窣堵，實深安仰之嘆，乃勒堅珉，敬頌遺美，其詳則見於師之嫡子惟清禪師所撰行狀。銘曰夙承記莂，一作嘗承夙記：

鹿野孤園，衆千二百，空寂而住，時至乞食。法王啓閟，二界爲家，皆是吾子，實無等差。宴坐經行，無資生物，病而須乳，侍者行乞。溈潭百丈，住成法席，國不入禪，禪不入國。末法住持，以食爲宗，王官作牧，驅羊西東。師嘗一出，歲行十二，鍾魚轟轟，如垢不磧。脱梏以往，婆娑林丘，龍蛇混居，雷藏電收。抱道在勞，不誰不汝，及其震驚，萬物時雨。師之於道，日行太空，譬日之明，勞而少功。

一〇六　宏智覺禪師[一]

宏智覺禪師，隰州人，未游方時，預夢天童之境，嘗紀之曰：『松徑森森窈窕門，到時微月正黄昏。』建炎間，謝事長蘆，訪真歇寶陀岩[二]。及到天童，宛如昔夢。尋爲州府敦請住山，師固辭。後爲衲子肩至法坐[三]，由是黽勉而受。居山三十年，傳法之外，百具鼎新，常安千餘衆，而齋厨豐衍，甲於諸刹，衲子得以安然辦道。師嘗爲衆行乞，吴越人篤信其化，金帛之施不求而至。師謂諸檀曰：『化汝布施，令破慳心，毋專施於我。後有小寺僧來，却願施之。』或見廢寺窘乏及窮民老弱輩，即出衣資，施令歡喜。師未嘗儲積，用盡爲度爾。

有隰州僧哲魁者，孤硬人也，潛迹坐下，不言鄉所，經十餘載，始知宏智鄉人。宏智聞，欣然訪曰：『父母之邦，何太絶物乎？』[四]智欲招至方丈，魁謝曰：『己事尚未辨，豈暇講鄉禮邪？』即曳杖而去，人莫能挽。徑往寶陀真歇故居，禪宴月餘日。臨終，召衆説法而逝，闍維，舍利無數。雪窗志其事

【注釋】

[一] 即天童正覺（一〇九一—一一五七）也，見第九二『大慧禪師』條注二。本條另記哲魁事，《天童寺志》謂《山庵雜録》有載，然今本未見，當已脱佚。

[二] 陀，高麗本作『陁』，下同。真歇清了（一〇八八—一一五一），曹洞宗僧，丹霞子淳禪師法嗣。綿州人，俗姓雍。年十一出家，十八進具，先往成都大慈寺受經論，後出蜀，投丹霞門下，得其法。歷住真之長蘆、明之補陀、台之天封、閩之雪峰、明之育王、温之龍翔、杭之徑山等。紹興二十一年十月示寂，壽六十四，臘四十五。事迹具見《真歇清了禪師語録》卷一《崇先真歇了禪師塔銘》。寶陀岩即補陀山（今普陀山）也。

[三] 坐，高麗本作『座』。

[四] 絶物，謂斷絶人事交往，《孟子·離婁上》：『齊景公曰：「既不能令，又不受命，是絶物也。」涕出而女於吴。』趙岐注：『言諸侯既不能令告鄰國，使之進退，又不能事大國，往受教命，是所以自絶於物。物，事也，大國不與之通朝聘之事也。』

【附録】

《塔銘》節録

師過舒、蕲，遍禮祖塔。夢至一山寺，長松夾道，有句紀之曰：『松徑森森窈窕門，到時微月正黄昏。』及至天童，宛

如昔夢，故有終焉之志。歲在戊午，被旨住臨安府靈隱寺，未閱月丐歸，於天童最久。《天童寺志》卷五《隰州僧哲魁》

魁性孤硬，潛迹宏智座下，不言同鄉。經十餘載，智聞，欣然訪曰：『父母之邦，何太絶物乎？』欲招至方丈，魁謝曰：『己事尚未辦，豈暇講鄉禮耶？』曳杖而去，人莫能挽。竟往寶陀真歇故居，禪晏月餘。臨終，召衆説法而逝，闍維，舍利無數。《山庵雜録》評曰：『善知識慈心接物，固應如是。此僧孤硬無匹，超然於生死中，亦可風也。』

一〇七　歐陽文忠公[一]

歐陽文忠公游嵩山，放意而往，至一古寺，風物蕭然。有老僧閱經自若。公與語，不甚顧。公問曰：『古之高僧，臨死生之際，類皆談笑脱去，何道致之？』僧曰：『定慧力。』公曰：『今寂寞無有，何哉？』僧曰：『古人念念在定，臨終那得散？今人念念在散，臨終安得定？』文忠嘆服之。《林間録》

【注釋】

[一] 歐陽修（一〇〇七—一〇七二），字永叔，號醉翁，又號六一居士，吉州人。天聖八年（一〇三〇）及进士第，充西京留守推官。景祐元年（一〇三四）召試學士院，任館閣校勘。歷知諫院，同修起居注，知制誥。後因支持慶曆新政，貶知滁州、揚州、潁州等地。至和初召回，歷遷參知政事。再因不附王安石新政，貶蔡州。熙寧四年致仕，次年卒，謚『文忠』。

【附録】

《林間録》

歐陽文忠公昔官洛中。一日，游嵩山，却去僕吏，放意而往。至一山寺，入門，修竹滿軒，霜清鳥啼，風物鮮明。文忠休於殿陛，旁有老僧閱經自若，與語，不甚顧答。文忠异之，曰：『道人住山久如？』對曰：『甚久也。』又問：『誦何經？』對曰：『《法華經》。』文忠曰：『古之高僧，臨生死之際，類皆談笑脱去，何道致之耶？』對曰：『定慧力耳。』又問：『今乃寂寥無有，何哉？』老僧笑曰：『古之人，念念在定慧，臨終安得亂？今之人，念念在散亂，臨終安得定？』文忠大驚，不自知膝之屈也。謝希深嘗作文記其事。

一〇八 馮濟川居士[一]

馮濟川居士《施藏經願文》，其略曰：『予之施經，一事而具二施，何故？以財贖經[二]，是謂財施；以經傳法，是謂法施。按佛所説，財施，後世當得天上人間福德之報，法施，當得世智辯聰蓋衆之報[三]。當知此二報，皆是輪回之因，苦報之本。我今發願，願回此二報，臨命終時，莊嚴往生極樂世界，蓮華爲胎，見佛聞法，悟無生忍，登不退階，入菩薩位，還來十方界内，五濁世中，普見其身而作佛事。以今日財法二施之因，如觀音大士具大慈悲，游戲五道[四]，隨類化形，説諸妙法，永離苦道，令得智慧，普與衆生，悉得成佛。乃予施經之願也。』《舍經碑》

【注釋】

[一] 馮濟川，即馮楫，見第五三『給事馮楫居士』條。

[二] 贖，高麗本作『續』，誤。贖經，即施錢財以抄写經文也。遵式《改祭修齋决疑頌》：『第八，疑自來殺生祭祀，所有罪業作何功德而得消滅耶？釋曰：但各書寫供養《金光明經》，迴此功德，與彼怨家，將來無對。如張居道殺生，忽被怨家取去冥關，許寫此經，怨家解脱，居道放還，但將所贖經文安家中供養，每日精勤，稱此經題名目及三寶名，自然家中眷屬安隱，財帛增多，一切天龍皆來護宅，一切灾横邪鬼悉不敢害。請至信此言，終不虚也。』

[三] 辯，底本作『辨』，據高麗本、寬文本、《卍續藏》本、《叢書》本改。衆，高麗本作『世』。

[四] 五道，即天、人、地獄、餓鬼、畜生也。因阿修羅道攝於諸道之中，故不言。

【附録】

《廬山蓮宗寶鑑》卷七《憑濟川施經發净土願文》

其略曰：予之施經，一事而具二施。何故？以財贖經，是謂財施；以經傳法，是謂法施。按佛所説，財施，後世當得天上人間福德之報，法施，當得世智辯聰蓋世之報。當知此二報者，皆是輪迴之因，苦報之本。我今發願，願回此二報，臨命終時，莊嚴往生西方極樂世界，蓮華爲胎，托質於中，見佛聞法，悟無生忍，登不退階，入菩薩位，還來十方界内，五濁世中，普見其身而作佛事。以今日財法二施之因，如觀世音菩薩具大慈悲，游歷五道，隨類化形，説諸妙法，開發未悟，永離苦道，令得智慧，普與衆生，悉得成佛。乃予施經之願也。

右出《捨經碑》。憑（馮）察院施經，不求人天路上富貴聰明，而以此功德悉回向净土，願見彌陀，可謂智識高明，深達佛理大乘人也。嗟！見蓮社人終日念佛而求後世福報，豈不謬哉！予願一切人同生净土，故舉憑（馮）察院施經發願文，與諸人作樣子。凡有修福念佛，乃至一毫之善，悉皆發願，回向西方，有所歸趣，臨終定生净土也。

一〇九　北峰印禪師[一]

北峰印法師戒睡曰：『佛法欲滅而調養幻身，然此臭身終爲灰土，苟因樹立以致死，不亦大丈夫？』又曰：『説得過人，不濟得事，須是行得過人。若自己分上一點用不著，雖記得千經萬論如阿難，亦何足貴？』又曰：『嘗與見識人論住持興顯寺門法，曰：「不出勤奉香火，常住潔白，將衆人爲事。」予深喜此説盡理。若無識人，論則污下趨俗[二]，失本色人體矣。』《自行録》[三]

【注釋】

[一] 北峰宗印（一一四九—一二一四），台宗僧，俗姓陳，鹽官人。十五具戒，謁竹庵可觀（一〇九二—一一八二），明教觀之旨，又隨圓悟演參禪。歷住延慶寺、正覺寺、上天竺寺、普光精舍、超果寺、圓通寺、北禪寺、靈山寺等。寧宗召對，賜『惠行法師』號。嘉定六年十二月初八入寂，世壽六十六，僧臘五十一。日僧俊芿入宋，曾依之習教觀。《釋門正統》卷七、《佛祖統紀》卷一六、《佛祖歷代通載》卷二一有傳。本條所載宗印三則言論，未見於他處，可據以考察其思想。日本學者大松博典所撰《北峰宗印の教学とその背景》和《北峰宗印の研究》，雖爲專門研究北峰宗印的文章，但尚未注意到本條所載之材料。

[二] 高麗本無『論』字。

[三] 未詳何書。考永明延壽亦有《自行録》，内容爲平日修行及起居所應做到的事項，可能宗印亦有類似的作品，然已佚。

【附録】

《佛祖統紀》卷一六

法師宗印，字元實，鹽官陳氏，號北峰。師慧力德隣，年十五具戒，首謁當湖竹庵，得教觀之旨。凡諸祖格言，必誦滿千遍。入南湖修長懺，周氏延以庵居，以租量非法，勸革之，歲減五百斛。往謁象田圓悟演，反質西來意，師答曰：『有屈無叫處。』演肯之。智者忌辰，夜炷香殿鑪，悲泣失聲。演感其意，以厚禮送歸南湖。嘗思寂光有相之義，聞空聲云：『寂光土體如水中月。』資教空虛堂（即虛堂本空也）延居座首。堂著《宗極論》，扶智涌『事理各立一性』之旨。師設九難，《宗極》爲之義負。通守蘇玭觀《不二門》，以文雖簡而昧其説。師撮示機要，玭即領會，白師（帥？）座，請居正覺。颶風飄蕩颶音具，沿海諸郡多狂風，謂具四方之風也。東坡有《颶風賦》，僅存藏殿。師守死不去，風爲之止。有請爲廟神授戒去血食者，先感夢往赴，他廟尸祝神語求易祭者十數祠。還主隱學，未久，玭亦召還，要師偕行，曰：『盍西還相與弘贊？』居東二十七年，至是復反浙右。貳上竺，講止觀，深砭學者支離名相之病，圍座挾策。主者以得士爲忌，去隱雷峰毛氏庵，問道者沓至。杜氏建普光一區，具禮迎之，禪講并行，法道益盛。適德藏來請，師曰：『肄業之地，思報久矣。』歷遷超果、圓通、北禪。道德之譽既行，土木之績亦就。海空英辭靈山，舉以自代，詔可之。學徒五百，咸服其道，宿弊舊習，爲之一革。寧宗素聞師名，召對便殿，問佛法大旨，語簡理明，上大敬説，錫賚甚渥，賜號慧行法師。嘉定六年，以砦觀室，行化吳中。至松江弟子行一庵，謂其徒曰：『吾化緣畢此。』即右脅安庠而化，時十二月八日也。藏龕於慈雲塔旁。師三衣準律，五辛剛制，道力純至，幽明俱感。格邪拯滯，除瘵息癘，一有祈叩，無不得愈。常謂講者須備三法，肅威儀以臨大衆，提大綱以盡文義，具宗眼以示境觀。備此三者，依俙駕説。所著《金剛新解》《釋彌勒偈》，簡示天親、羅什同异之意，考正此經諸本，即則之文，最爲有據。述教義百餘章，尤爲學者傳録。嗣法有聞者古雲元粹十餘人，日本傳教者俊芿一人，仕官儒生受道者三數人。獨佛光法照繼世盛大，有光祖父之道。

一一〇 資壽總禪師[一]

資壽總禪師，蘇氏，元祐間丞相孫女。年十五，懵不知禪之所謂，唯疑人之處世，生則不知來處，死則不知去相，於是斂念，忽有所省，自不以爲异，意其爲最靈者靡不如是，亦未嘗以語人。及勉從庭闈之命，歸西徐許壽源。無幾何而深厭世相，齋潔自如，且欲高蹈方外，抗志慕古，遂謁薦嚴圓禪師[二]。圓曰：『閨門淑質，何預大丈夫事邪？』總曰：『佛法分男女等相乎？』圓詰之曰：『如何是佛？』『即心是佛。』『汝作麽生？』總曰：『久響老師，猶作者個語話。』圓曰：『德山入門便棒聻。』[三]總曰：『老師若行此令，不虚受人天供養。』圓曰：『未在。』總以手拍香臺一下。圓曰：『有香臺，從汝拍，無則如何？』總便出。圓呼曰：『汝見甚麽道理便與麽？』[四]總回首曰：『了了見無一物。』圓曰：『者個是永嘉底。』總曰：『借他出氣，又何不可？』圓曰：『真師子兒。』時真歇禪師庵於宜興，師徑造焉。真歇端坐繩床，總才入門，真歇曰：『是凡是聖？』總曰：『頂門眼何在？』曰：『覿面相呈事若何？』總提起坐具。歇曰：『不問者個。』總曰：『蹉過了也。』歇便喝，總亦喝[五]。總於江浙諸名宿參扣殆遍[六]，從壽源守官嘉禾，唯未見妙喜爲念。適妙喜俱馮濟川舟御氏城，總聞之，往禮敬而已。妙喜謂濟川曰：『適來道人，却曾見神見鬼來，但未遇鑪鞴煅煉[七]，恰如萬斛舟在絶潢斷港中，未能轉動爾。』馮軒渠曰[八]：『談何容易邪？』妙喜曰：『他若回頭定須別。』翌日，壽源命喜説法，喜顧衆曰：『今此間却有個有見處人[九]。山僧驗人如掌關吏，才見其來，便知有無税物。』及下坐，總遂求道號，喜以『無著』名之。明年，聞徑山法席盛，即往度夏。一夕宴坐，忽有契悟，頌曰：『驀然撞著鼻頭，伎倆冰消瓦解。達磨何必西來，二祖枉施三拜。更問如何若何，一隊草賊大敗。』喜復之曰：『汝既悟活祖師意，一刀兩斷直下了[一〇]。臨機一一任天真，世出世間無剩少。我作此偈爲證明，四聖六凡盡驚擾。休驚擾，碧眼胡兒猶未曉。』總因入室，喜問曰：『適來者僧祇對〔一一〕，汝且道老僧何故不肯他？』曰：『爭怪得妙總。』喜舉竹篦云：『汝喚者個作甚麽？』總曰：『蒼天，蒼天。』喜便打。總曰：『和尚他後錯打人去在。』喜曰：『打得著便休，管甚錯不錯。』總曰：『專爲流通。』總一日禮辭旋里，喜曰：『汝下山去，有人問此間法道，如何祇對？』總曰：『未到徑山，不妨疑著。』喜曰：『到後如何？』總曰：『依舊孟春猶寒。』喜曰：『恁麽祇對，豈不鈍置徑山？』〔一二〕總掩耳而出。由是一衆歆艷，無著之名大著於世。晦藏既久，遂服方袍。師年德雖重，持律甚嚴，苦節自礪，有前輩典刑。太守張安國以師道望〔一三〕，命出世資壽。未幾求謝事，歸老家墅焉。《投機傳》〔一四〕

【注釋】

〔一〕資壽妙總（一〇九五—一一七〇），號無著，蘇頌（一〇二〇—一一〇一）之孫女，大慧宗杲禪師法嗣，開法於松江資壽寺。《嘉泰普燈録》卷一八、《佛祖歷代通載》卷二〇、《續傳燈録》卷三二有傳。

〔二〕可能指圓照宗本的弟子圓澄岩，《佛祖歷代通載》卷二〇：『時惠嚴圓公嗣圓照，佚居普門，乃扣以出世間法，機感相契。』然宗本弟子中無惠嚴圓而有圓澄岩，亦駐錫於資壽寺，故疑爲此人。

〔三〕聻，音 nǐ，語氣詞，相當於『呢』。見第五三『給事馮居士』條注四。

〔四〕與，高麗本作『伊』。

〔五〕高麗本脱『總亦喝』三字。

〔六〕浙，《卍續藏》本作『淅』，誤。

〔七〕煆煉，《叢書》本作『鍛鍊』，同。鑪鞴，指熔爐。

〔八〕軒渠，歡笑貌。《佛祖歷代通載》卷一九《雲居佛印了元禪師》：『元符元年正月初四日，聽客語有會其心者，軒渠一笑而化。」

［九］高麗本『個』後無『有』字。

［一〇］斷，高麗本作『叚』，爲『段』之俗體。

［一一］祇對，當作『祗對』，回答應對之意，下同。

［一二］鈍置，禪林習語，意謂折磨或妨害，《大慧普覺禪師語録》卷二六：『山僧見渠如此，所以更不曾與之説一字，恐鈍置他。』

［一三］張孝祥（一一三二—一一七〇），字安國，號于湖居士，歷陽烏江人。紹興二十四年（一一五四）狀元及第，授秘書省正字，遷起居舍人，權中書舍人。歷知撫州、平江府、静江府、潭州、荆南府等，乾道五年卒。孝祥工詩詞，有《于湖集》傳世。《宋史》卷三八九有傳。

［一四］曉瑩爲妙總所作傳記。據《雲卧紀譚》卷下《雲卧庵主書》：『愚向雖謬用其心，以所聞所見綴成大慧《正續傳》、無垢《聞道傳》、無著《投機傳》，庶幾於後文章宗工如孫尚書仲益作《圓悟傳》、秀紫芝作《歐陽文忠公傳》，而不至如舟峰作《死心傳》之疏脱耳。』按，妙總與曉瑩頗有往還，嘗爲其《羅湖野録》撰跋語，今存。

【附録】

《大慧普覺禪師語録》卷二二《示永寧郡夫人鄭兩府宅》節録

老僧頃年初住此山，常州許宅有個無著道人，法名妙總，三十歲便打硬（破）修行，遍見諸方尊宿，皆蒙印可。然渠真實畏生死苦故，要真實理會本命元辰下落去處，特來山中度夏。時同夏者一千七百衲子，馮濟川少卿亦在此山不動軒隨衆。一日，因老僧升座，舉：

藥山和尚初參石頭，問石頭云：『三乘十二分教，某甲粗亦研窮。曾聞南方有直指人心見性成佛，實未明了。乞師指示。』石頭云：『恁麼也不得，不恁麼也不得，恁麼不恁麼總不得。』藥山不契。石頭云：『爾往江西問取馬大師去。』藥山依教到馬大師處，如前問，馬大師曰：『有時教伊揚眉瞬目，有時不教伊揚眉瞬目，有時教伊揚眉瞬目者是，有時教伊揚眉瞬目者不是。』藥山於言下大悟，更無伎倆可呈，但低頭禮拜而已。馬大師曰：『子見個甚麽道理便禮拜？』山曰：『某在石頭和尚處，如蚊子上鐵牛相似。』馬大師然之。

是時升座，纔再提撕，無著於言下忽然省悟，下座後亦不來通消息。時馮濟川隨老僧後上方丈云：『某甲理會得。』老僧問伊：『居士如何？』濟川云：『恁麽也不得，蘇嚧娑婆訶，不恁麽也不得，唎哩娑婆訶，恁麽不恁麽總不得，蘇嚧唎哩娑婆訶。』老僧亦不向他道是，亦不向他道不是，却以濟川語舉似無著，無著云：『曾見郭象注《莊子》，識者云：「却是莊子注郭象。」』老僧見他語异，亦不問他，却舉岩頭婆子話問之。無著遂作一偈云：一葉扁舟泛渺茫，呈橈舞棹別宫商。雲山海月俱抛棄，赢得莊周蝶夢長。老僧亦休去。後一年，濟川疑他不實，得得自平江招無著到他船中，問：『婆生七子，六個不遇知音，只這一個也不消得，便棄在江中。老師言道人理會得，且如何會？』無著云：『已上供通，并是詣實。』濟川大驚。又嘗到室中，老僧問他：『古人不出方丈，爲甚麽却去莊上吃油糍？』無著云：『和尚放妙總過，妙總方敢通消息。』老僧向伊道：『我放爾過，爾試道看。』無著云：『妙總亦放和尚過。』老僧云：『争奈油糍何？』無著喝一喝，便出去。是時，一衆皆聞渠如此祗對，看他纔得一滴水，便解興波作浪。蓋渠脱離世緣，早信得這一著子，及雖嘗被邪師印破面門，却能退步，知非决定，以悟爲則，故纔見善知識提撕，便於言下千了百當。

《大慧普覺禪師語録》卷二四《示妙總禪人》

古聖云：道不假修，但莫污染。山僧道：説心説性是污染，説玄説妙是污染，坐禪習定是污染，著意思惟是污染，只今恁麽形紙筆，是特地污染。降此之外，畢竟如何是著實得力處？金剛寶劍當頭截，莫管人間是與非。總禪但恁麽參。

一一一　道曇法師[一]

道曇法師，常州人，於禪定中得慈忍三昧。有猿鳥常供花果，乃爲受戒説法而去。至夜，施鬼神食時祝之曰：『食吾食，受吾法，同爲法侶。』年九十餘而四方師事，受法者皆新學少年。師凡閲經，炷香九禮，趺坐良久，然後開帙。常訓諸徒曰：『夫窺聖教，意在明宗。若不端己虚心，争到如來境界？誠匪小緣，莫生容易。』《孫仲益碑》[二]

【注釋】

[一] 未詳何人，從『法師』的稱謂及『慈忍三昧』推測，可能爲台宗僧。本條所載不見於他書，唯《禪林象器箋》卷一〇徵引。

[二] 孫覿（一〇八一——一一六九），字仲益，號鴻慶居士，常州晋陵人。大觀三年（一一〇九）進士及第，政和四年（一一一四）中詞科，歷任國子司業、侍御史、翰林學士等，曾知平江府、温州、臨安府。孫覿阿附權貴，爲時人所鄙，然長於詩文，尤工四六，有《鴻慶居士集》傳世。行迹具見周必大《鴻慶居士集序》。此碑可能爲孫覿所撰道曇之塔銘，惜已無考。

一一二　郭道人[一]

郭道人，世爲鐵工，常參景德忠禪師。忠曰：『汝但去其所重，扣己而參，無有不辦。』[二]忠一日上堂，舉『善惡如浮雲，起滅俱無處』，郭於言下忽然心開，自是出語异常。及卒，別親故，趺坐説偈曰：『六十三年打鐵，日夜扇澎不歇[三]。今朝放下鐵鎚，紅爐變成白雪。』《類説》[四]

【注釋】

［一］本條中的『郭道人』及『景德忠禪師』皆未詳何人，亦不見於他書。

［二］辨，《叢書》本作『辨』。

［三］澎，他本皆作『掽』，當日，意爲敲。

［四］可能指《釋氏類説》，見第一三『孫思邈』條注五。

一一三　伊庵權禪師［一］

伊庵權禪師，臨安昌化祁氏子。幼莊重，嶷然如成人，十四得度，通内外學。依無庵全禪師，用工甚鋭，至晚必垂淚曰：『今日又只麽空過，未知來日工夫如何？』師在衆不與人交一詞，毅然自處，人莫能親疏之。嘗夜坐達旦，行粥者至，忘展鉢，隣人以手觸之，師感悟，爲偈曰：『黑漆昆侖把釣竿，古帆高挂下驚湍。蘆花影裏弄明月，引得盲龜上釣船。』無庵喜以爲類己。乾道間，出應萬年［二］，宿學老師見其威儀，聽其舉揚，皆拱手心醉，内外萬指井井然，如入官府。師所至行道，與衆同其勞，尚書尤公袤曰：『住持者安坐演法，何至躬頭陁行邪？』［三］師曰：『不然，末法比丘增上驕慢，未得謂得，便欲自恣。我以身帥，尚恐不從，況敢自逸乎？』近世言禪林標準者，必以師爲稱首也。《行狀》［四］

【注釋】

［一］伊庵有權（?—一一八〇），臨濟宗楊岐派僧。年十四得度，首參佛智端裕（一〇八五—一一五〇）於靈隱，又嗣無庵法全（一一一四—一一六九）。出世於天台萬年，移席常州華藏寺，淳熙七年（一一八〇）示寂。傳見《五燈會元》卷

二〇、《叢林盛事》卷下、《明高僧傳》卷七等。

［二］即萬年報恩光孝寺，《赤城志》卷二八：『萬年報恩光孝寺。在縣西北五十里，唐太和七年僧普岸建舊經云隋大業二年建。初晋興寧中，僧曇猷憩此，四顧八峰回抱，雙澗合流八峰謂明月、娑羅、香爐、大舍、銅魚、藏像、煙霞、應澤，以爲真福田也，遂經始焉。會昌中廢，大中六年，號鎮國平田。梁龍德中改福田。國朝雍熙二年改壽昌，建中靖國初火，崇寧三年重建，號天寧萬年，紹興九年改報恩廣孝，後改廣孝爲光孝。先是，太平、天禧中，累賜袾衣寶盖及御袍履諸珍玩甚衆，故有親到堂以仁宗賜衣時口宣「有如朕親到」之語，故名、妙蓮閣、覽衆亭。淳熙十四年，日本國僧榮西建三門、西廡，仍開大池。香積有釜，極深廣，世傳闍提首那尊者所鑄。東南十里有嶺曰羅漢，巨杉偃蹇，絜之大百圍，凡供五百大士，必於是邀請云。』

［三］尤袤（一一二七—一一九四），字延之，號遂初居士，又號梁溪居士，常州無錫人。紹興十八年（一一四八）及進士第，官泰興令、江陰教授，歷遷著作郎。後知台州、隆興府、婺州等，擢禮部尚書，致仕。袤工詩，好藏書，有《梁溪遺稿》《遂初堂書目》存世。《宋史》卷三八九有傳。尤袤傾心釋教，曾向歸宗禪師咨請禪法。

［四］未詳何人所撰，現存有權之史事多本之，然僅此條注明出處。

【附録】

《五燈會元》卷二〇《常州華藏伊庵有權禪師》

臨安昌化祁氏子。年十四得度，十八歲禮佛智裕禪師於靈隱。時無庵爲第一座，室中以『從無住本建一切法』問之，師久而有省，答曰：『暗裏穿針，耳中出氣。』庵可之，遂密付心印。嘗夜坐達旦，行粥者至，忘展鉢，鄰僧以手觸之，師感悟，爲偈曰：黑漆昆侖把釣竿，古帆高挂下驚湍。蘆華影裏弄明月，引得盲龜上釣船。佛智嘗問：『心包太虛，量廓沙界時如何？』師曰：『大海不宿死屍。』智撫其座曰：『此子他日當據此座，呵佛罵祖去在。』師自是埋藏頭角，益自韜晦。游歷湖湘江浙幾十年，依應庵於歸宗，參大慧於徑山。無庵住道場，招師分座説法，於是聲名隱然。住後上堂：今朝結却布袋口，明眼衲僧莫亂走。心行滅處解翻身，噴嚏也成師子吼。栴檀林，任馳驟，剔起眉毛頂上生，剜肉成瘡露家醜。上堂：

禪禪，無黨無遍，迷時千里隔，悟在口皮邊。所以僧問石霜：『如何是禪？』霜云：『甎甑。』又僧問睦州：『如何是禪？』州云：『猛火著油煎。』又僧問首山：『如何是禪？』山云：『猢猻上樹尾連顛。』大衆，道無横徑，立處孤危。此三大老，行聲前活路，用劫外靈機，若以衲僧正眼檢點將來，不無優劣。一人如張良入陣，一人如項羽用兵，一人如孔明料敵。若人辨白得，可與佛祖齊肩。雖然如是，忽有個衲僧出來道：『長老話作兩橛也，適來道「道無横徑，無黨無遍」，而今又却分許多優劣，且作麼生祇（祗）對？還委悉麼？把手上山齊著力，咽喉出氣自家知。淳熙庚子秋，示微疾，留偈趺坐而逝。茶毗，齒舌不壞，獲五色舍利無數。瘞於横山之塔，分骨歸葬萬年山寺。

《赤城志》卷二八

丁可《福田莊記》：耕而食，生民所以爲養。浮圖氏作，乃衣食於持鉢，其説行，其與多，斯民以耳目爲信向，龜手蠒足，榾榾朝夕，輟口腹歡喜以爲養，釋氏安焉，於是議者始以不耕少釋氏。

伊庵權師来天台主萬年，方外禪衲雲闐霧合，師謂其徒了性曰：『来者多食指，奈何？吾觀大舍之陽，羅漢之麓，淖泥之坻，去寺數里，兩山陰陰，雪棘風林，夾徑深深，老木千尋，伏虺匿蝮，行邁寒心，汝其屏除叢灌，穰剔芃樸，高可以藝，下可以植。大舍之左，平田之東，洩□（瀑）之上，去寺一舍，四山低回，不險既夷，土膏水深，原田每每，管茅苯蓴，風雨叢滋，汝其薙蘙薈，刈蓊欝，可以經理溝塍，井畫疆埸。』於是巨室豪舉（家？）具以爲宜，接軫踵轂，委貲散金，迤邐風靡，贊喜無數。性曰：『原隰奥區，無有垠堮，施者有限，疲人力於一役，如其憊。』乃訪故老，尋廢址，築莊於洩上福田，田爲屋一區，堂廡庫庾，兩序具備，存施錢千緡，爲母以倡子，歲取贏焉。因農隙廣壟畝，其本不摇而力有餘。地歲寖久，且將彫鏤谽谺，盡爲阡陌，高下封畛，棋分綺錯，利可既哉。性以其説求記於可，且曰：『萬年舊得額曰福田，今以名莊，示反本也。鑱施者姓氏於碑陰，示不忘本也。』可曰：『吾固不肯夫總總之不耕，汝知本哉！』三嘆而爲之記。

一一四　東山淵禪師[一]

東山淵禪師，業履端潔，聞於叢林。自東山遷至五峰[二]，見火箸與東山所用者無异，遂詰其奴曰：『莫是東山方丈物乎？』奴曰：『然。彼此常住無利害，故將至之。』淵誡之曰：『汝輩無知，安識因果有互用之罪？』[三]急令送還。《怡雲録》[四]

【注釋】

[一] 未詳何人，亦不見於他書。

[二]『東山』與『五峰』未詳何地，但從送還火箸的情節來看，二者應相距不遠，據《延祐四明志》卷一七『鄞縣寺院』：『五峰山崇福寺，縣東五十里，舊號五峰院，晋天福六年建，宋大中祥符三年賜額。東山慧福寺，縣東南四十里，舊號福昌院。宋淳祐七年，鄭丞相請於朝，增田重建，爲功德寺，改賜今額。』不知是否即此。

[三] 互用之罪，指因濫用三寶物所犯之罪，此處指當分互用，即將甲寺之常住物用於乙寺。《行事鈔》卷二：『二明互用。又分四，一三寶互，二當分互，三像共寶互，四一一物互……二當分互用……《十誦》《勒伽》云：「持此四方僧物，盜心度與餘寺，吉羅，以還與僧，不犯重也。」』

[四] 見第三六『王日休居士』條注四。

一一五　別峰印禪師[一]

別峰印禪師住雪竇日，有小師訴頭首之過[二]。峰厲聲怒曰：『汝是我小師，包含上下則可，反來説人

過惡邪？置之左右，必敗吾事。』遂杖逐之。聞者嘆曰：『何其明也！』《少雲雜記》[三]

【注釋】

[一] 別峰寶印，見第六五『徑山主僧寶印』條。

[二] 小師，即弟子也。《禪林象器箋・稱呼門》：『忠曰：弟子曰小師。師蓋僧通稱，如師僧之師也。』頭首，即叢林西序之列職首領，包括首座、書記、藏主、知客、庫頭和浴主。

[三] 見第七九『昔有一尊宿』條注二。

【附録】

《百丈清規證義記》卷六

以上侍寮共八執（注者按，即祖侍、燒香、記録、衣鉢、湯藥、請客、侍者、聖僧侍者也），常與住持親近，又邇時多以青年者充之，故應遵守規範，不得在住持前訟人之短，不得在同寮中戲笑，不得懈怠偷安。此三事，尤當謹戒。

一一六　丹霞淳禪師[一]

淳禪師，劍州人，出世丹霞。宏智爲侍者，在寮中與僧徵詰公案，宏智不覺大笑，適丹霞過門。至夜參，問云：『汝早來大笑何謂？』答曰：『因詰僧話，渠答太粗生，所以發笑。』淳曰：『是即是，汝笑者一聲，失了多少好事，不見道「暫時不在，如同死人」？』[二]宏智敬拜服膺。後雖在暗室，未嘗敢忽。《雪窗記》

【注釋】

[一] 丹霞子淳（一〇六六—一一一九），曹洞宗僧，俗姓賈，劍州梓潼人。年二十七具戒，依道凝上人習教乘，後參芙蓉道楷（一〇四三—一一一八），嗣其法。歷住南陽丹霞山、唐州大乘山、隨州大洪山等，宣和元年卒於保壽寺，壽五十四。弟子宏智正覺、真歇清了等皆各化一方。《嘉泰普燈録》卷五、《補續高僧傳》卷九有傳。

[二] 『暫時不在，如同死人』，禪林習語，意謂修道須持之以恒，不可絲毫間斷，否則鬆懈的一剎那便如同死人一般。

一一七　成都昭覺祖首坐[一]

成都昭覺祖首坐[二]，久參圓悟。因入室問『即心是佛』，從此有省，圓悟命分坐。一日爲衆入室，問禪者曰：『生死到來，如何迴避？』僧無對。祖擲下拂子，奄然而逝。衆皆愕眙[三]，亟以聞悟。悟至，呼曰：『祖首坐。』祖復開目，悟曰：『抖擻精神透關去。』祖復點頭，竟爾長寢。東林顔卍庵記其事[四]。

【注釋】

[一] 底本目録作『成都照覺祖首坐』，據正文改。祖首坐，據《瞎堂慧遠禪師廣録》卷二及《釋氏稽古略》卷四，其名爲道祖，《南宋元明禪林僧寶傳》卷二有其略傳，見附録。

[二] 坐，高麗本作『座』，下同。

[三] 愕眙，音è chì，驚視也，《嘉泰普燈録》卷一二《廬山萬杉壽隆禪師》：『自繼兄堅禪師之席，學者四至。一夕，小參叙語畢，復曰：「不免舉個公案辭别大衆。」良久，曰：「青山無限好，猶道不如歸。」聲輟而卒。衆愕眙。』

[四] 卍，寬文本、《卍續藏》本、《叢書》本作『屯』，誤。東林顔卍庵，即東林道顔（一〇九四—一一六四），潼川人，俗姓鮮于，號卍庵，大慧宗杲法嗣，亦曾參圓悟克勤。歷住卞山薦福、徙撫州報恩、江州東林，隆興二年示寂於昭覺，壽七

十一，臘五十四。《嘉泰普燈録》卷一八、《明高僧傳》卷六有傳。

【附録】

《嘉泰普燈録》卷一五《成都府昭覺道祖首座》

初見圓悟，於『即心是佛』語下發明。久之，悟命分座。一日，爲衆入室，餘二十許人，祖忽問曰：『生死到來，如何迴避？』衆無對。祖擲下拂子，奄然而逝。衆皆愕眙，亟以聞悟。悟至，召曰：『祖首座。』祖張目眎之。悟曰：『抖擻精神透關去。』祖點頭，竟爾趨寂。

《瞎堂慧遠禪師廣録》卷二

上曰：『古來宗師，坐脱立亡，今世有否。』師奏云：『行化坐脱者衆。』上曰：『今世有誰？』師奏云：『……又圓悟住昭覺時，會中有五百衆，有道祖者，舉第一座。一日爲衆入室未罷，尚餘二十七人，立於門側，祖忽發問云：「生死到來，如何迴避？」擲下拂子，屹然而往。衆皆驚异。圓悟得知，疾至其室，約退餘僧，唤云：「祖首座，祖首座。」祖遂舉頭，開眼視悟。悟云：「抖擻精神透關去。」祖點頭便行。』

《南宋元明禪林僧寶傳》卷二《祖、奇二首座》

道祖首座者，成都人也。緇裘敝履，健於游。操鄉音見圓悟，衆笑之。然悟愛其品堪任大法，乃以『即心是佛』話上下鞭策之。祖忽開悟，於是出語驚人，人莫測也。一日圓悟白衆，以祖爲堂中第一座。衆竊議曰：『老漢大有鄉情在。』祖輒爲衆入室，騁其石光電閃之機。素稱强項魁杰者，皆爲失色。尚餘二十許人，祖驀擊案問曰：『生死到來，如何迴避？』左右無對。祖擲下拂子，奄然脱去。衆大驚，亟聞圓悟。悟至，召曰：『祖首座。』祖張目視之。悟曰：『抖擻精神。』祖點首，竟長往矣。

一一八　韓退之[一]

韓退之曰：『且愈不助釋氏而排之者，其亦有説。』[二]至於歐陽永叔曰：『佛法爲中國患千餘歲，世之卓然不惑而有力者，莫不欲去之。已嘗去矣而復大集，攻之暫破而愈堅，撲之未滅而愈熾，遂至於無可奈何。』[三]二皆欲壯其儒道，雖排之破之，實激揚吾釋氏之道，何害之有？《公論》

【注釋】

[一] 韓愈（七六八—八二四），字退之，河南河陽人，唐宋八大家之首。因自謂郡望昌黎，故世稱『韓昌黎』。貞元八年（七九二）進士，任節度推官，累遷監察御史、中書舍人等職。因諫迎佛骨被貶至潮州，後召爲吏部侍郎。長慶四年病逝，年五十七。

[二] 語出韓愈《與孟尚書書》。孟尚書，即孟簡（？—八二三），字幾道，頗嗜釋教，曾任工部尚書。此文作於元和十五年（八二〇），是年一月，韓愈由潮州抵達袁州，任刺史，九月，召拜國子祭酒。因韓愈在潮州時曾與僧大顛往還，故時人傳言愈已皈佛，友人孟簡致信探詢，愈作是書以答覆。

[三] 語出歐陽修《本論》上。

【附録】

《叢林公論》

歐陽《本論》云：『佛法爲中國患千餘歲，世之卓然不惑而有力者莫不欲去之。已嘗去矣而復大集，攻之暫破而愈堅，撲之未滅而愈熾，遂至於無可奈何。』公論曰：『嗚呼！壽世間者不容於僞，果其僞，不敗於今，即敗於後日。佛法之於中國非一日矣，既攻之暫破而愈堅，撲之未滅而愈熾，知其無可奈何，豈不反思之必僞而然也邪？蒙又思之，凡觀言論，當達其意，無以事求。孟子曰：「以意逆志，是爲得之矣。」歐陽所論，非排佛者也，欲壯其儒道也，曰禮義者，勝佛之本也。』韓退之曰：『且愈不助釋氏而排之者，其亦有說。』此亦傷儒道浸衰之意也。退之，大儒也，永叔，亦大儒也，排之破之，實激揚吾釋氏之道，豈曰小補哉！

一一九　舒王問佛慧[一]

舒王問佛慧泉禪師曰：『禪家所謂世尊拈花，出自何典？』[二]泉云：『藏經所不載。』王云：『頃在翰苑，偶見《大梵王問佛決疑經》三卷[三]，因閲之，經中所載甚詳：梵王至靈山會上，以金色波羅花獻佛[四]，捨身爲床坐[五]，請佛爲群生説法。世尊登坐，拈花示衆，人天百萬，悉皆罔措，獨迦葉破顔微笑。世尊云：「吾有正法眼藏，涅槃妙心，分付摩訶迦葉。」』泉嘆其博究。《梅溪集》

【注釋】

[一]底本目録作『舒王問佛惠』，據正文改。舒王，即王安石（一〇二一—一〇八六），字介甫，號半山，臨川人。慶歷二年（一〇四二）登進士第，簽書淮南判官，累官至知制誥。神宗即位，召爲翰林學士，拜參知政事，主持變法。因新法觸動多方利益，數經黜陟，晚年退居江寧。元祐元年卒，年六十六。崇寧三年（一一〇四），追封爲舒王。佛慧法泉，見第五四『趙清獻公』條注二。

[二]花，《叢書》本作『華』。

[三]《大梵王問佛決疑經》，一名《大梵天王問佛決疑經》，內容爲佛於靈山，拈花微笑，付囑大迦葉禪法。此經未見於經録，在中土亦早已亡佚，後於日本發現，收於《卍續藏》。現代學者一般認定其爲僞經，可參考忽滑谷快天《論〈大梵天

王問佛決疑經〉》一文。

[四] 花，《叢書》本作『華』。

[五] 坐，高麗本作『座』，下同。

【附録】

《大梵天王問佛決疑經》卷上

爾時世尊即拈奉獻□色婆羅華，瞬目揚眉，示諸大衆。是時大衆，默然毋措，□□有迦葉□□破顔微笑。世尊言：『有我正法眼藏，涅槃妙心，即付囑於汝。汝能護持，相續不斷。』時迦葉奉佛敕，頂禮佛足退。

一二〇 秦國夫人[一]

秦國夫人計氏法真，因寡處，屏去紛華，蔬食弊衣，習有爲法[二]，於禪宗未有趨嚮。因徑山大慧遣謙禪者致問其子魏公浚公[三]，留謙以祖道誘其母。真一日問謙曰：『徑山和尚尋常如何爲人？』謙曰：『和尚只教人看狗子無佛性，只是不得下語，不得思量卜度，只舉狗子還有佛性也無，州云無。只恁麼教人看。』真遂諦信，以狗子話晝夜參究，坐至中夜，俄有契，連作數偈呈於大慧，其後云：『終日看經文，如逢舊識人。莫言頻有礙，一舉一回新。』[四]《語録》[五]

【注釋】

[一] 底本目録作『秦國夫人开』，『开』當爲衍字，據正文删去。計氏，邛州人，魏國公張浚（一〇九七—一一六四）

之母，大慧宗杲法嗣。《嘉泰普燈録》卷一八、《續傳燈録》卷三二有傳。

[二]有爲法，本意爲因緣和合所生起的一切事物，此處當指持齋、念誦、禮佛、看經等修行方式，如《大慧普覺禪師語録》卷一四謙禪者對許氏的教誡：『每常愛看經禮佛，謙云：「和尚尋常道：要辦此事，須是輟去看經禮佛誦咒之類，且息心參究，莫使工夫間斷。若一向執著看經禮佛，希求功德，便是障道。」』

[三]慧，高麗本作『惠』。謙禪者，即密庵道謙，大慧宗杲法嗣，本籍建寧府。初謁克勤，後隨侍宗杲，得其法，住席於開善寺。《嘉泰普燈録》卷一八、《續傳燈録》卷三二有傳。張浚，字德遠，綿竹人。政和八年（一一一八）及進士第，歷任樞密院編修、侍御史、知樞密院事等。因主戰，爲秦檜所忌，被貶幾二十年。紹興三十一年（一一六一）年，金兵南侵，起爲觀文殿大學士，判潭州。隆興元年（一一六三），除江淮東西路宣撫使，封魏國公。次年卒，壽六十八。傳見《宋史》卷三六一。

[四]此偈實亦本於謙禪者對許氏之教誡：『候一念相應了，依舊看經禮佛，乃至一香一華，一瞻一禮，種種作用，皆無虛棄，盡是佛之妙用，亦是把本修行，但相聽信，決不相誤。』

[五]即《大慧普覺禪師語録》，本條改編自是書卷一四『秦國太夫人請普説』部分，見附録。

【附録】

《大慧普覺禪師語録》卷一四

這婆子平生行履處，川僧無有不知者，唯魯子僧未知。今日因齋慶，贊舉似大衆。見説這婆子三十左右歲時，先太師捐館，徽猷與相公尚幼，卓卓立身，凜然有不可犯之色，東隣西舍，望風知畏。極方教二子讀書，處事極有家法，尋常徽猷與相公左右侍奉，不教坐亦不敢坐，其嚴毅如此。相公常説：『今日做官，皆是老母平昔教育所致。所得俸資，除逐日家常菜飯外，老母盡將布施齋僧，用祝吾君之壽。常有無功受禄之慊。』聞先師歸蜀，受渠供養不少，只是未知參禪。徽猷與相公，却於先師處各有發明。向謙禪在他家，徽猷與相公親向謙道：『老母修行四十年，只欠這一著。公久侍徑山和尚，多所聞見，且留公早晚相伴説話，蓋某兄弟子母分上難爲開口。』見説每日與謙相聚，只一味激揚此事。一日問謙：『徑山和尚尋常如何爲人？』謙云：『和尚只教人看狗子無佛性話，竹篦子話，只是不得下語，不得思量，不得向舉起處會，不得去開口處承當。狗子還有佛性也無？無。只恁麽教人看。』渠遂諦信，日夜體究。每常愛看經禮佛，謙云：『和尚尋常道：要辦此事，須是輟去看經禮佛誦咒之類，且息心參究，莫使工夫間斷。若一向執著看經禮佛，希求功德，便是障道。候一念相應了，依舊看經禮佛，乃至一香一華，一瞻一禮，種種作用，皆無虚棄，盡是佛之妙用，亦是把本修行，但相聽信，决不相誤。』渠聞謙言，便一時放下，專專只是坐禪，看狗子無佛性話。聞去冬忽一夜，睡中驚覺，乘興起來，坐禪舉話，驀然有個歡喜處。近日謙歸，秦國有親書并作數頌來呈山僧，其間一頌云：逐日看經文，如逢舊識人。勿言頻有礙，一舉一回新。山僧常常爲兄弟説，參得禪了，凡讀看經文字，如去自家屋裏行一遭相似，又如與舊時相識底人相見一般。今秦國此頌，乃暗合孫吴。爾看他是個女流，宛有丈夫之作，能了大丈夫之事。

一二一　二祖神光[一]

神光者，磁州人[二]，曠達之士也。居伊洛，博覽群書，善談玄理。每嘆曰：『孔老之教，禮術風規，經論之詮，未盡妙理。近聞達磨大士住止少林，至人不遥[三]，當造玄境。』光乃往彼，晨夕參承。大士唯端坐面墻，莫聞師誨。光自惟曰：『昔人求道，敲骨取髓，捨身求偈，古尚若此，我又何人？』其年十二月九日夜大雪，光立於庭中。遲明，積雪過膝。師憫而問曰：『汝立雪中，當求何事？』光悲淚曰：『惟願慈悲開甘露門，廣度群品。』師曰：『諸佛無上妙道，積劫勤求，難行能行，難忍能忍。汝豈以小德小智、輕心慢心欲覬真乘乎？』光聞師誨，潛取利刀，自斷左臂置於師前。師知是法器，乃曰：『諸佛最初求道，爲法忘軀。汝今斷臂吾前，求亦可在。』[四]因與易名曰『慧可』。光曰：『諸佛法印，可得聞乎？』師曰：『諸佛法印，匪從人得。』光曰：『我心未安，乞師安心。』師曰：『將心來，與汝安。』光曰：『覓心了不可得。』師曰：『與汝安心竟。』[五]光即契悟。《傳燈》[六]

【注釋】

[一] 即禪宗二祖慧可（四八七—五九三），俗姓姬，初名神光。幼依龍門寶静出家受具，精研玄理。後投菩提達摩座下，從學六年。又赴鄴都，演説《楞伽經》意，凡三十餘年。後爲辯和法師所謗，怡然化去。傳見《歷代法寶記》《續高僧傳》卷一六、《傳法正宗記》卷六、《景德傳燈録》卷三等。

[二] 諸書皆謂慧可爲虎牢（今河南滎陽市）人，死後葬於磁州滏陽（今河北邯鄲市磁縣）之東，當從。

[三] 遥，高麗本作『遠』。

[四] 關於慧可斷臂之事，《續高僧傳》記載爲遇賊被斫，同傳中另有林法師，亦遭賊斫臂，世號『無臂林』。

[五] 後慧可啓發僧璨，亦有類似機鋒，《傳法正宗記》卷六：『一日，俄有號居士者，年四十許，以疾狀趨其前，不稱姓名，謂尊者曰：「弟子久嬰業疾，欲師爲之懺罪，願從所請。」尊者曰：「將罪來，爲汝懺。」其人良久曰：「覓罪不可得。」曰：「我與汝懺罪竟，然汝宜依止乎佛法僧。」』

[六] 即《景德傳燈録》，是書卷三載慧可本傳，然本條乃節自菩提達磨傳。

【附録】

《景德傳燈録》卷三

第二十九祖慧可大師者，武牢人也，姓姬氏。父寂，未有子時，嘗自念言：『我家崇善，豈無令子？』禱之既久，一夕感异光照室，其母因而懷妊。及長，遂以照室之瑞，名之曰光。自幼志氣不群，博涉詩書，尤精玄理，而不事家産，好游山水。後覽佛書，超然自得，即抵洛陽龍門香山，依寶静禪師出家，受具於永穆寺。浮游講肆，遍學大小乘義。年三十二，却返香山，終日宴坐，又經八載。於寂默中倏見一神人，謂曰：『將欲受果，何滯此耶？大道匪遥，汝其南矣。』光知神助，因改名神光。翌日，覺頭痛如刺。其師欲治之，空中有聲曰：『此乃换骨，非常痛也。』光遂以見神事白於師。師視其頂骨，即如五峰秀出矣，乃曰：『汝相吉祥，當有所證。神令汝南者，斯則少林達磨大士，必汝之師也。』光受教造於少室，其得法傳衣事迹，達磨章具之矣。自少林託化西歸，大師繼闡玄風，博求法嗣。至北齊天平二年當作天保二年，乃辛未歲也。天平，東魏年號，二年，乙卯也，有一居士，年逾四十，不言名氏，聿來設禮而問師曰：『弟子身纏風恙，請和尚懺罪。』師曰：『將罪來，與汝懺。』居士良久云：『覓罪不可得。』師曰：『我與汝懺罪竟，宜依佛法僧住。』曰：『今見和尚，已知是僧，未審何名佛、法？』師曰：『是心是佛，是心是法，法佛無二，僧寶亦然。』曰：『今日始知罪性不在内，不在外，不在中間，如其心然，佛法無二也。』大師深器之，即爲剃髮，云：『是吾寶也，宜名僧璨。』其年三月十八日，於光福寺受具。自兹疾漸愈，執侍經二載，大師乃告曰：『菩提達磨舊本云達磨菩提遠自竺乾，以正法眼藏密付於吾。吾今授汝并達磨信衣，汝當守護，無令斷絶。聽吾偈曰：本來緣有地，因地種華生。本來無有種，華亦不曾生。』大師付衣法已，又曰：『汝受吾教，宜處深山，未可行化，當有國難。』璨曰：『師既預知，願垂示誨。』師曰：『非吾知也，斯乃達磨傳般若多羅懸記云「心中雖吉外頭凶」是也。吾校年代，正在於兹。當諦思前言，勿罹世難。然吾亦有宿累，今要酬之，善去善行，俟時傳付。』大師付囑已，即於鄴都隨宜説法，一音演暢，四衆歸依，如是積三十四載。遂韜光混迹，變易儀相，或入諸酒肆，或過於屠門，或習街談，或隨厮役。人問之曰：『師是道人，何故如是？』師曰：『我自調心，何關汝事？』又於筦城縣匡救寺三門下，談無上道，聽者林會。時有辯和法師者，於寺中講《涅槃經》，學徒聞師闡法，稍稍引去。辯和不勝其憤，興謗於邑宰翟仲侃。仲侃惑其邪説，加師以非法。師怡然委順，識真者謂之償債。時年一百七歲，即隋文帝開皇十三年癸丑歲三月十六日也。皓月供奉問長沙岑和尚：『古德云，了即業障本來空，未了應須償宿債，只如師子尊者二祖大師，爲什麽得償債去？』長沙云：『大德不識本來空。』彼云：『如何是本來空？』長沙云：『業障是。』又問：『如何是業障？』長沙云：『本來空是。』彼無語。長沙便示一偈云：假有元非有，假滅亦非無。涅槃償債義，一性更無殊。後葬於磁州滏陽縣東北七十里。唐德宗謚大祖禪師。自師之化，至皇宋景德元年甲辰，得四百一十三年當作一十二年。

一一二 永明壽禪師[一]

永明壽禪師，先丹陽人。父王氏，因縻兵寇[二]，歸吴越爲先鋒[三]，遂居錢塘。師生有异才，及周，父母有諍，人諫不從，輒於高榻奮身於地，二親驚懼，抱泣而息諍。長爲儒生，年三十四，往龍册寺出家受具。後苦行自礪，唯一食，朝供衆僧，夜習禪法。尋往台之天柱峰，九旬習定，有尺鷃巢於衣裓。暨謁韶國師，一見深器之，密授玄旨，仍謂師曰：『汝與元帥有緣[四]，他日大興佛事。』初住明之資聖，至建隆元年，忠懿王請居靈隱新寺，爲第一世。明年，請居永明道場，衆盈二千，皆頭陁上行。願爲僧者，師即奏王，與度牒剃染。因僧問：『如何是永明旨？』師示偈曰：『欲識永明旨，西湖一湖水。日出光明生，風來波浪起。』又僧問：『學人久在永明，爲甚不會永明家風？』師曰：『不會處會取。』僧云：『不會處如何會？』師曰：『牛胎生象子，碧海起紅塵。』開寶七年，謝事歸華頂峰，頌曰：『渴飲半掬水，飢餐一口松。胸中無一事，高卧白雲峰。』偶讀《華嚴》，至『若諸菩薩不發大願是菩薩魔事』，遂撰《大乘悲智願文》，代爲群迷日發一遍。在國清修懺，至中夜旋繞次，見普賢像前供養蓮華，忽然在手，從是一生散華供養，感觀音大士以甘露灌口，獲大辯才。著《宗鏡》一百卷，寂音曰：『切嘗深觀之，其出入馳騖於方等契經者六十本，參錯通貫此方异域聖賢之論者三百家，領略天台、賢首而深談唯識，率折三宗之异義[五]，而要歸於一源。故其横生疑難，則釣深賾遠；剖發幽翳，則揮掃遍邪。其文光明玲瓏，縱横放肆，所以開曉自心成佛之宗，而明告西來無傳之的意也。』禪師既寂，叢林多不知名。熙寧中，圓照禪師始出之，普告大衆曰：『昔菩薩晦無師智、自然智，而專用衆智。命諸宗講師自相攻難，獨持心宗之權衡以準平其義，使之折中，精妙之至，可以鏡心。』於是衲子争傳誦之。元祐間，寶覺禪師年臘雖高，猶手不釋卷，曰：『吾恨見此書晚矣！平生所未見之文，功力所不及之義，備聚其中。』因撮其要處，爲三卷，謂之《冥樞會要》，世盛傳焉[六]。後世無是二大老，叢林無所宗尚，舊學者日以慵墮，絶口不言，晚至者日以窒塞，游談無根而已，何從知其書講，味其義哉？脱有知之者，亦不以爲意，不過以謂祖師『教外別傳，不立文字』之法，豈當復刺首文字中耶？彼獨不思，達磨已前，馬鳴、龍樹亦祖師也，而造論則兼百本，契經之義，泛觀則借讀龍宮之書。後達磨而興者，觀音、大寂、百丈、黄檗[七]，亦祖師也，然皆三藏精微，該練諸宗，今其語具在，可取而觀之，何獨達磨之言乎？聖世逾遠，衆生根劣，趣慮褊短，道學苟簡。其所從事，欲安坐而成。譬如農夫墮於耕耘[八]，垂涎仰食，爲可笑也。師嘗願曰：『普願十方學士，一切後賢，道富身貧，情疏智密，闡揚佛祖心宗，開鑿人天眼目。』《實録》等[九]

【注釋】

[一] 永明延壽（九〇五—九七六），俗姓王，餘杭人，天台德韶（八九一—九七二）禪師法嗣。初爲華亭鎮將，後依龍册寺翠岩令參禪師出家，又參德韶國師，得其法。歷住雪竇、靈隱、永明，有《萬善同歸集》《宗鏡録》等傳世。《宋高僧傳》卷二八有傳。

[二] 寇，高麗本作『冠』，誤。

[三] 歸，高麗本作『皈』，下同。

[四] 帥，底本、寬文本、《卍續藏》本、《叢書》本作『師』，據高麗本改。元帥，即吴越國忠懿王錢弘俶（九二九—九八八）也，曾被宋太祖封爲天下兵馬大元帥，故有是稱。

[五] 高麗本無『之』字。

[六] 寶覺禪師，即晦堂祖心（一〇二五—一一〇〇）也，謚『寶覺禪師』，所撰《冥樞會要》三卷行世，臺灣『國家圖

書舘』藏南宋紹興十五年（一一四五）刊本，哈佛大學哈佛—燕京圖書舘藏有明刊本。

［七］觀音，即南岳懷讓，《宋高僧傳》卷九《唐南岳觀音臺懷讓傳》：『讓乃躋衡岳，止於觀音臺。時有僧玄至拘刑獄，舉念願讓師救護。讓早知而勉之，其僧脱難，云：「是救苦觀音。」得斯號也，亦由此焉。』大寂，即馬祖道一，謚『大寂禪師』。百丈，即百丈懷海。黄檗，即黄檗希運，謚『斷際禪師』。

［八］譬，高麗本作「比」。

［九］《實録》即《永明智覺禪師方丈實録》，一卷，元照重編，現藏中國國家圖書舘。本條内容的主體一是《實録》中關於延壽生平的部分，二是惠洪《石門文字禪》卷二五《題宗鏡録》一文。

【附録】

《石門文字禪》卷二五《題宗鏡録》

右《宗鏡録》一百卷，智覺禪師所撰。切嘗深觀之，其出人（入）馳騖於方等契經者六十本，參錯通貫此方异域聖賢之論者三百家，領略天台、賢首而深談唯識，率折三宗之异義，而要歸於一源，故其横生疑難，則鉤深賾遠，剖發幽翳，則揮掃徧邪，其文光明玲瓏，縱横放肆，所以開曉衆生自心成佛之宗，而明告西來無傳之的意也。

錢氏有國日，嘗居杭之永明寺，其道大振於吴越。此書初出，其傳甚遠，异國君長讀之，皆望風稱門弟子。學者航海而至，受法而去者，不可勝數。禪師既寂，書厄於講徒，叢林多不知其名。熙寧中，圓照禪師始出之，普告大衆曰：『昔菩薩晦無師智、自然智，而專用衆智，命諸宗講師自相攻難，獨持心宗之權衡以準平其義，使之折中，精妙之至，可以鏡心。』於是衲子争傳誦之。元祐間，寶覺禪師宴坐龍山，雖德臘俱高，猶手不釋卷，曰：『吾恨見此書之晚也，平生所未見之文，公力所不及之義，備聚其中。』因撮其要處，爲三卷，謂之《冥樞會要》，世盛傳焉。後世無是二大老，叢林無所宗尚，舊學者日以慵墮，絶口不言，晚至者日以窒塞，游談無根而已，何從知其書講，味其義哉！脱有知之者，亦不以爲意，不過以謂祖師『教外别傳，不立文字』之法，豈當復刺首文字中耶？彼獨不思達磨已前，馬鳴、龍樹亦祖師也，而造論則兼百本契經之義，泛觀則傳讀龍宫之書。後達磨而興者，觀音、大寂、百丈、斷際，亦祖師也，然皆三藏精入，該練諸宗，今其語具在，可取而觀之，何獨達磨之言乎？聖世逾遠，衆生相劣，趣慮褊短，道學苟簡，其所從事，欲安坐而成，譬如農夫隋（惰）於耰耘，垂涎仰食，爲可笑也。吾聞江發岷山，其盈濫觴，及其至楚，則萬物并流，非夫有本，益之者衆耳。有志於道者，常有取於此。吾徒灰冷世故，安樂雲山，明窗净几之間，横篆煙而熟讀之，則當見不可傳之妙，而省文字之中，蓋亦無非教外别傳之意也。

輯補

一　湖南雲蓋山智禪師[一]

《人天寶鑒》云：湖南雲蓋山智禪師夜坐丈室，忽聞焦灼氣、枷鎖聲。即而視之，乃有荷火枷者，火猶起滅不停，枷尾倚於門閫。智驚問曰：『汝爲誰？苦至斯極耶！』荷枷者對曰：『前住當山守顒也。不合互將檀越供僧物造僧堂，故受此苦。』[二]智曰：『作何方便可免？』顒曰：『望爲估直僧堂，填設僧供，可免爾。』智以己貲如其言爲償之。一夕夢顒謝曰：『賴師力獲免地獄苦，生人天中，三生後復得爲僧。』今門閫燒痕猶存。《敕修百丈清規》卷二、《增修教苑清規》卷一、《慈悲道場水懺法隨聞録》卷中、《六道集》卷四、《梵網菩薩戒經義疏發隱事義》

【注釋】

[一]《六道集》卷四謂本條『出《僧傳》并《人天寶鑒》』，然不詳『僧傳』所指爲何。《禪林備用清規》卷五亦載此事，但文字有較大出入，可能有其他來源，見附録。雲蓋山，康熙《長沙府志》卷七『善化縣』條下：『雲蓋山。縣西三十里，峰巒秀麗，望之如蓋，一名靈蓋。上有寺，有虎溪、蛇井、白雲關。宋折彦質詩云：昔年建立依蛇井，今日流通賴虎溪。』世稱雲蓋智禪師者有二人，一爲雲蓋守智（一〇二五—一一一五），劍州龍津陳氏。於建州開元寺受具，游歷叢林，於

黄龍慧南座下得法，出世道吾，遷雲蓋，居十年，後退居，政和五年卒。傳見《禪林僧寶傳》卷二五；二爲雲蓋智本（一〇三五—一一〇七），姓郭氏，筠州人。幼於本州慈雲院受具，游於雲居曉舜與開先善暹兩大老，後謁白雲守端（一〇二五—一〇七二），留十年，嗣其法。歷住龍門、廬山、南岳、道林、雲蓋、石霜、夾山等，大觀元年卒。《建中靖國續燈録》卷二〇、《補續高僧傳》卷一〇有傳。然本條所載内容無法確定孰是，故兩存之。

[二] 即互用之罪也，見第一一四『東山淵禪師』條注三。

【附録】

《禪林備用清規》卷五

或寄錢齋僧，住持須責付知事，盡數辦供俵嚫，勿移別用，當思因果歷然，豈無憂懼？昔湖南雲蓋寺智禪師夜坐方丈，見一僧項帶鐵枷，身纏猛火，倚門限告智曰：『守顒前住此山時，因將施主齋僧錢移起僧堂，受此苦報。望和尚慈悲，與厶甲齋增填還，庶免此罪。』遂從其請，後果得釋。楊岐祖師全身塔於兹山。

參考文獻

叢書

［日］高楠順次郎、渡邊海旭等編：《大正新修大藏經》（簡稱《大正藏》），東京：大正一切經刊行會，大正十三年（一九二四）至昭和九年（一九三四）。

［日］前田慧雲、中野達慧等編：《大日本續藏經》（簡稱《卍續藏》），京都：藏經書院，明治三十八年（一九〇五）至大正元年（一九一二）。

［日］河村孝照等編：《卍新纂大日本續藏經》（簡稱《卍新纂續藏經》），東京：國書刊行會，昭和五十年（一九七五）至平成元年（一九八九）。

［日］南條文雄、高楠順次郎等編：《大日本佛教全書》，東京：佛書刊行會，明治四十四年（一九一一）至大正十一年（一九二二）。

《正統道藏》，北京：文物出版社；上海：上海書店；天津：天津古籍出版社，一九八八。

《景印文淵閣四庫全書》（簡稱《四庫全書》），臺北：臺灣商務印書館，一九八六。

《宋元方志叢刊》，北京：中華書局，一九九〇。

基本文獻

（漢）司馬遷：《史記》，北京：中華書局，一九五九。
（漢）班固：《漢書》，北京：中華書局，一九六二。
（漢）許慎：《説文解字》，北京：中華書局，一九六三。
（東晉）法顯譯：《大般涅槃經》，《大正藏》，第一二册。
（後秦）鳩摩羅什譯：《妙法蓮華經》，《大正藏》，第九册。
（後秦）鳩摩羅什譯：《梵網經》，《大正藏》，第二四册。
（後秦）佛陀耶舍等譯：《四分律》，《大正藏》，第二二册。
（北凉）法衆譯：《大方等陀羅尼經》，《大正藏》，第二一册。
（劉宋）范曄：《後漢書》，北京：中華書局，一九六五。
（梁）沈約：《宋書》，北京：中華書局，一九七四。
（隋）慧遠：《大乘義章》，《大正藏》，第四四册。
（隋）灌頂集：《國清百録》，《大正藏》，第四六册。
（隋）智顗：《法華玄義》，《大正藏》，第三三册。
（唐）道宣：《關中創立戒壇圖經》，《大正藏》，第四五册。
（唐）道宣：《釋門歸敬儀》，《大正藏》，第四五册。
（唐）道宣：《行事鈔》，《大正藏》，第四〇册。

（唐）道宣：《净心誡觀法》，《大正藏》，第四五册。

（唐）道宣：《續高僧傳》，北京：中華書局，二〇一四。

（唐）房玄齡等：《晉書》，北京：中華書局，一九七四。

（唐）胡幽貞：《大方廣佛華嚴經感應傳》，《大正藏》，第五一册。

（唐）慧立等：《大唐大慈恩寺三藏法師傳》，《大正藏》，第五〇册。

（唐）慧琳：《一切經音義》，《大正藏》，第五四册。

（唐）慧然集：《鎮州臨濟慧照禪師語録》，《大正藏》，第四七册。

（唐）李吉甫：《元和郡縣志》，北京：中華書局，一九八三。

（唐）李林甫等撰，陳仲夫點校：《唐六典》，北京：中華書局，一九九二。

（唐）菩提流志譯：《文殊師利寶藏陀羅尼經》，《大正藏》，第二〇册。

（唐）徐徵君：《天台山記》，《大正藏》，第五一册。

（唐）義净：《南海寄歸内法傳》，《大正藏》，第五四册。

（唐）玄奘等著，季羡林等校注：《大唐西域記校注》，北京：中華書局，一九八五。

（五代）静禪師、筠禪師：《祖堂集》，上海：上海古籍出版社，二〇一一。

（五代）延壽著，于德隆點校：《永明延壽大師文集》，北京：九州出版社，二〇一三。

（後晉）劉昫等撰：《舊唐書》，北京：中華書局，一九七五。

（宋）寶曇：《橘洲文集》，日本元禄十一年（一六九八）織田重兵衛刻本。

（宋）曹勛：《松隱集》，《四庫全書》，第一一二九册。

（宋）陳耆卿：嘉定《赤城志》，《四庫全書》，第四八六册。

（宋）陳舜俞：《廬山記》，《大正藏》，第五一册。
（宋）陳振孫撰，徐小蠻等點校：《直齋書録解題》，上海：上海古籍出版社，一九八七。
（宋）處謙：《法華玄記十不二門顯妙》，《卍新纂續藏經》，第五六册。
（宋）道璨：《無文印》，宋咸淳九年（一二七三）刊本。
（宋）道誠：《釋氏要覽》，北京：中華書局，二〇一四。
（宋）道原：《景德傳燈録》，《大正藏》，第五一册。
（宋）德初等編：《真歇清了禪師語録》，《卍新纂續藏經》，第七一册。
（宋）洪邁：《夷堅志》，北京：中華書局，一九八一。
（宋）懷顯：《律宗新學名句》，《卍新纂續藏經》，第五九册。
（宋）黄裳：《演山集》，《四庫全書》，第一一二〇册。
（宋）黄庭堅：《山谷集》，《四庫全書》，第一一一三册。
（宋）黄震：《黄氏日抄》，《四庫全書》，第七〇八册。
（宋）惠洪：《林間録》，《卍新纂續藏經》，第八七册。
（宋）惠洪：《石門文字禪》，《嘉興藏》，第二三册。
（宋）净啟編：《明州天童景德禪寺宏智覺禪師語録》，《嘉興藏》，第三二册。
（宋）戒度：《觀經義疏正觀記》，《卍新纂續藏經》，第二二册。
（宋）克勤：《碧岩録》，《大正藏》，第四八册。
（宋）李燾：《續資治通鑒長編》，北京：中華書局，二〇〇四。
（宋）李遵勗：《天聖廣燈録》，《卍新纂續藏經》，第七八册。

（宋）李心傳：《建炎以來繫年要録》，上海：上海古籍出版社，二〇〇八。
（宋）梁克家：《淳熙三山志》，《四庫全書》，第四八四册。
（宋）樓鑰：《攻愧集》，《四庫全書》，第一一五二册。
（宋）羅濬：《寶慶四明志》，《四庫全書》，第四八七册。
（宋）妙生：《佛制比丘六物圖辨訛》，《卍新纂續藏經》，第五九册。
（宋）妙生：《三衣顯正圖》，《卍新纂續藏經》，第五九册。
（宋）妙源編：《虚堂和尚語録》，《大正藏》，第四七册。
（宋）歐陽忞：《輿地廣記》，成都：四川大學出版社，二〇〇三。
（宋）普濟：《五燈會元》，《卍新纂續藏經》，第八〇册。
（宋）普寧：《兀庵普寧禪師語録》，《卍新纂續藏經》，第七一册。
（宋）契嵩：《鐔津文集》，《大正藏》，第五二册。
（宋）潛説友：《咸淳臨安志》，《宋元方志叢刊》，第一册。
（宋）饒節：《倚松詩集》，《四庫全書》，第一一一七册。
（宋）日新：《蘭盆疏鈔餘義》，《卍新纂續藏經》，第二一册。
（宋）紹隆等編：《圓悟佛果禪師語録》，《大正藏》，第四七册。
（宋）沈遼：《雲巢編》，《四庫全書》，第一一一七册。
（宋）史浩：《鄮峰真隱漫録》，《四庫全書》，第一一四一册。
（宋）施宿等：嘉泰《會稽志》，《四庫全書》，第四八六册。
（宋）蘇軾撰，孔凡禮點校：《蘇軾文集》，北京：中華書局，一九八六。

（宋）蘇軾撰，郎曄注：《經進東坡文集事略》，北京：文學古籍刊行社，一九五七。
（宋）蘇軾撰，查慎行補注：《蘇詩補注》，《四庫全書》，第一一一一册。
（宋）蘇轍：《欒城集》，上海：上海古籍出版社，二〇〇九。
（宋）孫應時等纂：《琴川志》，《宋元方志叢刊》，第二册。
（宋）孫應時：《燭湖集》，《四庫全書》，第一一六六册。
（宋）曇秀：《人天寶鑒》，《卍新纂續藏經》，第八七册。
（宋）曇秀：《人天寶鑒》，《全宋筆記》，第八编第十册。
（宋）曇照：《智者大師别傳注》，《卍新纂續藏經》，第七七册。
（宋）談鑰：《嘉泰吴興志》，《中國方志叢書·華中地方》，第五五七號。
（宋）惟白：《建中靖國續燈録》，《卍新纂續藏經》，第七八册。
（宋）惟蓋竺編：《明覺禪師語録》，《大正藏》，第四七册。
（宋）王安石撰，李之亮箋注：《王荆公文集箋注》，成都：巴蜀書社，二〇〇五。
（宋）王存主编：《元豐九域志》，北京：中華書局，一九八四。
（宋）王溥：《五代會要》，上海：上海古籍出版社，一九七八。
（宋）王日休：《龍舒增廣净土文》，《大正藏》，第四七册。
（宋）王象之撰，李勇先校點：《輿地紀勝》，成都：四川大學出版社，二〇〇五。
（宋）汪藻：《靖康要録箋注》，成都：四川大學出版社，二〇〇八。
（宋）吴自牧：《夢粱録》，《四庫全書》，第五九〇册。
（宋）曉瑩：《羅湖野録》，《卍新纂續藏經》，第八三册。

（宋）謝逸：《溪堂集》，《四庫全書》，第一一二二册。
（宋）行霆：《圓覺經類解》，《卍新纂續藏經》，第一〇册。
（宋）修義等編：《西岩了慧禪師語録》，《卍新纂續藏經》，第七〇册。
（宋）延一：《廣清凉傳》，《大正藏》，第五一册。
（宋）嚴羽：《滄浪集》，《四庫全書》，第一一七九册。
（宋）楊傑：《無爲集》，《四庫全書》，第一〇九九册。
（宋）余靖：《武溪集》，《四庫全書》，第一〇八九册。
（宋）俞琰：《周易參同契發揮》，《四庫全書》，第一〇五八册。
（宋）元敬、元復：《武林西湖高僧事略》，《卍新纂續藏經》，第七七册。
（宋）元悟編：《螺溪振祖集》，《卍新纂續藏經》，第五六册。
（宋）元照：《阿彌陀經義疏》，《大正藏》，第三七册。
（宋）元照：《補續芝園集》，《卍新纂續藏經》，第五九册。
（宋）元照：《佛制比丘六物圖》，《卍新纂續藏經》，第五九册。
（宋）元照：《觀無量壽佛經義疏》，《大正藏》，第三七册。
（宋）元照：《蘭盆獻供儀》，《卍新纂續藏經》，第七四册。
（宋）元照：《濟緣記》，《卍新纂續藏經》，第四一册。
（宋）元照：《釋門章服儀應法記》，《卍新纂續藏經》，第五九册。
（宋）元照：《行宗記》，《卍新纂續藏經》，第三九册。
（宋）元照：《遺教經論住法記》，《卍新纂續藏經》，第五三册。

（宋）元照：《盂蘭盆經疏新記》，《卍新纂續藏經》，第二一册。
（宋）元照：《資持記》，《大正藏》，第四〇册。
（宋）元照：《芝園集》，《卍新纂續藏經》，第五九册。
（宋）元照：《芝園遺編》，《卍新纂續藏經》，第五九册。
（宋）圓悟：《枯崖漫録》，《卍新纂續藏經》，第八七册。
（宋）樂史：《太平寰宇記》，北京：中華書局，二〇〇七。
（宋）允堪：《正源記》，《卍新纂續藏經》，第四〇册。
（宋）允堪：《净心誡觀發真鈔》，《卍新纂續藏經》，第五九册。
（宋）贊寧：《宋高僧傳》，北京：中華書局，一九八七。
（宋）贊寧：《大宋僧史略》，《大正藏》，第五四册。
（宋）張津：《乾道四明圖經》，《宋元方志叢刊》，第五册。
（宋）真德秀：《西山文集》，《四庫全書》，第一一七四册。
（宋）鄭虎臣編：《吴都文粹》，《四庫全書》，第一三五八册。
（宋）正受編：《嘉泰普燈録》，《卍新纂續藏經》，第七九册。
（宋）志磐：《佛祖統紀》，《大正藏》，第四九册。
（宋）志磐撰，釋道法校注：《佛祖統紀校注》，上海：上海古籍出版社，二〇一二。
（宋）智圓：《閑居編》，《卍新纂續藏經》，第五六册。
（宋）智昭：《人天眼目》，《大正藏》，第四八册。
（宋）周琮：《乾道臨安志》，《四庫全書》，第四八四册。

（宋）周煇：《清波别志》，《四庫全書》，第一〇三九册。
（宋）周應合：《景定建康志》，《四庫全書》，第四八九册。
（宋）住顯編：《石溪心月禪師語録》，《卍新纂續藏經》，第七一册。
（宋）宗杲：《大慧普覺禪師語録》，《大正藏》，第四七册。
（宋）宗鑒：《釋門正統》，《卍新纂續藏經》，第七五册。
（宋）宗曉：《樂邦文類》，《大正藏》，第四七册。
（宋）宗曉：《四明尊者教行録》，《大正藏》，第四六册。
（宋）宗賾：《禪苑清規》，《卍新纂續藏經》，第六三册。
（宋）祖琇：《僧寶正續傳》，《卍新纂續藏經》，第七九册。
戴建國點校：《慶元條法事類》，《中國珍稀法律典籍續編》，第一册，哈爾濱：黑龍江人民出版社，二〇〇二。
（元）大訢：《蒲室集》，《四庫全書》，第一二〇四册。
（元）德煇：《敕修百丈清規》，《大正藏》，第四八册。
（元）黄溍：《金華黄先生文集》，《續修四庫全書》，第一三二三册。
（元）覺岸：《釋氏稽古略》，《大正藏》，第四九册。
（元）李翀：《日聞録》，《四庫全書》，第八六六册。
（元）李文仲：《字鑒》，北京：國家圖書館出版社，二〇〇九。
（元）念常：《佛祖歷代通載》，《大正藏》，第四九册。
（元）普度：《廬山蓮宗寶鑑》，《大正藏》，第四七册。

（元）盛熙明：《補陀洛迦山傳》，《大正藏》，第五一册。
（元）脱脱等：《宋史》，北京：中華書局，一九七七。
（元）行端：《元叟行端禪師語録》，《卍新纂續藏經》，第七一册。
（元）行秀：《萬松老人評唱天童覺和尚拈古請益録》，《大正藏》，第四八册。
（元）省悟：《律苑事規》，《卍新纂續藏經》，第六〇册。
（元）徐碩：《至元嘉禾志》，《四庫全書》，第四九一册。
（元）弌咸：《禪林備用清規》，《卍新纂續藏經》，第六三册。
（元）袁桷：《清容居士集》，《四庫全書》，第一二〇三册。
（元）永中等：《緇門警訓》，《大正藏》，第四八册。
（元）赵道一：《歷世真仙體道通鑒》，《正统道藏》，第五册。
（元）自慶：《增修教苑清規》，《卍新纂續藏經》，第五六册。
（明）曹學佺：《蜀中廣記》，明刊本。
（明）陳仁錫：《無夢園初集》，《四庫禁燬書叢刊》集部，第六〇册。
（明）晁瑮：《晁氏寶文堂書目》，上海：古典文學出版社，一九五七。
（明）道霈：《永覺元賢禪師廣録》，《卍新纂續藏經》，第七二册。
（明）道衍：《逃虚類稿》，《續修四庫全書》，第一三二六册。
（明）道衍：《諸上善人詠》，《卍新纂續藏經》，第七八册。
（明）方澤：《華嚴經合論纂要》，《卍新纂續藏經》，第五册。
（明）顧清：《松江府志》，正德刊本。

（明）廣賓：《杭州上天竺講寺志》，杭州：杭州出版社，二〇〇七。
（明）來復：《蒲庵集》，《禪門逸書初編》，第七册。
（明）李翥：《慧因寺志》，杭州：杭州出版社，二〇〇七。
（明）凌迪知：《萬姓統譜》，《四庫全書》，第九五六—九五七册。
（明）明河：《補續高僧傳》，《卍新纂續藏經》，第七七册。
（明）牛若麟：《吴縣志》，崇禎刊本。
（明）沈朝宣：嘉靖《仁和縣志》，《武林掌故叢編》本。
（明）宋濂：《護法録》，《大藏經補編》，第二八册。
（明）田汝成：《西湖游覽志》，《四庫全書》，第五八五册。
（明）無盡：《天台山方外志》，《中國佛寺史志彙刊》，第三輯第九册。
（明）吴之鯨撰，魏得良標點：《武林梵志》，杭州：杭州出版社，二〇〇六。
（明）心泰：《佛法金湯編》，《卍新纂續藏經》，第八七册。
（明）性祇：《毗尼日用録》，《卍新纂續藏經》，第六〇册。
（明）徐象梅：《兩浙名賢外録》，《四庫全書》，第五四四册。
（明）楊士奇：《文淵閣書目》，《四庫全書》，第六七五册。
（明）隱元隆琦：《黄檗清規》，《大正藏》，第八二册。
（明）元賢：《律學發軔》，《卍新纂續藏經》，第六〇册。
（明）張自烈：《正字通》，北京：中國工人出版社，一九九六。
（明）智旭輯：《沙彌十戒威儀録要》，《卍新纂續藏經》，第六〇册。

（明）周永年：《吴都法乘》，《中國佛寺史志彙刊》，第三輯第一九—二八册。
（明）朱時恩：《佛祖綱目》，《卍新纂續藏經》，第八五册。
（清）道霈：《聖箭堂述古》，《卍新纂續藏經》，第七三册。
（清）董誥等編：《全唐文》，北京：中華書局，一九八三。
（清）郝玉麟等：《福建通志》，《四庫全書》，第五二七—五三〇册。
（清）弘贊：《六道集》，《卍新纂續藏經》，第八八册。
（清）黄廷桂等：《四川通志》，《四庫全書》，第五五九—五六一册。
（清）默庵：《續人天寶鑒》，光緒二十四年（一八九八）刻本。
（清）汪士鐘：《藝芸書舍宋元本書目》，北京：中華書局，一九八五。
（清）謝旻等：《江西通志》，《四庫全書》，第五一三—五一八册。
（清）性音：《禪宗雜毒海》，《卍新纂續藏經》，第六五册。
（清）徐松輯：《宋會要輯稿》，北京：中華書局，一九五七。
（清）閻若璩：《尚書古文疏證》，上海：上海古籍出版社，二〇一三。
（清）楊守敬撰，張雷校點：《日本訪書志》，瀋陽：遼寧教育出版社，二〇〇三。
（清）永瑢等：《四庫全書總目》，北京：中華書局，一九六五。
（清）張玉書、陳廷敬：《御定佩文韵府》，《四庫全書》，第一〇一九册。
（清）趙弘恩等：《江南通志》，《四庫全書》，第五〇七—五一二册。
（清）智證：《慈悲道場水懺法隨聞録》，《卍新纂續藏經》，第七四册。
（清）自融等：《南宋元明禪林僧寶傳》，《卍新纂續藏經》，第七九册。

[日]慈光、瑞芳：《三籍合觀》，《卍續藏》，第六九册。
[日]道忠：《續古尊宿語要》，《卍新纂續藏經》，第六八册。
[日]道忠：《禪林象器箋》，《大藏經補編》，第一九册。
[日]慧堅：《律苑僧寶傳》，《大日本佛教全書》，第一〇五册。
[日]妙葩：《智覺普明國師語録》，《大正藏》，第八〇册。
[日]萬仭道坦：《禪戒鈔》，《大正藏》，第八二册。
[日]照遠：《資行鈔》，《大正藏》，第六二册。
[高麗]義天撰，黄純艷校點：《高麗大覺國師文集》，蘭州：甘肅人民出版社，二〇〇七。
[高麗]義天：《新編諸宗教藏總録》，《大正藏》，第五五册。
[高麗]義天：《圓宗文類》，《卍新纂續藏經》，第五八册。
[朝鮮]李能和：《朝鮮佛教通史》，《大藏經補編》，第三一册。

近人論著

陳士强：《佛典精解》，上海：上海古籍出版社，一九九二。
陳揚炯：《中國浄土宗通史》，南京：鳳凰出版社，二〇〇八。
[日]川瀨一馬編著：《お茶の水図書館藏新修成簣堂文庫善本書目》，東京：石川文化事業財團 お茶の水図書館，1992。
傅德華：《日據時期朝鮮刊刻漢籍文獻目録》，上海：上海人民出版社，二〇一一。

何孝榮：《元末明初名僧來復事迹考》，《歷史教學》，二〇一二年第一二期。

[日] 宮下軍平等編：《国訳禅宗叢書》，東京：国訳禅宗叢書刊行會，大正八年（一九一九）。

[日] 宮下軍平等編：《国訳禅学大成》，東京：国訳禅学大成編輯所，昭和四年（一九二九）。

金渭顯：《高麗史中中韓關係史料彙編》，臺北，食貨出版社，一九八三。

李一飛：《楊億年譜》，上海：上海古籍出版社，二〇〇二。

劉德清：《歐陽修紀年録》，上海：上海古籍出版社，二〇〇六。

陸會瓊：《宋代禪林筆記研究》，四川大學博士學位論文，二〇一五。

潘桂明、吴忠偉：《中國天台宗通史》，南京：鳳凰出版社，二〇〇八。

潘桂明：《中國佛教思想史稿》（第二卷），南京：江蘇人民出版社，二〇〇九。

祁偉：《宋代禪林筆記的憶古情結與書寫策略》，《文學遺産》，二〇一一年第六期。

[日] 前田慧雲、中野達慧等編：《續藏經目録》，京都：藏經書院，明治三十八年（一九〇五）至大正元年（一九一二）。

任繼愈主編：《中國佛教史》（第一卷），北京：中國社會科學出版社，一九八一。

任繼愈主編：《中國佛教史》（第二卷），北京：中國社會科學出版社，一九八五。

任繼愈主編：《中國佛教史》（第三卷），北京：中國社會科學出版社，一九八八。

[美] 斯坦利·威斯坦因著，張煜譯：《唐代佛教》，上海：上海古籍出版社，二〇一〇。

[日] 小野玄妙主編：《佛書解説大辭典》，東京：大東出版社，昭和八年（一九三三）至昭和五十六年（一九八一）。

[日] 篠原壽雄：《「人天寶鑒」の編纂をめぐって——三教交渉による宋代宗教史の一面》，《宗教学論

集》第七號，一九七四年一二月。

王曉平：《日本經學史》，北京：學苑出版社，二〇〇九。

王勇：《『絲綢之路』與『書籍之路』——試論東亞文化交流的獨特模式》，《浙江大學學報》（人文社會科學版），第三三卷第五期，二〇〇三年九月。

嚴傑：《歐陽修年譜》，南京：南京出版社，一九九三。

楊曾文：《唐五代禪宗史》，北京：中國社會科學出版社，一九九九。

楊曾文：《宋元禪宗史》，北京：中國社會科學出版社，二〇〇六。

張伯偉：《作爲方法的漢文化圈》，《中國文化》，第三〇期，二〇〇九年一〇月。

周裕鍇：《惠洪文字禪的理論與實踐及其對後世的影響》，《北京大學學報》（哲學社會科學版），二〇〇八年七月。

後記

此書之作，實際先前并無明確的計劃，只是緣於筆者在撰寫博士論文過程中的一時之興。因書中『靈芝照律師』條明確記載其主體本於元照的塔銘，參以《釋門正統》等資料的相關内容，竟可大致還原這篇早已佚失的文章，爲考察其行迹奠定了堅實的文獻基礎。另外，『大智律師』條和『兜率梧律師』條亦爲元照《芝園集》的復原及北宋前期律宗傳法譜系的梳理等問題提供了關鍵綫索。感悦之餘，遂萌生了整理全書的想法，於是搜求版本，勘校异同，少則一日、多則兩三日注解一條，不數月竟頗具規模。但隨着整理工作的不斷深入，對此書的内容與旨趣愈發瞭解，早先冀望以其補史證史的理念却漸生动摇。因是書乃彙采諸家而成，但其所采擇的撰述很多都流傳於世，或者其書雖亡，相關條目却見於他書之徵引，故存佚的價值便大打折扣。即使僅見於本書的内容，如『唐曇光法師』條、『昔有一尊宿』條等，也因缺少具體語境，好似盤空而來、倏忽而去，無法考察其歷史背景及事件關聯，很難發揮『補史』的作用。此外，作者曇秀在采録過程中又多有删改，致使所存條目的校勘價值也較爲有限。職是之故，筆者曾一度懷疑當初高估了此書的價值，遂失去了繼續推進的興趣和信心，整理工作也陷於停滯。

後因其他研究的需要，再閲曇秀之序，至『激發志氣、垂鑑於世』『示後世學者知有前輩典刑』等言，驀然有省：此書本就爲激勵後學志氣、指示修學路徑而作，乃是一部宗教實踐性質的撰述，而自己竟以『存史考史』的先入之見强範古人，自然如方鑿圓枘，扞格不入。於是幡然改轍，盡棄前作，不再探幽索隱地强求『文史價值』，而是專注於提供叙事背景及疏通文句，以便於現代普通讀者的閲讀爲首務。具體的工作一是爲書中人物編寫小傳并厘清其相互關係；二是廣泛搜輯與各條目密切相關的記載；三是注解疑難詞句和佛教名相，如『櫨庵嚴法師』條的『潔觸』，若無戒律相關的知識殊不易理解，故需加以説明；最後，如書中所記與其他文獻相互齟齬，則稍作考證，如『詹叔義上財賦表』條中詹叔義之名及宋廷停給度牒的時間等，皆在注釋中有所考辨。遵循這一思路，《人天寶鑑》的整理終告完成，雖不深入，但在文字校勘和疏通詞句等方面基本達到了自己的目標。同時，在整體觀照下，筆者發現此書亦有其獨特的史學價值，只是并不在於一人一事的補充或印證，而在於較爲真實全面地呈現了當時宗教修行與世俗人情的矛盾。例如，書中有不下十數條皆提到了歷代碩德面對財物的淡泊與自律，亦有數條描述貪財好利之徒所招致的惡報，分别從正反兩面説明侵損常住的行爲十分普遍，也説明在世俗利益的裹挾下，清規戒律的約束性越來越無力，故只能訴諸因果報應。再如，『慈航朴禪師』條、『别峰印禪師』條展現了叢林職事與寺院主持之間的複雜關係，這種細節在《重雕補注禪苑清規》《敕修百丈清規》《律苑事規》之類的文獻中是看不到的。總之，作爲一部筆記類的撰述，《人天寶鑑》缺少文采和意趣，史料價值也有限，其定位應尊重作者的意見，乃是激勵和指導宗教修行與品德養成的實踐性作品。

此書付梓之際，首先需感謝提攜、幫助過我的師友，正是他們的指引和砥礪，敦促我在學術道路上蹣跚至今。而對此書的撰寫和出版有直接貢獻者，一爲好友李娜、王正於校勘和資料收集上的幫助，二爲童際鵬先生的編輯之勞，三爲四川大學中國俗文化研究所對出版經費的資助。另外，『前言』部分曾拆分爲若干單篇論文，先後發表於《寶雞文理學院學報》（社會科學版）《圖書館雜志》《域外漢籍研究集刊》等刊物，這對於此書的整理工作無疑是一種激勉，在此并致謝忱。

公元二〇一九年十一月於四川大學